西方学院派建筑教育史研究

单 踊 著

东南大学出版社
·南京·

图书在版编目(CIP)数据

西方学院派建筑教育史研究/单踊著. —南京:东南大学出版社, 2012.10

ISBN 978-7-5641-3964-3

Ⅰ.①西… Ⅱ.①单… Ⅲ.①建筑学—教育史—研究—西方国家 Ⅳ.①TU-09

中国版本图书馆CIP数据核字(2012)第290449号

书　　名:西方学院派建筑教育史研究
作　　者:单　踊
责任编辑:戴　丽　杨　凡
装帧设计:皮志伟　王少陵
责任印刷:张文礼

出版发行:东南大学出版社
社　　址:南京市四牌楼2号　邮编210096
出 版 人:江建中
网　　址:http://www.seupress.com

印　　刷:利丰雅高印刷(深圳)有限公司
排　　版:南京新洲印刷有限公司制版中心
开　　本:700 mm×1 000 mm　1/16
印　　张:14　　字数:274千字
版　　次:2012年10月第1版
印　　次:2012年10月第1次印刷
书　　号:ISBN 978-7-5641-3964-3
定　　价:58.00元

经　　销:全国各地新华书店
发行热线:025-83791830

目 录

导论　学院派建筑教育及其研究

对于20世纪以前的中国而言，“建筑学”或许并不是一张白纸，但现代意义上的“建筑学教育”却是个全新的课题。翻开中国早期高等建筑教育的历史，不容忽视的事实便呈现在我们面前：从1927年成立的第四中山大学（即后来的中央大学）起算，中国最早的八大建筑院系，其创始者无一例外地都具有留学国外的学历背景（见附表-I ①）。因此，如若无视中国建筑教育起步阶段所受的西方建筑教育的影响，无疑是不客观的。

事实上，“学院派”建筑教育体系是西方现代意义上的建筑教育之基点，也确是中国建筑教育的主要源泉。它曾对中国早期建筑教育体系的建立与成型起过极为重要的决定性作用，并对当今中国建筑教育的发展仍然有着不可忽视的影响。因此，对其史实进行全面、系统和客观的研究——探源析流、酌古斟今，这对我们建筑教育界来说是一项非常必要和极为有益的基础性工作。

Ⅰ　“学院”—“学院派”—“学院派建筑教育”

1　“学院”与“学院派”

人们常说的“学院（academy）”，在西方文化的定义中“是个献身于学问与技艺（learning and arts）的联盟。它也许是一个学术上的群集（learned society），一个职业上的社团（professional body），一个特定学科的专门化教育机构（an institution for specialized instruction in a particular subject），或者就是个高等学校（high school）”②。也就是说，“学院”是个有着“研究”和“教学”双重可能性职能的团体或机构。

事实上，无论英语的“academy”、法语的“académie”，还是意大利语的“accademia”等，其解释都确有两层含义：“研究院（所、会）”和“（专科）院校”。西方早期这一机构的功能都首先是“研讨（研习）”，而“教学”是作为附带功能相随而至的。在公认的“学院（college）”和“大学（university）”之原型——公元前4世纪柏拉图的“学园（希腊语 akademiea）”里，正因为有了学者间对话方式的学问研讨，知识的传

① 根据多方收集的资料绘制而成——笔者注。

② *Lexicon Universal Encyclopedia*, Vol. 1, “Academy”.

授才得以形成[1]。这一方式传至意大利后，最早在15世纪出现的"Accademia"开始也更像是个"学会"；后来，自由交流、辩论式的"研讨"才逐渐成为有一定规模和规则的"教学"[2]。

在法国，17世纪起建立了众多的皇家"Académie"。从其规模与运作上看，"研究"显然是其首要功能。正如其中"Académie Royale d'Architecture"的首席会员F. 布隆代尔（François Blondel，1617—1686）所言："（它的）首要任务是规范一种学说，其次是教这一学说。"[3]法国大革命时起"研究"与"教学"分开后，法语的académie（至少在建筑上）就纯为"研究"之意了，而学校（或学院）则用"Ecole（相当于英语的School）"一词。因此，除个别已成定论者如"法兰西学院（Académie Française）"外，在本书中，笔者将法语"Académie"一词一律译为"研究院"（较大的）或"研究会"（较小的）。"Académie Royale d'Architecture"的译名就该是"皇家建筑研究会"，而不是迄今为止的中译文无一例外的译名——"皇家建筑学院"。笔者以为，这绝非字面上的不同，而是本质上的区别。

关于"学院派"，我们首先可以从词面及辞书中相关词条的狭义解释，获得如下的一般性概念[4]：

1）"学院派"的词根是"学院"：汉语中"学院派"及其近义词"学院式""学院主义"和"学院风气"等均因"学院"而生；英语的"academicism或academism（学院式、学院主义）"也由"academy"派生；

2）"学院派"是形成于17（或18）世纪欧洲官办美术学院的流派；

3）"学院派"及"academicism或academism"有"保守""陈腐""死板""墨守成规或传统""形式主义"等含义。

---

① 公元前387年，古希腊哲人柏拉图（Plato，公元前427—前347）四方游历后40岁时回到雅典，创办了著名的学园——Akadémiea。那里地处雅典西北部，周围有几座神庙、一座体育场和一个大花园。"学园"之所以得名，有说是因为该处的地名叫Akadémiea，还有说是因为体育场是以古希腊传说中的英雄人物Akadémos而命名。柏拉图在此与年轻的学者们（其中有亚里士多德）交谈，以对话的方式进行知识的研讨与传授。其内容广及宗教、哲学、教育、文艺、理论、法律、天文、数学等方面。柏拉图的40余篇《对话集》就是这些谈话的记录。柏拉图逝世后，学园由柏氏门徒们接办。虽然该学园于公元529年停办，但它对后世的影响却是极深远的（笔者根据《辞海》《中国大百科全书·教育卷》等综合而成）。

② 1438—1439年间，希腊学者为商谈希腊与罗马教廷重新联合而访问意大利。由于他们的影响，15世纪中叶，意大利出现了"柏拉图主义"的复兴，"Academy"一词也随之得以再生。意大利最早的学院之一——"柏拉图学院（Platonic Academy）"，是由柯西莫·德·美第奇（Casimo dé Medici，1389—1464）于1442年在佛罗伦萨所建。一开始，意大利的这所学院并未被组建成举行集会和发布报告的机构，而仅仅是个自由、非正式的集合体。但是从自由交流和辩论发展到拥有足够的演讲者与听众，以求得对某一主题的系统介绍，这正是具备大学特征的第一步。——摘自：Daqing Gu. The Design Studio：Its Formation and Pedagogy. Zurich：The Swiss Federal Institute of Technology-Zurich，1994：40.

③ 转引自：Daqing Gu. The Design Studio：Its Formation and Pedagogy. Zurich：The Swiss Federal Institute of Technology-Zurich，1994：43.

④ 详见《辞源》《远东英汉大辞典》《现代英汉综合大辞典》和*Heritage Dictionary*等相关条目。

2 “学院派建筑教育”

在建筑学科，人们所熟知的“巴黎美术学院”理所当然地居于众“官办美术学院”之首，而建筑学又是其绘画、雕塑、建筑三个专业的重中之重，因此“学院派”建筑学说也就自然而然地与“巴黎美术学院”联系在了一道。如《中国土木建筑百科辞典》“学院派”一词的定义就是：“一般指文学、艺术中的保守主义者。18 世纪时，学院派在欧洲有很大影响。建筑领域的学院派指受过巴黎艺术学院的教育或遵循该院所确认的创作原则的建筑师。学院派把古希腊、罗马与文艺复兴的柱式及其美学原则奉为典范。故建筑中的学院派与古典主义或新古典主义是同义语。”①

笔者以为，上述的各条解释中有的还是准确的，但有的很值得商榷。其中尤以《中国土木建筑百科辞典》的解释欠妥之处最多：一，先将实质上的一种学术“流派”指认成某一类“人”（××主义者、××师），继而又将其与某类思想（××主义）混为同义，这在逻辑概念上显然有失严密；二，将其限定于 18 世纪并与“巴黎美术学院”相关，这在时间和空间的认定上不够贴切；三，学术上将其肯定为“保守主义”，并与“古典主义”等同义，有些过于武断。就笔者的理解，在更广义和更本质的意义上，“学院派”应是泛涵以“学究式”的唯美意识（或价值标准）与治学风范为特征的一类学术倾向的统称，是“学院（Academy）”及“学院人（Academician）”学术思想的代表。它本该不含褒贬意向，甚至也可无时代、地域的定位，学科领域也并非仅限艺术。由于“学院派”最早出现是在欧洲文艺复兴后期，其学术成果一定程度上还是古典文化遗产的结晶，并与当时整个社会倡导人文主义精神与古典传统美德的潮流相合，因此“学院派”有着极高的学术价值，对世界的文明进程有过不容忽视的积极意义。

事实上，建筑领域的“学院派”始于 17 世纪中叶以后成立的法国“皇家建筑研究会”（Académie Royale d' Architecture）及其学校，而“巴黎美术学院”（1819—1968）只是“皇家建筑研究会”学校发展的后续阶段。它由一种学说演绎出一套教学体系，无可争辩地促成了当时建筑学说的系统化整合，完成了早期的正规建筑教育体系的成型。19 世纪中叶以后，由于“巴黎美术学院”毕业生介入美国的建筑实践与教学，“学院派”在美国立足、推广并得到了进一步的发展。20 世纪初起，随着在美的各国留学生的回国，“学院派”的全球性传播终于形成了。……应该说，“学院派”对整个建筑学说及其教育发展的贡献是前所未有的，其影响也几乎是永久性的。尽管，在“学院派”建筑教育体系自 17 世纪中叶于法国形成、发展并远传美洲再转至亚洲等地的 3 个多世纪历程里，其运作机制、学术理念都发生了不可逆转的变化，但其本质上的一致性与连续性是有目共睹的。因此，“学院派”具体到建筑教育上，是一个延续了 300 年以上，覆盖了欧、美、亚大陆的，悠久、广博、动态且有过相当积极意义的概念。

① 中国土木建筑百科辞典.北京：中国建筑工业出版社，1995：385.

Ⅱ 关于本书的研究

1 本书的基本特征

到目前为止,全球建筑学界论及本书有关内容的专著和论文已相当之多。就笔者所掌握的资料,在国外,M. I. T.(美国麻省理工学院)出版社 1977 年出版的 *The Architecture Of The Ecole Des Beaux-Arts*①一书中所载的"The Teaching of Architecture at the Ecole des Beaux-Arts"(作者 Richard Chafee)一文,对"巴黎美术学院"一般历史介绍得相对详尽;美国哥伦比亚大学博士论文"The History of Collegiate Education in Architecture in the United States"(作者 Arthur Clason Weatherhead)②对 1940 年代前美国各大学"学院派"建筑教育情况的介绍较为完整。在中国,童寯先生 1944 年在《建筑教育》一文中最早介绍了法国"巴黎美术学校"③;1968 年,童寯先生又撰《美国本雪文尼亚大学建筑系》④一文,对美国宾夕法尼亚大学建筑系作了专门介绍。

在本书的研究中,笔者将最具代表性的法国"巴黎美术学院"(建筑部)和美国"宾夕法尼亚大学"(建筑系)视为紧密相关的"学院派"建筑教育体系进行整体的系统研究,这是本书与其他论著相比所突现的最大特点。当然,法、美两国的建筑教育有着各自的特点,彼此之间并不是一种简单的承递关联。但学术上的内在"血缘关系"在两者间是不容否认的。由于包括上述论文在内的各论著一般都将此二者分开论述(或有所侧重),且大多论述得较简略而不够系统;重要的是,常常有些名称、时间等史实在各种论著中说法不一,因此,对于本书的写作而言,上述的论著既为笔者提供了十分可贵的资料,也给笔者的史实查证带来一定的困难。

2 研究范围与方法

作为史学类研究,对"学院派"建筑教育体系的形成、发展和传布产生过重要影响的机构、事件、人物及其学术思想等史实,均在本书的研究范畴。其中,在不同发展阶段和不同地域的社会状况下,"学院派"建筑教育体系在教学运作机制方面的不同特征等,本书将给予特别的关注。

按一般的史学研究惯例,本书以时间的纵向延伸为序展开研究,将"学院派"建筑教育的历史分为上、下两篇,分别阐述其在法、美两个主要的国家,也是其前、后

① Arthur Drexler. The Architecture Of The Ecole Des Beaux-Arts. New York: The Museum of Modern Art, 1977.

② Arthur Clason Weatherhead. The History of Collegiate Education in Architecture in the United States. Manhattan: Columbia University, 1941.

③ 童寯. 建筑教育//童寯文集:第一卷. 北京:中国建筑工业出版社,2000:112-117.

④ 童寯. 美国本雪文尼亚大学建筑系//童寯文集:第一卷. 北京:中国建筑工业出版社,2000:222-226.

两个不同发展阶段的情况；同时，本书中还对与之有关的社会与学术背景予以相应的横向铺陈，以增本研究的整体性。

在本书的研究中，笔者一方面就目前所掌握的文字资料与研究成果做出甄别、判断，尽己所能地去理清史实的脉络，并予以定性描述；另一方面，笔者十分珍视为数不多的数据资料，极力运用合理的统计、分析等手段，以求得出更有说服力的量化结果，为本书的定性研究提供相对科学的依据。

此外，基于上述根据史料的判断、分析所得，笔者在各章的末尾和结语一章简略地表述了自己的理解与看法，为其他同业人士的研究提供参考。

上篇　法国巴黎美术学院——鲍　扎 (Ecole des Beaux-Arts)

"巴黎美术学院"和"鲍扎(或布杂)"是国内建筑学界对位于法国巴黎塞纳河南岸波拿帕特大街(Rue Bonaparte)14号的"美术学校(Ecole des Beaux-Arts)"及其学术思想的混称。但在事实上,它的历史应该包括1670年代开始的"皇家建筑(研究会)学校"与1810年代末正式命名的"美术学校"建筑部两个部分;并且"巴黎美术学院(西方人多简称'Ecloe')"和"鲍扎(西方人多简称'Beaux-Arts')"的涵义本质上是不相同的。因此,本书中结合国内的习惯和真正涵义,将作为"机构"和关及"学术"两种不同情况,分别以"巴黎美术学院"(或简称"美术学院")和"鲍扎"称之①。

"巴黎美术学院"是法国1960年代前建筑教育最主要的基地,也是全球建筑教育最主要的发源地。"在任何有关建筑教育的研究中,'鲍扎'作为基点是无可置疑的。究其原因:一、它是职业建筑师培养最早的完整教学体系;二、它为全球范围的许多其他学校提供了原型,并且对当今的(建筑)教育仍在行使着影响。"②

① 法文"Ecole"一词原意仅仅是"学校",加上"secondaire""normale"等才是"中等学校""师范学校"的意思,在国内译文中,唯有童寯先生在其《建筑教育》一文(《童寯文集》第一卷,2000:112-117)中将其准确地称之为"学校";而法语"Beaux-Arts"一词的正规发音,第一音节更接近汉语的"博(bo)",但笔者不想就此多做纠缠,故沿用习惯译法中相对接近的"鲍扎"。——笔者注

② Daqing Gu. The Design Studio: Its Formation and Pedagogy, 1994:4.

1 历史沿革

纵观鲍扎的近300年历史，它在校名上有1671年—1819年的“皇家建筑(研究会)学校”和1819年—1968年的“美术学院”两个大的阶段；从其发展的整体看，1670年代—1790年代是其“初创期”，1800年代—1860年代是其“发展期”，1870年代—1910年代是其“成熟期”，1920年代以后是其“衰退期”。考虑到一般的习惯和便于叙述，本书在大阶段上将其分为“法国早期的建筑教育”和“巴黎美术学院”两部分。前者在横向上将“皇家建筑(研究会)学校”及同期其他各学校作为更大的整体，展现了包括鲍扎“初创期”在内的全法早期的建筑教育概貌；后者以“美术学院”时期的“成立与早期”(1800年代—1850年代)、“教改运动及其后”(1860年代—1910年代)和“战后至其终结”(1920年代—1960年代)为小节，分别阐述了鲍扎的“发展”“成熟”和“衰退”各期的简况。

由于法国皇家(国家)的相关诸研究会与鲍扎的建筑教育之间有着不可分割的联系，自始至终都在事实上牢牢控制了鲍扎的整体运作，因此本书将其机构的演变放在了鲍扎的“历史沿革”之首予以铺陈。

1.1 法国的皇家研究会与国家研究院

法兰西学院与皇家研究会

在法国，“Académie”的首例，是路易十三时期的首相A. du P. 理士留(A. du P. Richelieu，1585—1642)于1635年创建的“法兰西学院(Académie Française)”(实际上该译为“法兰西研究会”或“法兰西研究院”)。这是个文学人的集结地，目的是为了规范语言而编纂辞典和修订语法。

路易十四时期，作为集中皇权的举措，皇家研究会的数量激增。1648年，权臣J. C. 马萨林(J. C. Mazarin)创建了“皇家绘画与雕塑研究会(Académie Royale de Peinture et de Sculpture)”。

其后的1660年代，J. C. 马萨林的继任者J. M. 科尔贝(Jean Baptiste Colbert，1619—1683)又建立了一批研究会：1661年成立了“皇家舞蹈研究会(Académie Royale de Dance)”；1663年成立意在历史及考古学的“皇家金石学与文学研究会(Académie Royale des Inscriptions et Belles Lettres)”；1666年成立了“皇家科学研究会(Académie Royale des Sciences)”以及着力于高等艺术研究的“罗马法兰西学院(Académie de France á Rome)”；1669年成立了“皇家音乐研究会(Académie Royale Musique)”；最后，1671年成立了“皇家建筑研究会(Académie Royale d'Architecture)”。

皇家建筑研究会

与其他研究会一样,“皇家建筑研究会”的目的也首先是研习。由国王亲自任命的研究会员们在该会首任主席F.布隆代尔的组织下每周一聚。在理论方面,交流学识,阐明从古代的大师学说和建筑佳作中汲取的艺术原则,以期演化出更为普遍的建筑学规范;在实践方面,研讨、解决建筑现实中的问题,特别是就皇家建筑给国王以建议。国王坚信,这是“使建筑摆脱邪恶的装饰,抑制已开业者们无知和专横泛滥的唯一方法”[①],他希望保存每一次会议的记录,以得到更确切的学说与更正确的理论。

由于研习成果事实上可使得年轻建筑师们获益,因此“皇家建筑研究会”成立伊始,就同时还指导了一所学校。遵国王建议,研究会将真实而正确的建筑原理每周公开讲座两次,后来,讲座逐渐发展为固定的课程,由研究会主席兼教授。1717年,会员们和教授被授权在求学者中选择少量学生,并冠之以“皇家研究会学生”之名,其他青年学子亦可旁听。

1671年“皇家建筑研究会”暨建筑学校成立时,F.布隆代尔就宣布过,国王有意设立设计奖项并资助最优秀的学生赴罗马学习。但直至1717年,才将此正式纳入规章之中。1720年,第一次举行年度竞赛,颁发奖章。1725年,首次将获奖学生送往罗马深造。这就是后来的“罗马大奖赛(Grand Prix de Rome)”,是整个法国建筑教育2个半多的世纪中最重要的部分。该大奖赛的出题及评选均由研究会而非“皇家建筑研究会”的学校及后来的“美术学院”操作。

“皇家建筑研究会”及其学校的性质直至大革命前基本无变化,但规模却在不断扩大:1671年有8名成员(6名建筑师、1名教授、1名秘书);1699年分为两组,各7名建筑师,第二组另加1名教授、1名助教,共有16人;1728年有32人;1756年,32人平分为两组。研究会的调整由国王亲定,但研究会有一定自我管理范围,如当某会员故去时,由会里推荐三名候选人供国王最后选定。

研究会的会址及其学校的校址,大革命前一直位于卢浮宫内。

国家科学与艺术研究院

1780年代末,大革命浪潮波及了各研究会。具有革命思想的年轻艺术家们率先对“皇家绘画与雕塑研究会”表示怨情。1783年入选该研究会的激进人物、新古典主义画家J.L.戴维(Jacques-Louis David,1748—1825,油画《马拉之死》的作者)从中推波助澜,很快便成为领袖。1790年9月,J.L.戴维曾向“国民议会”(即1792—1795年的“国民公会—Convention Nationale”的前身)提出成立与“皇家绘

① Annie Jacques and Anthony Vidler. Chronology: The Ecole des Beaux-Arts, 1671-1900. Oppositions, 1977(8).

画与雕塑研究会”抗衡的“艺术公社(Commune des Arts)”,并要求解散该研究会。“艺术公社”于1793年4月被“国民公会”认可为唯一的艺术团体。7月,该公社社员破门而入,占据了位于卢浮宫的“皇家绘画与雕塑研究会”。随后,J. L. 戴维当选“国民公会”议员,任公共教育大臣,后又当选“国民公会”书记。由于他的原因,“国民公会”于8月颁令并于16—17日关闭了所有的皇家研究会及其学校。但“皇家建筑研究会”的学校因被认为“具有极好功用”而幸免,同年秋季(学期)该校便恢复了教学。1793年秋,“艺术公社”因开始诋毁J. L. 戴维本人而被“国民公会”取消。

1795年10月,“国民公会”颁令成立“国家科学与艺术研究院(Institute National des Sciences et des Arts)”,以承担原皇家各研究会的研习任务。意欲“通过研究,完善科学与艺术”……“产生科学与艺术作品”。在此,各学科学者混合在一个团体里,“成为活的百科全书”[①]。组织上,144名成员分为数理科学、伦理与政治、文学与艺术三组,第三组中有6名建筑师。

1803年1月,当政的第一帝国执政官拿破仑颁令重组“国家科学与艺术研究院”,会员扩为165名,分数理、法国语言与文学、古典文学史、美术(Beaux-Arts)四组。至1805年前,研究院的艺术家们(共19名)工作与居住均在卢浮宫内。1805年美术组随相应的绘画、雕塑、建筑学校迁至塞纳河南岸的国立第四学院Le Vau宫内。

1816年7月,复辟的波旁王朝路易十八又颁布皇家令,将在该研究院中的上述四个组重新命名为科学研究会、法兰西研究会、文学研究会与美术研究会,各会28～40人。画家、雕塑家、建筑师、版画家与作曲家被组织在以“Beaux-Arts(即美术,相当于英语的Fine-Arts)”命名的同一个研究会里,这在法国历史上是第一次。“美术研究会(Académie des Beaux-Arts)”的艺术家们按类分为几个部,其中建筑部(Section d'Architecture)的建筑师由6名增至8名[②]。

1832年,七月王朝的路易·菲利浦王复建了被拿破仑1803年令取消了的“伦理与政治研究会”,并增加了3个常任秘书。这样,整个“国家科学与艺术研究院”的人数变为206人,但其中的建筑师并未增加,8个席位一直延续到了下个世纪。

1.2 皇家建筑(研究会)学校与法国早期建筑教育

皇家建筑(研究会)学校

关于该学校的成立时间,虽无明确的记载,但从法国与柏拉图主义及意大利文艺复兴的学术渊源看应是与研究会成立时间相隔不远,即1671年或1671年后不

① Richard Chafee. The Teaching of Architecture at the Ecole des Beaux-Arts//Arthur Drexler. The Architecture Of The Ecole Des Beaux-Arts,1977:74.

② 年表中记载的仍为6名—— Annie Jacques and Anthony Vidler. Chronology:The Ecole des Beaux-Arts,1671—1900, 1977.

久。当时,会员们遵照国王指示在研讨学术问题之余便开始了研究会的教学活动。由研究会主席兼教授(第一位,也是当时研究会员中唯一的教授)F. 布隆代尔做公开的讲座,每周两次向年轻建筑师们讲授建筑理论和相关的知识。1717 年时,上述的讲座已成为相对固定的课程。学期是每年的 11 月至次年的 9 月,课程进度是 2~3 年一轮,每周 2 次,各 2 小时。讲座内容一次是建筑概念、原理;一次是实用几何学等。研究会员们和教授有权在听课者中选择正式弟子:普通会员 1 名学生/人,教授 6 名学生/人。只有这些正式学生才有权被称为"皇家研究会学生",可听比公开讲座(讲课)更为高深的课题,并有资格竞争年度奖章。

该学校在教学上,除提供讲座外,还负责组织建筑设计竞赛。其中有 1702 年起每年举行的"罗马大奖赛"(Grand Prix de Rome,是最高级别的竞赛)与 1763 年创立的"月度赛"(颁发"竞赛奖—Prix d'émulation")。

该学校的学生(正式与非正式的)在学校只听理论讲座,而设计知识则分散在各自选定的建筑画室(atelier,详见 3.3 节),由其导师予以传授。这一方式一直延续到 1863 年教育改革运动后,官方(即校内)画室出现时,这一状况才局部得到改变。

学校的教授一直是 1 名,有时还有 1 名助教。教授同时是研究会会员,由国王直接任命。但随着研究会规模的增加,学生数也逐渐增大:1717 年 28 名,1746 年 47 名,1818 年 38 名(1803 年仅 6 名,原因未知)。1686 年 F. 布隆代尔去世后,曾有数名教授相继任教。1762 年 J. F. 布隆代尔(Jacque-François Blondel,1705—1774)继任。

大革命期间的 1793 年 8 月 16—17 日,皇家各研究会被正式查封,各研究会的学校也随之结束。但一周后,政府又承认了原建筑研究会学校的必要性。8 月 24 日,内政部长致函法国公共教育部(Committee of Public Instruction)时说道:"这个建筑学校具有极好的功效"①,建议该校保留原来的秘书(助理)和教授而继续下去;另外,3、4 月份国民公会已预先配给教育经费,部长也有钱去实现这一建议。因此,在这年度的秋季(学期),该学校又重新开始,由该校 1762 年的助教、1774 年的教授 J. D. 勒努瓦(Julien-David Le Roy,1724—1803)执教。学校的地址仍在卢浮宫的另一个厅里。尽管由于"皇家建筑研究会"已取消,这时的学校更无名可称了,但就该机构的机制与目的而言,此时的它才真正成为一所有着独立意义的"学校"。

建筑学校之所以能在大革命浪潮中幸免,这与艺术界的激进派头目 J. L. 戴维的庇护有关。J. L. 戴维的亲友中有好几个建筑师:J. L. 戴维之舅是位"皇家建筑研

① Richard Chafee. The Teaching of Architecture at the Ecole des Beaux-Arts//Arthur Drexler. The Architecture Of The Ecole Des Beaux-Arts,1977:70.

究会”会员，老友 M. J. 塞代尔(M. J. Sedaine)是“皇家建筑研究会”秘书，1784 年罗马大奖得主 A. G. 于贝尔(A. G. Hubert)是其内弟①。而建筑学校的 J. D. 勒努瓦信奉古希腊建筑的美，这点恰恰与被奉为法国新古典主义(绘画)鼻祖的 J. L. 戴维意趣相投。

1795 年 10 月 25 日，“国民公会”发布了关于公共教育的长令。其第三篇第一款中列出了“专门致力于学习的”10 所学校，其中有天文学、医学、政治学、音乐等，第 9 所即专攻“绘画、雕塑、建筑”。至此，J. D. 勒努瓦的学校才被授以名称——“建筑专门学校 (L'Ecole Spéciale de l'Architecture) ”，成了法国唯一的重要的建筑学校，并在名义上与绘画及雕塑专门学校(Ecole Spéciale la Peintur et de la Sculptrue)合为一个单独的艺术学校联合体。建筑学与绘画、雕塑首次被相提并论，合为一处。1801 年 10 月 11 日的政府令中仍以“绘画、雕塑、建筑”称呼这所学校。

直至 1803 年秋，该学校一直与“皇家建筑研究会”共处一处，同在卢浮宫的某一个厅里。1803 年秋，建筑学校遵令率先跨过塞纳河，搬入为绘画、雕塑、建筑学校准备的国立第四学院的 Le Vau 的宫里，而绘画、雕塑学校迟至 4 年后的 1807 年才撤出卢浮宫迁至此。由此也可看出，至少到此时(1807 年)，三者的教学事实上仍是分开的。

法国第一个全日制建筑学校——J. F. 布隆代尔的建筑学校

在法国早期建筑教育史上，第一所全日制的建筑学校是由另一个布隆代尔——J. F. 布隆代尔(Jacques-François Blondel，1705—1774)于 1740 年创办，1743 年正式获准建立的。J. F. 布隆代尔意识到，年轻人为得到完整的建筑学相关各科训练很费时，而“皇家建筑研究会”的学校仅提供讲座和组织竞赛，因而他创建了这所“集合所有相关的艺术研究的”私人建筑学校。该校除星期日以外，每天早上 8 点直至晚上 9 点开课。上午教理论，其中一周 3 次自然科学类教学。夏季每周 2 次参观建筑工地。该校的课程分三个层次：为未来的建筑出资者的“初级课程”，为建筑师、画家、雕塑家的“理论课程”和为建筑承包商的“技术型课程”。重要的一点是，该校学生的设计课也是在学校上②。

J. F. 布隆代尔的教学相当成功。他的学生中有 3 个后来获罗马大奖，至少有 9 人后来成为“皇家建筑研究会”会员。作为杰出的建筑学者与大教育家，J. F. 布隆代尔这一时期声誉很大，影响极远。尽管一开始他和他的这所学校曾遭到当时“皇家建筑研究会”会员们的反对，但后来他们不得不承认这是一所有价值的学校，

① Richard Chafee. The Teaching of Architecture at the Ecole des Beaux-Arts//Arthur Drexler. The Architecture Of The Ecole Des Beaux-Arts，1977：70.

② Annie Jacques and Anthony Vidler. Chronology：The Ecole des Beaux-Arts，1671—1900，1977.

国王甚至还为该校的学生提供过资助①。

1755 年，J. F. 布隆代尔被接纳为“皇家建筑研究会”会员。1762 年，他关闭了他的这所私人学校，应聘出任“皇家建筑研究会”学校的教授。他自己的学校虽然结束，但那儿的许多教学思想与方法被 J. F. 布隆代尔带到了“皇家建筑研究会”的学校。

综合工科学校中的建筑教育

应法国国防工程（如修筑工事与军用道路）之需及学者团的建议，1794 年 3 月，国民公会创立了“公共工程部”。同时，还宣称该部将负责组建“中央公共工程学校”(Ecole Centrale des Travaux Publics)。同年 10 月，该校被确定下来，1795 年 1 月便取代了原道路桥梁学校和其他几所皇家军事工程学校开始运行。

1795 年 8 月，国民公会下令更校名为“综合工科学校(Ecole Polytechnique)”，并明确该校意在“训练军工工程、道桥与市政工程、矿山、造船、地形测量学的学生……”学制为 2 年。“综合工科学校”在一开始就曾接受过原“皇家建筑(研究会)学校”的一批建筑图与模型，并设有建筑学教授，开设建筑学课程。教授中最著名的 J. N. 迪朗(Jean-Nicolas Durand，1760—1834)认为该校培养的工程师们需要了解建筑学，但所花的时间不能太多。因此这儿的建筑类课程仅是作主题介绍。但是，J. N. 迪朗在教学中提出了对新古典主义建筑平、立面设计的几何网格构成法，极其简明有效。他在 1800 年代出版的专著《古今各类大型建筑汇编与对照》(*Recueil et Parallele des Edifices de Tout Genre Anciens et Modernes*)与《综合工科学校建筑课程概要》(*Precis des Lecons d'Architecture Donnees a l'Ecole Polytechnique*)是当时阅读最广泛的建筑工具书，一直刊印至 1840 年。然而，由于建筑学计划的缩减和始终未能建成高等建筑学校，综合工科学校在建筑领域的作用被大大降低了②。

1.3 美术学院及其建筑学科

美术学院的成立

君主制恢复之后，建筑、绘画和雕塑学校的联合体从国立第四学院移至不远处的 Pelits-Augustins 修道院旧址。这儿早在 1789 年就与其他教会房产一道被革命政府（即“国民公会”之前的“国民会议”）查封，改为考古学家 A. 勒努瓦(Alexandre Lenoir)的“法国遗物博物馆(Musée des Monuments Français)”。在那儿，安置了

① Annie Jacques and Anthony Vidler. Chronology: The Ecole des Beaux-Arts, 1671—1900, 1977.

② Daqing Gu. The Design Studio: Its Formation and Pedagogy. Zurich: The Swiss Federal Institute of Technology, 1994: 46.

他从废墟中抢救出来的一些宗教式的雕像和建筑残件。1816 年 4 月 24 日的皇家令中宣布将 A. 勒努瓦的博物馆关闭，纪念物大部分归还原主。10 月 18 日令中又将该建筑与用地指派给“皇家美术专门学校（Ecole Royale et Spéciale des Beaux-Arts）”。自此，建筑、绘画、雕塑这几个专门学校在名称上合为一体，并首次冠以“美术（Beaux-Arts）”一名。不过，学校的搬迁极缓慢。1830 年前学校的主要活动仍在国立第四学院，直到 1839 年才搬迁完毕。

1819 年 8 月 4 日皇家令才正式将建筑、绘画、雕塑这几个专门学校组合进一个名为“皇家美术学院（Ecole Royale des Beaux-Arts）”的学校。此前，这三部分是分开的。就在早几月的 4 月 17 日所颁的规章中还谈及过“建筑学校（Ecole d'Architecture）”。因此，学界一般将 1819 年认作“美术学院（Ecole des Beaux-Arts）”正式成立的时间。

后来（应是 1848 年法国成为第二共和国以后），校名中“Royale”一词不再出现。18 世纪中叶后，由于法国将各地的美术学院在体制上合为一所大学院，各地的学院均为分院，位于巴黎的这所美术学院的名称后似乎也因此会加上地名，它最终的名称就成为了后来中国专业界一直惯用的“巴黎美术学院”。但实际上，在该校的法语名称“Ecole des Beaux-Arts”中并无“巴黎”字样。

在“巴黎美术学院”的校园内，原先仅有 17 世纪的修道院、小教堂（沿东边的 Bonaparte 大道）和一个花园（基地西南面）。1820 年代，由建筑师 F. 德布雷（François Debret）在花园位置上设计了一幢“口”字大楼——三层的“研修馆（Palais des Etudes）”和紧靠其南边的窄长形三层考试用“图房楼（Bâtiment des Loges）”。1832 年，另一建筑师 F. J. 迪邦（Félix-Jacques Duban，罗马大奖获得者，F. 德布雷的内弟，画室导师）接替 F. 德布雷任该学院的建筑师，对校园进行整体完善。F. J. 迪邦首先完成了研修馆立面设计和校园规划，并完成了入口庭院设计，同时对全院的功能作了调整：日常讲课、绘画课置于修道院老楼，而研修馆内则安排了图书馆、圆形会堂和各种陈列室等。此外，他还用钢与玻璃将研修馆的中庭院做了覆盖，形成面积可观的艺术品陈列大厅。[见图 1-1～图 1-4]

美术学院的早期概况

“美术学院”在章程中将其分为两个部（Section）：一是建筑学部，二是绘画与雕塑部。其中建筑教授数量扩为 4 名，分别讲授理论、艺术史、营造和数学。学生的培养在结构上类似一个四层的金字塔。最下层是入门准备，往上是第二级、第一级和顶部的“罗马大奖赛”。

“入门”阶段的青年（15～30 岁）首先得寻找个画室，向导师学习建筑学知识。随后便可执某一知名艺术家的推荐信去学院登记申请，备考完毕后便可参加一年一次（1865 年后改为一年两次）的入学考试。其内容有数学、画法几何、历史、绘画及建筑设计，考试分书面和口头两类。

通过考试，学生便进入“第二级（second class）”，这时起才算是“美术学院”的正式学生。二级的学生可在院里听各类理论课程，并参加各课会考和各种设计类竞赛，以取得相应的学分值，待所要求的学分值学满后，便可晋升至“第一级”。

“第一级（first class）”课程与第二级相像，但更强调建筑设计类竞赛，设计题也更趋复杂。

“罗马大奖”是金字塔的顶尖，称作“Grand Prix de Rome”，几乎是所有学生的目标所在。它原则上面向所有 15～30 岁的法国人，但绝大多数的“罗马大奖”获得者均为巴黎的“美术学院”一级学生。大奖赛由一系列递进的（二短一长共三个）竞赛组成，整个竞赛历时近半年，学生的设计由自己的画室导师指导。该大赛由“皇家建筑研究会”或后来的“（国家科学与艺术研究院）美术研究会”出题并评审。最终的大奖得主仅为一人，他将获得公费赴罗马的法兰西学院学习的机会。

“美术学院”早期的设计课全部由学生各自的画室导师负责具体教学。

教改运动与其后美术学院的盛况

拿破仑三世 1863 年 11 月 13 日所颁布的改革令，给法国建筑教育带来了自 1793 年“皇家建筑研究会”的学校关闭以来最大的纷乱。尽管，在改革中持续 35 年的争论激烈纷呈，但实质性的改变却是极有限的。

早在 1829 年，年轻的建筑师、罗马大奖得主 P. F. H. 拉布鲁斯特（Pierre-François Henri Labrouste，1801—1875）与 F. J. 迪邦（Felix-Jacques Duban）还在罗马就学。因他们所做的希腊神庙修复设计及耶稣教堂设计没有随附当时的古典主义教条，故而激怒过当时美术界实权人物 A. C. Q. 德坎西（Antoine-Chrysostome Quatremére de Quincy，1755—1849）。A. C. Q. 德坎西是一名雕塑家、“美术研究会”1816—1839 年的常任秘书，并负责罗马大奖赛事和留学生事宜。他毕生为古典艺术理想而战，1790 年代曾结盟画家 J. L. 戴维查封了“皇家绘画与雕塑研究会”。1830 年 6 月革命的那个秋季，法学院、医学院及“美术学院”的学生们示威游行，要求政府改革教育与职业政策。P. F. H. 拉布鲁斯特与 F. J. 迪邦也积极声援，签名请愿，呼吁政府做出重大改革。请愿的内容包括改革大奖赛及评审办法、限制某些建筑师特权等。

1846 年“美术研究会”发表研究报告，对致力于哥特建筑研究、推崇理性结构体系的建筑师和理论家 E. E. V. 勒迪克（Eugene-Emmanuel Viollet-Le-Duc，1814—1879）发难，贬低哥特建筑。这引发了 E. E. V. 勒迪克的回击。他通过言辞激烈的文章与专著，不断对“美术研究会”与“美术学院”的特权者们予以抨击。由于多年的据理抗争，E. E. V. 勒迪克也声望日增，并渐渐与皇室过往甚密起来。1863 年 11 月 13 日，政府颁令，责成分工美术部的大臣 M. 维尔伦特（Marshal Vaillant）作为代表，彻底重组“美术学院”：罢免、新任了数名教授；设立学院主管职位；建立了数个官办画室（其中有 3 个是建筑学的）；取消“美术研究会”控制“罗马大奖赛”的权力，成立新的“高等教育委员会(Conseil Supérieur d'Enseigment)”负责出题、特别评委负责大奖赛评审；并将罗马的“法兰西学院”①控制权收归政府……结果引来“皇家建筑研究会”会员及“美术学院”教授们的群起攻之。他们甚至召来了律师，否定政府此项法令的合法性，并联名上书皇帝进行抗议。1863 年的新任教授 E. E. V. 勒迪克的讲课也屡遭学生哄闹，以至于 E. E. V. 勒迪克在任该职不到半年就辞了职②。……最终，政府一再退让，改革举措大多被取消，学院的管理逐渐又恢复如前。应该注意的是，尽管政府试图制服“美术学院”的战役并未取得实质性胜利，但改革运动事实上对学院的管理及其学科的发展起到了积极的促进作用。

改革的直接影响首先是三个官方画室保留了下来，并且“美术研究会”及“美术学院”也部分参与了此事：由研究会及学院选派了分别代表古典、新古典及哥特复兴三种主要建筑思想的画室导师。这对规范管理和参与设计教学的意义不言而喻，为官方画室后来的发展奠定了基础。其次是选修课程日益增多，其内容涉及绘画及制模、力学、物理、化学、建筑管理、法规、会计等。

此外，改革后期的 1867 年，学院出台了一套新章程，其中最重要的创举是设立了“毕业文凭”(Diplôme par le Gouvernement ，全称应为“政府颁文凭”)。而在此前，“美术学院”金字塔式结构的终极点是罗马大奖，得主也仅一人。其余的一级生虽然也都能满足于曾是“美术学院”的学生而离校就职，那时的社会也对此抱以认同，但这毕竟不是个量化概念。1867 年 11 月 27 日学院的规定中明确，文凭授予每次年度特别竞赛的获奖者们，具有约 2 年第一级竞赛学分值的学生均可申请。尽管学生们当时还沉醉于对罗马大奖赛的追逐之中，文凭设立 20 年内并未对他们产生多大吸引力，但到了 1887 年，政府向所有尚在世的罗马大奖赛得主颁发了毕业文凭，并且要求此后的罗马大奖赛也要具有毕业资格。这时，毕业文凭才达到了当局设想的仅次于罗马大奖赛的建筑学专业顶峰，并渐渐成了大部分学生的目的所在。

教育改革后，学院建筑部的另一变化是竞赛奖项大增，至 1920 年代已有十余个。这些奖金均来自个人或团体捐款的年利息。如“美国建筑师奖(Prix de Reconnaissance des Architectes Americains)”即是由“巴黎美术学院”毕业的美国建筑师建立。这些竞赛的组织均是由“皇家建筑研究会”(及后来的“美术研究会”)与“美术学院”共同主持的。

此外，改革后的 1860 年代末还出现了“预科画室(atelier préparatoires)”，通过

① “罗马法兰西学院(Académie de France á Rome)”1666 年为艺术研究而设于罗马，它名义上归国家，但实质上由“皇家绘画与雕塑研究会”“皇家建筑研究会”及后来的“美术研究会”负责管理——笔者注。

② Richard Chafee. The Teaching of Architecture at the Ecole des Beaux-Arts//Arthur Drexler. The Architecture Of The Ecole Des Beaux-Arts，1977：103.

数学、绘画和建筑设计教学为“美术学院”培养初学者。

在1870年法兰西第三共和国成立至第一次世界大战爆发的近半个世纪期间，国家处于和平发展年代，学院内也情况良好，大家均称心如意，无甚学术纷争。画室里古典主义方兴未艾，建筑理论教授J. 加代(Julien Guadet)出版了“美术学院”古典主义理论的四卷巨著《建筑要素及理论》(*Elements et Théorie de l'Architecture*)。1863年的敌意也已被淡忘，学生甚至还可不带偏见地阅读E. E. V. 勒迪克的著作。学院建筑部学生数逐年增加：1851—1852年有281名；1890—1891年就翻了一倍多，达606人；1906—1907年又升至950人。另外，“巴黎美术学院”还吸引了全球众多国家来的学子，其中仅美国就有超过500名学生先后正式至此就读①。此期间，出自“巴黎美术学院”的建筑师设计作品遍布法国和整个法兰西帝国。连英语国家里也以“鲍扎式(Beaux Arts)”为名，将一类建筑定了位。“巴黎美术学院”达到了其历史上的鼎盛时期②。

早在大约18世纪后期，法国政府将原来分散在各地的各美术类学院与在巴黎的“美术学院”合组为一个整体。各学院均作为分院，其中有里昂(Lyon)、鲁昂(Rouen)、里尔(Lille)、马赛(Marseille)和斯特拉斯堡(Strasbourg)等几所。尽管各学院在教学上是一体的，但巴黎的“美术学院”仍然是独占鳌头、高高在上，享有许多唯一的特权。如可免去学生们兵役制规定的2年服役，并颁发建筑文凭等。其他分校事实上担当的是“巴黎美术学院”的“预科学校”角色，为其输送拔尖人才。如“里昂美术学院”就设有巴黎大奖(Prix de Paris)，每年为“巴黎美术学院”输送1名优秀生。

1883年，“巴黎美术学院”购下了基地西侧的原西美府邸(Hôtel de Chimay)，以扩充教学空间。

世界大战与美术学院的终结

“美术学院”盛期之后，使之遭受重创的首先是1914—1918年的第一次世界大战。学院有480名学生(在校及往届合计)在此战争中丧生，而该校学生中半数以上是在建筑部。战争末期“美术学院”重又开学时，每个画室都察觉了人员损失：有的伤亡，有的离去，新老生之间的连续被打破了。直到1920年才渐恢复元气。1921年，学院建筑部学生数达到了1 100人③。

1920年代晚期起，“美术学院”随着学生数的剧增而需要更多的画室空间。而

① Arthur Drexler. Beaux-Arts Buildings in France and America//Arthur Drexler. The Architecture Of The Ecole Des Beaux-Arts，1977：464.

② Richard Chafee. The Teaching of Architecture at the Ecole des Beaux-Arts//Arthur Drexler. The Architecture Of The Ecole Des Beaux-Arts，1977：107.

③ Richard Chafee. The Teaching of Architecture at the Ecole des Beaux-Arts//Arthur Drexler. The Architecture Of The Ecole Des Beaux-Arts，1977：107.

此时塞纳河边靠近学院的左岸房租昂贵，各画室都难以为继。1930 年代早期，“美术学院”自 1880 年代以来第一次关注起其物质建设。为设更多的图房，容纳外面的建筑画室，学院由政府负责出资在几个街区外建造了 Jacques-Callot 大道的一幢六层大楼，迁进来的画室因此都变成了半官方的了①。

然而，也是到了 1930 年代初，另一个问题也不容忽视甚至更为致命，而且是政府出资也无法解决的，即“美术研究会”与“美术学院”的领头建筑师们在学术上的消极守势。引人注目的新思想已不再出自这些人，而是来自在巴黎开业的外国(特别是德国)人。他们对“美术研究会”和“美术学院”的憎恶与 E. E. V. 勒迪克同样强烈。有的画室也同样呈保守之势，学习某些建筑师——尤其是勒·柯布西耶(Le Corbusier)的作品是犯忌的事。

1937—1945 年的第二次世界大战，使得“美术学院”的前述问题更加严重。法国的建筑师由于纳粹长达 5 年的占领而被孤立了，他们变得与法国以外的建筑思想失去了联系。另一方面，私人画室一个个搬入学院内，成了新的官方画室；画室导师们也一个个列入了美院教师名册，成为“画室主讲教授(professeur chef d'atelier)”。官方画室的学生总数也已比私人画室的要多，学院的资金严重短缺。最终，19 世纪建筑教育的多样与灵活已成为了过去，形成了相当刻板的中心化——画室集中，教学趋同。

1950 年代法国经济恢复后，左岸街区时髦起来，这儿的生活费用随之更加昂贵，“美术学院”与其学生们的资金短缺便更加严重了。1960 年，戴高乐(De Gaulle) 总统当政期间，巴黎的其他建筑物都被粉饰一净，却留下了积满灰垢的“美术学院”。“这个街区和无忧无虑的艺术家们像歌剧《波西米亚人》(*La Bohème*)一样成为了过去——‘美术学院’被国家忽略了。”②

然而，就是在这年久失修的建筑物里，2 780 名(1967—1968 年数字)建筑部的学生们正被迫为学分和奖金竞争着，可这些奖金此时已是少得可怜。如 Rougevin 奖 1907 年时还有奖金 600 法郎(当时合 125 美元)，但 1963 年时仅贬至 6 法郎(不足 1.25 美元)……这令人沮丧的窘况，使得大多数学生对竞赛乃至整个建筑教育的意义产生了质疑。巴黎的其他大学生中，也很强烈地表现出对学习的玩世不恭。

1968 年 5 月初，巴黎大学的骚乱终于爆发了。社会学学生率先在其 Nanterre 分校罢课，警方干预后分校关闭。“美术学院”的学生们也随之响应，占领了学院大楼直至 6 月底被警方强行驱出，当年的罗马大奖赛和秋季开学被学生阻止了。……1968 年 12 月 6 日，总统戴高乐与文化部长马乐劳克斯(Malraux)签发了

① Richard Chafee. The Teaching of Architecture at the Ecole des Beaux-Arts//Arthur Drexler. The Architecture Of The Ecole Des Beaux-Arts，1977：107.

② Richard Chafee. The Teaching of Architecture at the Ecole des Beaux-Arts//Arthur Drexler. The Architecture Of The Ecole Des Beaux-Arts，1977：108.

政令，正式停止了“美术学院”的建筑学教学。——“巴黎美术学院”的历史至此结束。

同一政令中，还将全法国的建筑教育进行了重新组织。中心化的“美术学院”建筑部由多个被称为“教学单位”（Unités pédagogiques）的自主教学部门所取代，罗马大奖赛也被取消了。各教学单位的教学自主，学制一律6年。入学考被免去，所有执中学毕业证的学生均可入学。

教学单位中有8个在巴黎。其中第四单位与原“美术学院”的建筑部精神最相近，它继续认定建筑是艺术，其画室是官办的，运行情况一如前“美术学院”；第七单位则坚持结构决定建筑形式，课程中强调钢及混凝土的现代结构体系的学习；巴黎最大的教学单位是第六单位，是1968年事件最直接的结果，它最多地保持了反叛的精神，因而最具思想意识，确信社会决定建筑；位于“美术学院”原址的是第一单位……

新的教学体制与“美术学院”盛期的体制差异是巨大的。“与大革命期间的1793年相比，1968年的决裂要彻底多了。”①

从“美术学院”1819年设名起算，该校的历史整整150年；若从1671年其建筑学科出现起算，该校的历史是298年。

纵观从“皇家建筑研究会”的学校到“美术学院”的近300年历史，其中有几个要点是值得我们思考的：

1. “教”（校）与“研”（会）之关系紧密至极，是鲍扎历史上贯穿始终的最大特点。它源于柏拉图学园及意大利早期学院“学术研究引发知识传授”的特征。这一方面致使学校的命运随着研究会而几经波折，受到国家政治风潮等影响较大。遭遇过中途关闭和最后的终结等厄运，并始终在学术上受制于研究会会员们的意志。另一方面，又正是因为这种学术上的关联，官方的管理被转化为学术范围的专业指导，针对性与可行性都得到改善，并且建筑教育几乎是直接得到国家上层领导的关注，其在地位上所受到的尊崇令人羡慕。这其中的利弊在笔者看来是前者更多些：受到高层的重视毕竟是好事，即便有“代理”也是专业的；至于与国家政治的牵连这不仅在所难免，并且建筑关注国计民生本身也是分内之事，应该主动面对才是积极的。

2. 渐趋“中心化”，是鲍扎晚期的特点，并从机制最终反映到学术上。它是鲍扎盛期发展壮大的有力因素，也是导致其最后终结的主要根源之一。一方面，美院教学的成功，使得学子云集、人才济济，法国的各分院和众多画室为其提供优秀学生，外国学生也趋之若鹜，其影响扩大到了极点，学院一时间几乎成了全法甚至全

① Richard Chafee. The Teaching of Architecture at the Ecole des Beaux-Arts//Arthur Drexler. The Architecture Of The Ecole Des Beaux-Arts，1977：109.

球建筑教育的主宰;另一方面,学校规模日趋扩大,经济上不堪重负,并且学术上的统领划一,使得画室的个性渐失。因此,这种过分的"中心化"显然对鲍扎是灾难性的,其规模带来的效应也已相形而不足道了。

3. "鲍扎"一词原本就是美术类学科的统称,其建筑学与绘画、雕塑等"同源艺术"几乎是始终同处一校。这一特点的结果不言而喻(下文也会有更多介绍):许多课程及设施可共享资源,校园氛围必然是"艺术"占主导,而"技术"类教学势必薄弱,"建筑是艺术"便是名正言顺的了。……这其中的得失,笔者并无意在此评价。但有一点是肯定的,那就是直至现代主义出现时,"建筑艺术说"至少在世界上占了大半壁江山,是不容忽视的主流。

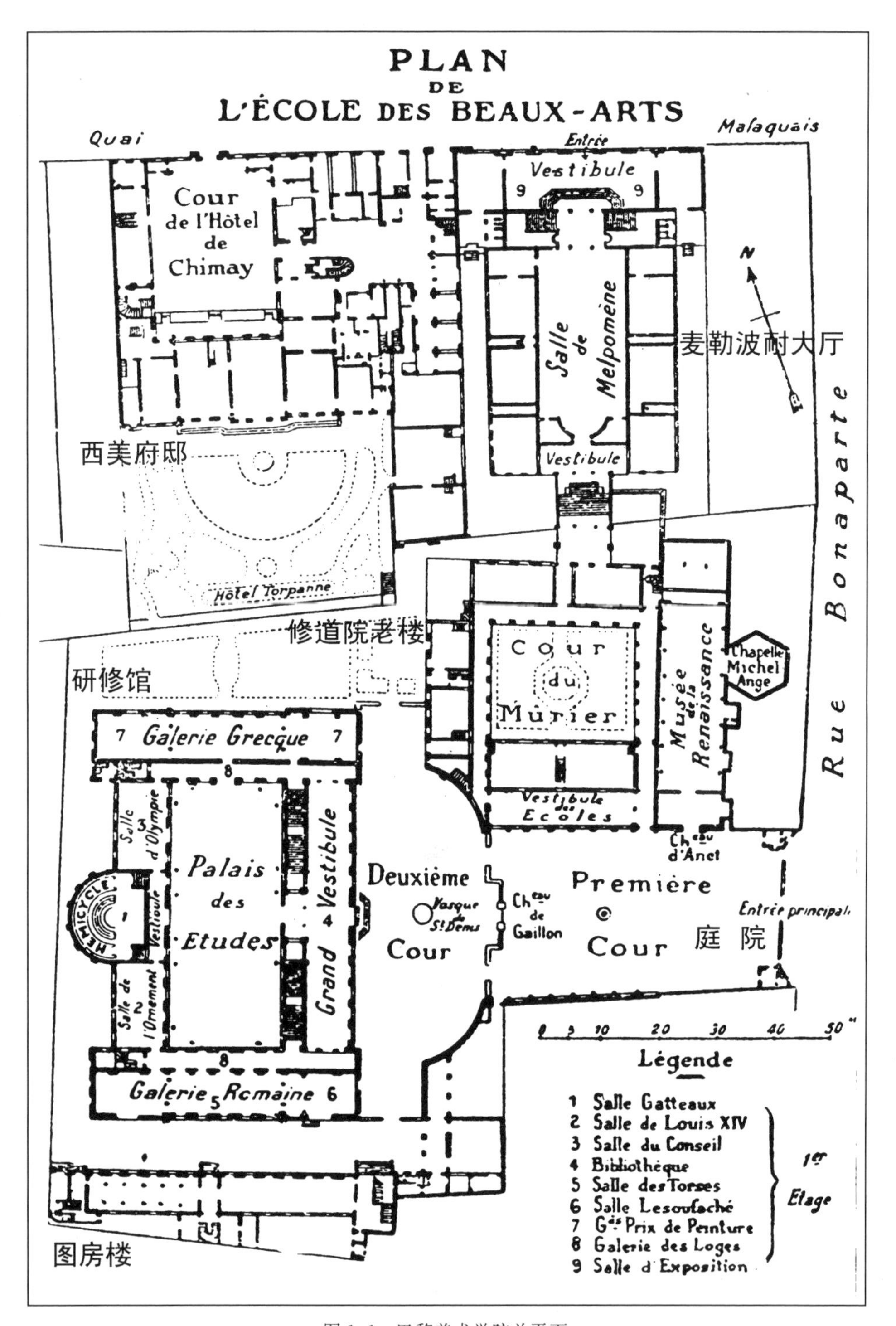

图 1-1　巴黎美术学院总平面

图 1-2 巴黎美术学院入口庭院

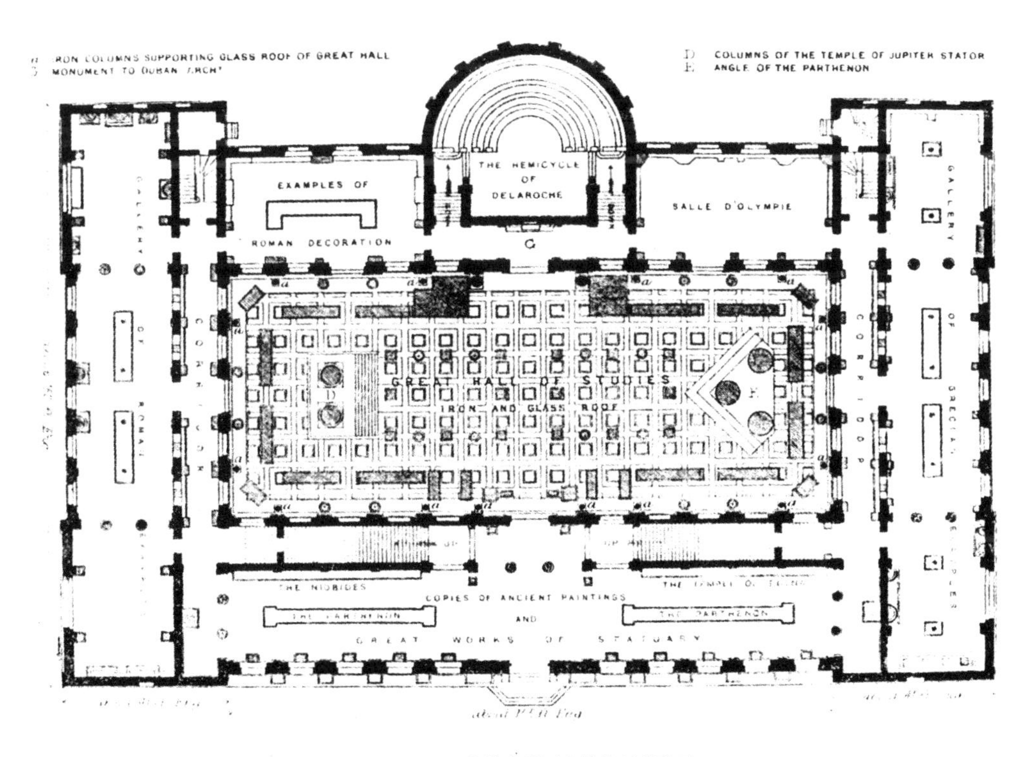

图 1-3 巴黎美术学院“研修馆”平面

图 1-4　巴黎美术学院“研修馆”中庭

2　美术学院的建筑教学模式

在法国，参与建筑教育的方面众多。有国家的也有民间的：国王本人对此情有独钟，常常亲自或委派大臣过问办学事宜，督促有关部门颁令立章，“皇家建筑研究会（或是后来的‘美术研究会’）”则是官方的建筑教育代言人；民间更是画室林立，弟子成群。有圈内的也有圈外的：建筑师们大多或是在校任教或是在开业的同时设画室纳徒授艺；建筑学的“姻亲”如画师、雕塑家们也对此关心备至，文人、商客甚至连军官们也临场助兴，参与设计竞赛的选优。有学术的也有职业的：学校（院）开设日益完备的学术课程；画室则专司主课即设计的训练。有正规的也有松散的：学院（校）有完整的学籍管理、奖惩规则；画室则去留自便，气氛宽松。

在上述的众多因素中，最直接的是“皇家建筑研究会”（及后来的国家科学与艺术研究院的“美术研究会”）、“美术学院”及“画室”三方面。鲍扎建筑教育特有的整体机制，就是其间错综复杂的依存或制约关系。在法国近代建筑教育自起源到兴盛再至衰败的近三百年历程中，三者间虽然经历了不可免的调适与整合，但该机制的实质性构架并未改变，这就是：“研究会”“学院”“画室”三者以“罗马大奖赛”为核心所形成的有机链系。

在关于鲍扎教学的论著中，人们大多只是关注了“学院”与“画室”的联合运作，但“皇家建筑研究会（或是后来的‘美术研究会’）”的参与与控制作用以及“罗马大奖赛”的核心传动意义均未予以充分的认识。笔者以为，这是影响到给鲍扎体系整体运作定性的一大缺憾。因此，本书以较多笔墨全面阐述了鲍扎教学系统中联动诸方的关系。在教学细节上，由于缺乏更为详尽的资料，所以基本上只能按当今的常规思路给予一般性陈述。所幸的是，笔者得到了关于“画室”的一份颇为翔实的记录，这为本书平添了一些可以展开研析的宝贵素材。

2.1　整体机制

研究会——建筑教育的官方总控机构

“皇家建筑研究会”及后来的“（全国科学与艺术研究院）美术研究会”，既是全法建筑学界的最高学术研究机构，以其权威性理论指导了全法国建筑学科的整体学术方向；同时很大程度上又是国家及其有关职能部门在建筑教育组织与管理上的代言人，事实上左右着皇家（国家）有关建筑教育的方针、政策的决定、颁布与实施。总之，“该会控制着建筑师、学生、承包商、皇家建筑、各省、各城市，是为中央集权服务的有力机构"[1]。因此,它在上述的链系中是高高在上的权威性角色,在总体上牢牢控制了整个建筑教育的运作。

首先,在对于罗马大奖赛的作用上,自1725年首次派遣赴罗马留学生起至1968年大奖赛取消的240余年中,除了两次例外(1760年后期—1795年因当时的大臣玛利尼与研究院不和而改派其他年轻建筑师;1863—1871年是在教育改革期间由高教委负责)和大革命时终止3年(1793—1796年)以外,其余200年里,罗马大奖赛的出题与评审均直接由研究会一手操办。由于罗马的法兰西学院的职责是管理在罗马的法国艺术类学生的学习与生活,因此该学院的管理权亦大部分在"皇家建筑研究会"及其后来的"美术研究会"手中。也就是说,研究会对"美术学院"和画室建筑教学的影响主要是通过它在大奖赛和选派留学生工作中的主导作用而实现的。

其次,研究会还以其在国家和职能部门的学术权威地位,间接地对"美术学院"和画室施加一定的影响。如就"美术学院"的建制、任免等重大问题直接上书国王或有关部门;对私人画室的规模控制等抑或有其意见干预[2]。

此外,研究会会员作为著名的建筑学者,其中有不少是罗马大奖得主。他们个人绝大多数还直接参与了建筑教学活动:有的在"美术学院"任教职,有的自设画室授徒。因此他们的学术声望极高,故在教学中所起的直接作用是不容低估,甚至是举足轻重的。

美术学院——建筑教学的实施及管理主体

在整个建筑教育中,学校(尤其是后来的"美术学院")无疑是实施与具体管理的主体。所有"可以用文字进行本质性传授的内容"[3]即除设计课以外的所有课程的设置、实施以及学籍管理、竞赛(包括罗马大奖赛)的具体组织等教学相关活动,均由"美术学院"实施完成。它无疑是建筑教学的主体,直接决定了学生的整体专业素质。

在上述的链系中,"美术学院"一方面受到罗马大奖赛对教学的直接影响:课程教学无疑应符合教学目标所提示的知识结构的要求;另一方面在人员建制及教学组织上直接受到研究会的制约。从资料上可得知,整个"美术学院"长期没有设行政领导,只有教授与秘书。1863年改革期间似设过"美术学院"主管(director),但并未见有甚实质性举措[4]。

---

① Hanno-Walter Kruft. A History Of Architectural Theory From Vitruvius To The Present, 1994: 128.

② 年表中有"……画室要求不少于20名学生"之说,相应的条款规定无疑有研究会参与意见—— Annie Jacques and Anthony Vidler. Chronology: The Ecole des Beaux-Arts, 1671-1900, 1977.

③ Richard Chafee. The Teaching of Architecture at the Ecole des Beaux-Arts//Arthur Drexler. The Architecture Of The Ecole Des Beaux-Arts, 1977: 62.

④ Richard Chafee. The Teaching of Architecture at the Ecole des Beaux-Arts//Arthur Drexler. The Architecture Of The Ecole Des Beaux-Arts, 1977: 101.

而“美术学院”与画室之间的联系则是千丝万缕的。因为两者的教学对象同是建筑学生，因此虽在教学内容上两者分工明确，但合作默契。从现代的分类学概念讲，“美术学院”承担的教学部分在数量上更大，有公共基础课、专业基础课、技术基础课、史论类等理论课程等。二者间虽然并无隶属关系，但由于控制了大奖赛以外的其他竞赛(会考)的出题与评审，因此，“美术学院”事实上对画室的教学的影响相当大。另一方面，由于“美术学院”只设建筑理论课，对建筑设计成果的希冀又必须靠画室导师的具体教学指导才能实现。

画室——建筑学专业能力的培养基地

这是个私人性质占主导地位的松散型建筑设计专修之处，所进行的是以建筑设计为主的训练，它直接决定了学生的专业能力。

在上述链系中，画室受到来自各方的制约。首先是罗马大奖赛对其培养对象专业能力的要求。由于大奖赛得主每年仅一名，因而夺魁的难度极大。而夺得大奖又是画室水平最重要的标志，因此来自大奖赛的压力是最直接和最大的。

其次，由于画室学生须通过“美术学院”所设的各类设计会考(竞赛)才能在学业上顺利晋升直至参加大奖赛，因此画室的教学实际上还受到来自“美术学院”的制约。当然，这一制约相对大奖赛的要小些。1863 年以后，“美术学院”设立了三个官办画室，任命了其导师。在其后至“美术学院”结束时，画室中官办的数量越来越多，总体上画室教学受到“美术学院”的制约也就日益增多了。

另外，由于研究会在国家有关政令规章方面的影响力，画室作为有一定经营性质(指导师收取费用)的机构，还不可避免地受到来自研究会的控制。

罗马大奖赛——建筑学教育的终极目标

作为鲍扎建筑教育学程结构的顶尖状态，自其 18 世纪初设立以来，“罗马大奖赛”一直是“教”与“学”两方面的共同目的所在，也是官方对建筑教学实施控制的最有力的指挥棒。在上述的链系中，罗马大奖赛无可置疑地位于“研究会”“美术学院”“画室”三方的共同交点上，是并无隶属关系的三方之间有效的联系体。研究会通过大奖赛对“美术学院”、画室的专业教学实施影响，“美术学院”、画室则通过大奖赛理解国家职能部门及学术权威对学生专业素质和能力的要求，为其培养合格的参赛者。

2.2　课程及管理

入学

1819 年“美术学院”正式成立前，“皇家建筑(研究会)学校”的学生们分为两类：一类是一般的公共讲座的青年听众，因并不收费，所以既不注册也无名分，严格说只是些非正式的旁听者；另一类才是正式的“皇家建筑研究会”学生，他们由“皇家建筑研究会"的会员每人选 1 名,"皇家建筑(研究会)学校"的教授选 6 名,并未有入学考试一说。除了有名分以外,正式学生还享有高等讲座的听课权,以及参加年度奖竞赛的机会。正式学生亦不收费。

正式的入学要求应是在"美术学院"宣告成立之后提出的。首先,报考者——青年男子(19 世纪末起也有女子报考)得先选好建筑画室(atelier)及导师(patron)以学习建筑知识,这样才可去"美术学院"登记申请。这时,他(她)须备好两份材料:一份知名艺术家的推荐函(通常由画室导师推荐,1863 年后免去了此推荐手续);一份是报考者的年龄证明(要求 15~30 岁)①。法国公民须出示出生证,外国人则出具其使馆的介绍信。对考生的学历似乎无特别的要求。至 1968 年"美术学院"解散后,才有中学毕业文凭的要求。

登记后,报考者便去作入学考试的准备。考试科目有数学、画法几何、历史(1864 年起)、绘画(1867 年起,通常是装饰石膏模型画)以及最重要的建筑设计。备考者可雇请私人教师准备数学、绘画,并在画室里参考"美术学院"以往的入学考试任务书备考建筑设计。1880 年还出现了集数学、绘画与设计的教学为一体的"预科画室(atelier préparatoires)",为入学"美术学院"的初学者提供培训。而"美术学院"本身也为注册了的考生提供一定条件,如允许其在学校图书馆阅览、在藏品室画石膏像和听讲座等。

入学考开始是每年一次,1865 年起每年两次(大概是一学期一次——笔者注)。考生考学次数不限,只限年龄(30 岁生日以前)。法国考生一般需备考三年,而外国籍考生多来自其本国的建筑学校,故备考时间就短些。入学的竞争性很高,每年从 500~600 名考生中仅选取 60~80 名②。

课程设置

"皇家建筑(研究会)学校"期间,教授的讲座有两类:一类是每周一次的建筑学理论;另一类是与建筑学相关的综合性知识,内容涉及几何、算术、力学、日规术(the art of sundial,日规亦做日晷,是一种测时仪器,日规术应与测时技术有关——笔者注)、军事筑城术、透视、石工等,亦每周一天(次)。

至 1717 年时,上述的讲座已发展为 2~3 年一轮的固定课程。至此一般的讲座均是公开的,即向所有愿意听课的青年们开放,但另有些更高深的知识则只"留给数量有限的学生"。这显然指正式的学生,因为只有他们才能真正称"学生",且的确数量不多。

1820 年代"美术学院"成立后,教授数量增加,课程分得明显较为合理了。有

① 资料中显示,此年限为入学年限,还是为升级和罗马大奖赛年限,界定不明;此外,教改运动期间的 1863—1874 年最高年限曾应改革派要求改至 25 岁,后又恢复 30 岁——笔者注。

② Daqing Gu. The Design Studio: Its Formation and Pedagogy, 1994:48.

建筑学理论、建筑史、营造法①、透视、数学。

1900 年时，“美术学院”的建筑部课程增加了一倍以上，有物理、化学、画法几何、建筑法规、通史、法国建筑等②。

在众多的课程中，作为建筑设计基础的绘画类课程并未被列入，这显然是因为学生们早在入之前就已具备了相当的绘画基础。“巴黎美术学院以一个高竞争式的入学考试免去了基础训练之难……”③而入学后的绘画水平的提高，则被融入“画法几何”“透视”等相关课程的训练之中了。

建筑设计会考

虽然如前所述，“美术学院”自身并不设此课，但是它的建筑理论课的讲授以及独特的“concours——会考”④却有效地保证了“美术学院”对设计教学的决定性影响。设计的会考有些类似当今的课程设计题，“美术学院”所能控制的是头尾两个环节：会考的设计任务书由“美术学院”的建筑理论教授（4 名教授中的首席人物）编制，会考的评图与打分也由他主持。

建筑设计会考题分为三类：第一类是“快题（esquisse——法语：草图）”。指短时间内（一般 12 小时），在专设的“单人试室”（loge——法语：“美术学院”考试用小间，位于“美术学院”南侧的“图房楼”）内构思成图。作图期间，学生之间可以交谈，但任何局外人不得入内，以保证学生自行思考。快题内容一般是建筑方案局部设计或小型公建设计：第二级常做的题目是小型公建立面、小住宅或村庄的喷泉等；第一级题目常是大型建筑局部或小型公建设计（如小时装用品商店或钟塔）。[见图 2-1]

第二类是“长作业（project rendu——法语：带渲染的方案，正图）”。其前半部是在单人试室中独立完成构思草图，离去时交给图房楼的门卫，同时将构思的概意带回自己的画室，在其导师的指导下完成构思的发展、深化，并最终完成正图的表现。值得注意的是，正图的结果必须与草图的思路一致，评图时若被评委发现二者不吻合，将会遭到淘汰出局（hors de concours——法语：排除在会考之外）的厄运。此类题目内容多是较大型项目：第二级常用小学校、集会厅或小火车站；第一级常用博物馆、旅馆、剧院或大型住宅。由于此类会考前半部即是“快图”性质，故也有

---

① 即“Construction”，早期此课综合性强，内容涵盖施工、结构计算甚至建筑设备及细部构造等，故本书译为“营造法”——笔者注。

② Richard Chafee. The Teaching of Architecture at the Ecole des Beaux-Arts//Arthur Drexler. The Architecture Of The Ecole Des Beaux-Arts，1977：61-109.

③ Daqing Gu. The Design Studio：Its Formation and Pedagogy，1994：61.

④ 法语中该词有竞争、竞赛与会考等意。“美术学院”教学中该词运用甚广，如建筑设计、建构、建筑史等课的测试（评分）均以此称之，甚至罗马大奖赛事也用该词。为区别起见，本书在用于课程时译为“会考”，罗马大奖赛等时译为“竞赛”。

人称之为“esquisse-project rendu”。

前两类题每月发布一次，二者交替。

第三类是1867年起增设的“构图题(elements analytiques)”①。用来分析与构图的元素是被视作建筑比例与装饰纹样源泉的陶立克、爱奥尼或科林斯柱式。构图题目的在于向学生介绍古典建筑。此类题只要求做一幅图。从后来传至美国的教案看，“构图”题也应属“快图＋渲染图”。尽管无太多设计成分但其正图的作图精细考究，时间比长作业稍短，一般在1个月左右②。

设计类题的学分值(法语称 valeurs)有二等：first mention(2分)，second mention(1分)。

升级与毕业要求

尽管“美术学院”学制结构分为四级，但“预备”至“第二级”间的晋升实为入学考；“第一级”至“罗马大奖赛”之间长期内并未做学籍要求，1887年后有了要求但被上升为毕业文凭荣誉拥有者(the diplome luster)。所以，此处所涉及的仅是第二级(低年级)向第一级(高年级)的晋升。(由此，可以说“美术学院”学制结构仅有二、一即低、高两级。)从资料记载看，“美术学院”二级升一级的要求呈逐步变高势态。

副课方面，1855年前，要求学生通过“数学”“透视”“营造法”三门的练习(包括文字的和图面的)和考试(或会考)，其中营造法会考尤为重要。营造法每年分4次会考：石作、铁作、木作及普通营造法，涉及各类建筑如何组装的技术和数学计算与细部知识。每考(实际是营造法长作业)持续3个月，图纸约有一打。营造法会考要求4次全通过，被公认为二级中最难通过的部分，至少需一年的严格训练。

1855—1859年会考课目增加了“绘图”(Dessin——法语，相应于英语 Draw，为不上色的钢笔、铅笔图样及绘画)，内容是古典装饰与人像；1867年又增加了“画法几何”与“切石术”(Stereotomie③)两门；1883年增加了“建筑史”，学生需绘制一两张建筑图，内容是古希腊或古罗马建筑，20世纪起多为中世纪或法国文艺复兴建筑。

从现有资料看，建筑设计类题目的升级要求说法很不一致，概括来讲有三类：“快图”题2个通过，“长作业题”2(5)个通过，“构图”题2(3)个通过。据载，还有只1个长作业得高分便获准升级的特例④。另外，“美术学院”对第二级学生还有保级

---

① Daqing Gu. The Design Studio: Its Formation and Pedagogy, 1994:48.

② John F Harbeson. The Study of Architectural Design, 1926:7-11.

③ stereotomie，亦称“切体学”“石头切割术”——《英汉土木工程辞海》。

④ 顾大庆文中三类均列出，并数字最大(如括号中所示)——Daqing Gu. The Design Studio: Its Formation and Pedagogy, 1994:48; R. Chafee 只提及快图与长作业各2个——Richard Chafee. The Teaching of Architecture at the Ecole des Beaux-Arts//Arthur Drexler. The Architecture Of The Ecole Des Beaux-Arts, 1977:85; E. G. Grossman 则只说长作业须得2个学分(Point)——Elizabeth Greenwell Grossman. The Civic Architecture of Paul Cret, 1996:11.

要求，即要求每年至少做 1～2 个建筑会考，否则会被取消学籍，再入学时须重新考试。

一般学生需攻读 2～4 年方可升级，偶尔才有仅一年就完成第二级学习的情况。尽管升级并无时间限制，只有年龄限制(30 岁)，但因为第二级的学习较繁重，大多数的学生学习期间还在外兼有工作以维持生计，因此其学习期一般不少于 3 年。甚至有人再也未超过这一级，而悄然离校去工作。事实上，即使如此他也已可称“建筑师”了，有“‘美术学院’学生”头衔便意味非凡，会受到社会相当的尊敬。

1867 年以前，“美术学院”可说是没有毕业生，只有罗马大奖得主。向金字塔顶的冲刺吸引了大多数学子，但每年的成功者仅有 1 人。大多数人在到了第一级后，或是抱有获罗马大奖的希望而年复一年地竞争下去；或是试而未果甚至知道得奖无望而离开“美术学院”。在此意义上，我们不妨说罗马大奖是 1 个人的终极点，而第一级是绝大多数学生在校学习的结束之时。

1867 年 11 月 27 日，学校出台了“(毕业)文凭”的规定，但并未得到学生们的关注。直到 1887 年 6 月，由政府出面向前罗马大奖获得者颁发了文凭，文凭的身价才开始上升。次年，学院改变了原来毕业设计统一会考任务计划的做法，由每个申请者自己提出计划书。有能力的学生们不再是几年后就离建筑部而去了，他们宁可多待些时日，多参加些会考。最后几个月完成意在取得毕业文凭及建筑师头衔 D. P. L. G. (Diplôme par le Gouvernement，法语：政府颁执照、文凭)的方案设计。由于巴黎的“美术学院”是唯一享有这一特权的学校，这甚至引来了“里昂美术学院”的反对①。

在文凭制实行之始，1867 年 11 月 27 日的规定中就明确：文凭授予“每次年度竞赛的获得者(人数不限)，以及在第一级中获得约两年的会考学分值的学生”，但是，由于并无每一年的会考学分要求记述，因此，我们还是无法确定毕业的要求细节。

从关于 P. 克瑞(Paul Philippe Cret，1876—1945)巴黎学习生涯的描述中，我们可知道 1897—1903 年间一些关于文凭的要求细节：第一，需在各会考(concours)中获 10 个学分；第二，学生至少要在工地上经历过致力于营造(construction)的工作 1 年；第三，通过口试与笔试；第四，做 1 个单独的方案设计②。

另外，第一级学生还要参加“美术学院”年度的各种“大赛 (grand concours) ”，不仅有学分，还有奖章和奖金。其中最早的有 1857 年设置的“Rougevin 大赛”(以资助者命名)以及 1881 年开始的另一项名为“Godeboeuf”的大赛等。

1883 年起，第一级学生还被要求通过若干副课的会考：人物绘画、装饰模型制作、建筑史。

---

① Elizabeth Greenwell Grossman. The Civic Architecture of Paul Cret，1996：196.

② Elizabeth Greenwell Grossman. The Civic Architecture of Paul Cret，1996：19.

2.3 设计教学 I——画室

组织方式

法国的画室(atelier,法语:画室、车间、工场、作坊)在法国17至20世纪初的艺术类教育中意义非凡。它的运作方式颇为独特,既不同于旧式的作坊,也不同于事务所。在众多的画室中,建筑学画室是其中量最多的①。就其功能讲,画室是个设计的专用教室、图房。在此进行的只有建筑设计的教学活动,这一点上与今天的建筑院校设计教室并无二致,但从它的组织方式看就大不一样了。

首先,从其1661年产生(早于学校成立)②至1968年消亡的三百余年的历史看,前2/3以上的时间里,即至1863年官方办的画室(ateliers officiels)出现之前,它与学校("美术学院")之间无直接的隶属关系。这种纯私人性质的画室(法语:ateliers privés 或 ateliers libres)甚至在1863年后,仍然保留相当的比例直至1968年"美术学院"解散。其组织与管理完全由学员自己操作:大家推举一名"Massier"(法语:画室公积金的司库,一般由资深的学员担任)主持日常工作。由他负责筹集款项和支付导师酬金,付房租,买炉炭、灯油或蜡烛以及少量的书籍,并由他担任导师的迎送、组织年度聚餐甚至调选导师等工作③。

其次,画室是一种松散的民间性组织,并无诸如学籍管理和严密的规章(尽管在有的画室新学员入室会有个非正式仪式,如站在图桌上唱首歌并发誓恪守室规等④),更没有所谓的学习计划。学员们根据往年的入学设计考题或各自所选的"美术学院"设计会考题在此绘图,接受导师的指导与学长们的帮助。学员们济济一堂,并无分班。此画室的组织又与建筑师事务所不同,因为这儿并不实际做工程设计,导师如要开业,他则会另设事务所(agence——法语:办事处)。

有人说画室是个私人的建筑学校,这只说明了其教学功能。但就其科目单一、并无课程体系及管理机制等特点而言,这一说法又并不严密。以笔者之见,贴切点讲,画室是个"建筑设计课程专修班"。

规模与场所

画室的规模一般为20人以上⑤。据载,各画室人数很不均:有的画室人数很

---

① "美术学院"建筑部学生超过全院学生半数,由此推断建筑画室比绘画、雕塑类画室要多。本书中如无专门说明,"画室"一词均指"建筑画室"——笔者注。

② 童寯.外国建筑教育//中国大百科全书:建筑、园林、城市规划卷,1985:443.

③ Daqing Gu. The Design Studio:Its Formation and Pedagogy, 1994:51.

④ Richard Chafee. The Teaching of Architecture at the Ecole des Beaux-Arts//Arthur Drexler. The Architecture Of The Ecole Des Beaux-Arts,1977:51.

⑤ Annie Jacques and Anthony Vidler. Chronology:The Ecole des Beaux-Arts,1671—1900,1977;童寯.外国建筑教育//中国大百科全书:建筑、园林、城市规划卷,1985:443.

少，如激进派人物 E. E. V. 勒迪克 1865 年画室开办时仅 15 人，甚至还有的画室仅有 1 名学员；有的画室则多达 100 余人，因而要设分室，导师也会另配一两名助手协助教学。从 1852 年的建筑设计会考统计，也可清楚地看出这一不均：有 281 名学生在“美术学院”建筑部注册，其中平均每个建筑设计会考（竞赛）有 112 人交图（许多学生或未参赛，或参加了快图但未完成正图上交）。这 112 人来自 37 个画室，但有近半数（55 人）集中来自 3 个大画室（Blouet 画室 25 人，Lebas 画室 17 人，Labrouste 画室 13 人）①。

画室多集中于邻近“美术学院”的街区，条件一般都因经济上由学员集资租房和运营而较简陋：只要有够用的空间、大窗采光、有水调色、冬天可用煤炉加温等即可。从 Emile Vandremer 画室的学员 Louis Sullivan 在 1874 年家信中的描述就可见一斑：“这是我所进过的最糟糕的猪圈。它首先是冷，而且当你点火炉时又熏得人眼珠欲出。你不得不打开窗户，但这又引来风魔，使受冻的人们不能接受。”②

官方画室的条件也没有因设在“美术学院”内而乐观多少：“画室在旧建筑物（指 1863 年后所在的原西美府邸楼一翼）中，那儿便宜、肮脏才保持了一群人。……采光照明是蜡烛，每人 1～2 支钉在工作台板上，房间空气闭塞不通风…… ”③

当然，也有的画室处所颇为有趣，如：Laloux 画室位于一所 18 世纪的住宅里，学生挂图的壁板是由路易十五时期的木作嵌成，楼梯宽大而平缓……19 世纪末最大的 Pascal 画室（P. Cret 曾就读于此）位于 Mazarine 大街 20 号，底层是大古玩店，学生在三层建筑的顶楼工作，休息时便在屋顶平台的烟囱间追逐、嬉闹……④[见图 2-2、图 2-3]

1863 年教改运动时，由“美术学院”开办了数个官方的画室，其中有三个是建筑画室。画室导师由“美术学院”安排，对学生免费。其后又有不少私人画室转为官办而移至“美术学院”内，官方画室便渐渐变得比私人画室更多而重要了。

画室的教学

画室的施教者主体——导师（patron）都是由著名（或有一定名声）的建筑学者担任。他们中有“皇家建筑研究会”（或后来的国家科学与艺术研究院“美术研究

---

① Richard Chafee. The Teaching of Architecture at the Ecole des Beaux-Arts//Arthur Drexler. The Architecture Of The Ecole Des Beaux-Arts，1977：89.

② Richard Chafee. The Teaching of Architecture at the Ecole des Beaux-Arts//Arthur Drexler. The Architecture Of The Ecole Des Beaux-Arts，1977：90.

③ Richard Chafee. The Teaching of Architecture at the Ecole des Beaux-Arts//Arthur Drexler. The Architecture Of The Ecole Des Beaux-Arts，1977：91.

④ Richard Chafee. The Teaching of Architecture at the Ecole des Beaux-Arts//Arthur Drexler. The Architecture Of The Ecole Des Beaux-Arts，1977：90.

会")的会员,有"皇家建筑(研究会)学校"(或后来的"美术学院")的教授,还有开业建筑师。他们多拥有丰富的建筑实践经验,其中有相当多的是前罗马大奖获得者。这些大奖得主由于竞奖的岁月经历(往往苦战数年)而迷恋画室的生活,因此他们往往也希望去培养大奖赛获得者而选择了画室导师的职务,去他们曾学习过的画室或其他画室任教,或应邀另立画室。导师自己的获奖标志着他设计的优秀;而如果他们的学生们获奖,则标志了他们教学的成功。这样他们的画室就会进入良性循环而办得越好、越大。

画室导师们以其学识与经验而受到学员们由衷的尊敬。导师每次如约(2～3次/周)来到画室时,会受到正式的礼遇。原有的欢闹会戛然而止,会由 Massier 接过其手杖、礼帽。每年聚会正餐上,大家会向导师敬酒祝福……①

尽管各画室导师的学术观点不尽相同,但其教学方式还是相近的——"面图而论"。既是一对一,也面向全体学员;既具体所指,又会引申开去。这从不同画室、不同年代的学员回忆记述中可清楚地看出:

1920 年代 Emmanuel Pontremoli 画室②:

他进了静静等待着的房间,除去礼帽,将皮里大衣放在桌上,走向某张图桌。人们全围在他周围,他开始指出疑惑与危险所在。他常常并不理会作图者,而是面向全组,从建筑的小局部联系到世界范围的建筑进程。结束后,他便会移到下一处。在昏暗的图灯下改完 20 或 40 份设计图之后,他会走到肮脏的水池前,在冷水龙头下洗一下手……

1880 年代 Jules André 画室(Pontremoli 所忆)③:

老 André 如约出现在此。他快速从这桌到那桌……说得不多,从不动铅笔,也不画草图。只是挥挥手或擦擦拇指,用无声的语言向我们展示什么必须发展、扩大或缩小,以使我们的图纸和立面更好看,比例更佳。仅一个扫视,他便能评价我们草图,并示以进一步发展的方法。

1919 年的 Léon Jaussely 画室④:

当他来到时……受到正式礼遇。他从这桌移到那桌,屏住呼吸的学员们簇拥其后——没有一字一声打断他的讲评。他的每个字都得到了珍重(年长的在其后转述,以使大家都受益)……当他走到我的草图前……用并不比邮票大的图解式草

---

① Daqing Gu. The Design Studio:Its Formation and Pedagogy, 1994:51.

② 1863—1968,首任导师 Laisné,曾培养过 17 名 G. P.(罗马大奖赛得主),名列画室获奖人数第三。E. Pontremoli 亦为 G. P.,1919—1932 执掌此画室——Richard Chafee. The Teaching of Architecture at the Ecole des Beaux-Arts//Arthur Drexler. The Architecture Of The Ecole Des Beaux-Arts,1977:501.

③ 1856—1867,由 Jules André 自创,有 2 名学生获得 G. P.。1867 年赴由 Paccard 于 1863 年所创的官方画室接任导师——Arthur Drexler. The Architecture Of The Ecole Des Beaux-Arts,1977:501.

④ 1862—1968,由 Daumet 创建,Léon Jaussely 为第三任导师,执教于 1901—1924 年。共 10 名 学员获 G. P.,名列第七——Arthur Drexler. The Architecture Of The Ecole Des Beaux-Arts,1977:501.

图，有力地说明他对比例的诠释。我理解了他的论点。

1870 年代的 Jean-Louis Pascal 画室①：

在画室，他似乎并不急于为其学生的草图定案。他常常既让我们愉快地确信我们的草图不需再烦恼，也让人们看到了我们做梦也想不到的艺术前景，激励我们夜以继日地完成图纸。他具有非凡的力量去接纳其学生的想法，并帮助他以自己的方法发展下去……

19 世纪末的 Victor Laloux 画室②：

学员们尾随他从这桌到那桌，他轮流给每人讲评。一圈转完，他就点头示意，戴上丝绸礼帽然后很快离开房间。但门一关上，这儿便会就其所言的内容爆发出宽松而热烈的讨论。

画室导师们对学员专业的影响是巨大的，他们与学生面对面地就学生的设计，以最直接、有效的方式传播建筑理论。在此意义上，我们应该说，他们的作用并不比“美术学院”的教授们小。然而，学员们却并不称导师为“教授”、“主任(directeur)”或“头儿(chef)”等。除了偶尔在正式场合下称师长(Maitre)以外，多用“Patron”这个有守护者与业务上的首领含义的亲昵词，使人联想起“友情之联结”(a bond of friendship)，很有些像口语里美国人称的“Boss”和英国人称的“Governor”，即老板。

对鲍扎教学颇有研究的顾大庆先生曾言简意赅地描述过画室：“这是一种很大程度上依存于学生与导师间通过大量作方案(一种将学习变为工作的转换)所建立的个体关系的机构。”③

画室导师间学术上的差异也是明显的。如 Jules André 视流线(circulation)为第一要则；Laloux 则专注于平面的整体与局部关系；Gaston Redon 以对装饰感兴趣而出名；Jaussely 以其建筑群及城市的规划广受关注，后来还成为一战后巴塞罗那城的规划师……

正是这些差异性，形成了“美术学院”设计教学早、中期学术上的多彩多姿。以至于二战后，“美术学院”愈趋中心化、一体化的学术僵化状态常被归罪于官方画室太多而趋一致之故。

---

① 1800—1947，由 Delespime 创建，J. L. P. 是第五任导师(1872—1920)，共有 16 名学员获 G. P.(包括其任期间的 5 名)，名列第五。P. Cret 曾就学于此画室 ——Arthur Drexler. The Architecture Of The Ecole Des Beaux-Arts，1977：501.

② 1890—1969，由 V. L. 自己首任导师，并执教至 1937 年。全画室共有 26 名学员获 G. P.(包括其任期间的 16 名)，名列第二。1968 年后该画室转为官办 ——Arthur Drexler. The Architecture Of The Ecole Des Beaux-Arts，1977：501.

③ Daqing Gu. The Design Studio：Its Formation and Pedagogy，1994：54.

画室的有关统计

从 R. Chafee 所列举的 40 所著名画室(其中有 3 所官方开办)的简况中,我们可以统计出若干有益的数据,这对搞清楚整个画室机制颇有帮助。[附录-Ⅱ]①

从时间上讲,这 40 所最早的始于 1789 年,最迟的结束于 1968 年,整体跨度 179 年。其中延续时间最长的,是共办了 147 年的画室——由 Delespine 创于 1800 年,1947 年并入 Paul Blondel 画室。寿命最短的仅 1 年(事实上仅几个月),即 1856 年由 E. E. V. 勒迪克所办的画室。大多画室都在 10~20 年以上。画室的导师一任接一任,一般每任也都在 10~20 年以上,在任时间最长的有著名的 Pascal (48)年,Laloux(47)年和 Vaudoyer(43)年。

从导师的资历讲,40 所画室中有 54 人次②是 G. P. (Grand Prix de Rome——罗马大奖)得主。他们分布在 23 所画室中,最多的一所画室先后有 6 人。其中有 10 例是得奖后回其就读画室任教的。还有不少画室导师配有助手,这些助手后又多接替为导师。

从人才培养的角度看,179 年间的罗马大奖得主 176 人(大革命时期的 1793—1796 三年未评)中有 162 人(占总数 92%)出自这 40 所画室中的 26 所。其中以 A. L. T. Vaudoyer 画室为最多,共有 27 名学员先后获此殊荣。获奖者人数列前五名的画室 G. P. 得主数分别是 27、26、17、17、16。合计 103 名,占 G. P. 总数的 58.5%。

就是说,在这 170 余年间,学生中的顶尖人才——罗马大奖得主 92%以上出自这 40 所画室,其中半数以上集中出自 5 所画室。这些 G. P. 得主回国后有 30.8%又返回建筑画室参与人才培养。

此外,还有不少画室导师同时兼任“皇家建筑研究会”及“美术学院”要职,成为全国建筑教育、研究和实践中举足轻重的人物。如(老)沃杜瓦耶(A. L. T. Vaudoyer)1807 年兼“美术学院”秘书、机要员;J. N. 于约(J. N. Huyot)1822 年出任“美术学院”历史教授;F. J. 迪邦(F. J. Duban)1830 年任“美术学院”校园建筑师;C. 迪富(C. Dufeux) 1846 年在“美术学院”开设透视课;J. A. 加代(J. A. Guadet) 1901 年出任“美术学院”建筑学教授……

至 1968 年“美术学院”结束时,这 40 所画室只剩下 13 所,其中官方画室 7 所,私人(自由式)画室 6 所。

集团精神

画室的魅力除了优秀的导师以外,还有一重要之处即“集团精神(法语:esprit

① Richard Chafee. The Teaching of Architecture at the Ecole des Beaux-Arts//Arthur Drexler. The Architecture Of The Ecole Des Beaux-Arts,1977:500-501——笔者统计。

② 因为有的导师先后在数个画室任教,故人次数大于画室数——笔者注。

de corps)”。如 R. Chafee 所说的:“画室的吸引力是双重的:一个经验丰富的指导老师和一个共享学识的学员群体。”[①]

画室中朝夕相处的是不同年龄和年资的学员们。学员中的长者有的已在此待了 5～10 年。他们在漫长的学习中已积累了相当的学识与经验。在导师不在时,是他们通过设计点评,非正式但经常性地与初学者进行学术思想交流,给其以学习上的帮助。而新来(初学)者则协助资深者求阴影、复制装饰纹样、给平面上墨,甚至为其洗刮脏图板。遇上画室里有人(一般是资深者)参加罗马大奖赛,那更是全体出动,任其调遣。交图临近前,会形成协助团队,制作最后的众多图版。完图后大家便装上推车,一路向“美术学院”而去,好不热闹。

画室的某一位通过会考得以记分(mention)或获得奖章(medaille)则全室都光荣,若有人得回罗马大奖,全画室人的精神更是为之振奋,共享这个画室最大的荣誉……这就是画室的求知生活,“集团精神”指的正是这种状态。Flagg 描述道:“画室的生活是一种无人能充分描述,也无人不想尝试的一种体验。……我怀着偏见与嫌恶心情进了画室,除了想遇个诚实的法国人做朋友之外并不希望更多,而我在 40 个画室室友(Camarades d’Atelier)中发现了许多这样的人。”[②]

由于即便是导师的教学,也如前所看到的那样似无很明确、系统的指导,有的学者甚至认为建筑设计教学正是由画室中学员间这种不确定的“帮助”而得以完满[③]。

画室之间则完全是竞争式的。一个学员极少涉足其他画室,因为那样会遭到极不友好的“接待”。

2.4 设计教学Ⅱ——罗马大奖赛

竞赛

由“美术学院”组织举行的竞赛(concours)有多项,除了其中既无专用名、又无奖金(章)的月度赛,被本书前节列为课程设计类的“会考”外,还有:1763 年由玛里尼(Marigny,法王菲利浦五世时的大臣)设立的“竞赛奖”(Prix d’Émulation,月度赛后授予,有些人被颁奖章——médaille,其他人为表扬奖——mention,很可能是为月度的会考而颁发);1854 年设立的 Blouet 奖;1857 年设立的 Rougevin 奖(为建筑环境而设);1873 年的 Jay 奖;1881 年设立的 Godeboeuf 奖(为特种建筑如电梯箱等而设);以及美国建筑师(American architects)奖等。在各种奖项中,对“美术

① Richard Chafee. The Teaching of Architecture at the Ecole des Beaux-Arts//Arthur Drexler. The Architecture Of The Ecole Des Beaux-Arts, 1977:89.

② Daqing Gu. The Design Studio: Its Formation and Pedagogy, 1994:53.

③ Daqing Gu. The Design Studio: Its Formation and Pedagogy, 1994:53.

学院"学生最有吸引力的无疑还是"罗马大奖(Grand Prix de Rome)",这是每年各项赛事中最最重大的。

"罗马大奖赛"首创于1701—1702年度,由当时分管研究会的大臣、建筑总监首创并负责评审。据说,这一次因无法确定两个设计中的哪一个更好,因而采用抽签的方法得出一等奖。1703年,该总监又敦促举行了第二次竞赛。直到1717年才在研究会的条例中确定下了年度大奖赛及金银二奖。1720年时大奖赛才真正规则性举行,并颁发刻有国王头像的奖章。尽管1671年"皇家建筑研究会"成立时,会长、建筑学校教授F.布隆代尔就宣布,国王打算在学校设此类奖和赴罗马的津贴,但直至1725年,第五届(规则的)年度奖的得主才被首次送往罗马。渐渐的,此大奖赛才成为了"罗马大奖赛(Grand Prix de Rome,此前一般称Prix)"。"罗马大奖"一直举办至1968年停止。"罗马大奖赛"面向所有15～30岁的法国人(外国人不在此列),与"美术学院"无关的人也可参赛,但在"皇家建筑(研究会)学校"时似只有正式学生才有此特权。

"罗马大奖赛"在形式上由三个不同的竞赛组成。每年的三月开始大奖赛第一轮,所有报名者均可参加:12小时的单人试间快图(某年度的题目是一宫殿的附属建筑)。通常是让参赛者显示其立面设计上的才华。第二轮在一周内举行,是24小时的试间快图。通常要解决一复杂的规划问题(如:城市中的大学建筑)。参赛者是前一轮中评出的优胜者,加上前些年大奖赛中进入第三轮的学生在内共30名。第二轮参赛者中评出8名,便立即开始第三轮,这才是正式的竞赛本身。第三轮内容一般为国家的公共纪念性建筑(如:博物馆、旅馆、使馆、教堂等)。是先做快图,再回画室完善成图,二者间亦要求构思相符。交图时间约在7月底,整个大奖赛历时5个月左右。大奖赛的出题者是建筑(或后来的美术)研究会,仅在改革运动的1863—1871年间由高教委员会出题。

图纸张贴展陈是在Melpomène大厅(位于Malaquais堤岸一侧的新楼里),最后的图纸一般都不小。19世纪起,图幅越来越大,到了1880年有些立面图竟长达26尺(合7.93米)之多。为公平起见,设计者的姓名均不与评委见面,即采用匿名方式将图交至"美术学院"的M.大厅(Salle Melpomène)。[见图2-4～图2-15]

评选

竞赛图的评审权一直不在学校方,尽管教授们也会参加评审,但他们是以研究会会员或其他专设的评审组成员身份出席。大革命前,大奖赛评选者是"皇家建筑研究会"。1793年8月"皇家建筑研究会"取消,11月,"国民公会"成立了专司重大赛事(包括罗马大奖赛)的评审组织——"国家艺术评审团(National Jury of Art)",55名成员中有9名建筑师、12名画家、7名雕塑家,此外还有演员、文学家、画商、建筑商,甚至还有一名革命军总指挥官。建筑师中有1名是当时"皇家建筑(研究会)学校"的教授J.D.勒努瓦(Julien-David Leroy)。该团维持时间不长,

1795 年 10 月“国家科学与艺术研究院”成立后，评选罗马大奖赛的职责便归“国家科学与艺术研究院”的“美术组”及后来的“美术研究会”。1863—1871 年改革期间曾由一个“特别评审组”负责大奖赛评审，但其后又恢复如前，直至 1968 年大奖赛取消。

“罗马大奖赛”的评委虽在 1795 年后均在“美术研究会”内，但其三个阶段的评委范围有所不同：第一、二轮由会员中的建筑师评审。第三轮的评审则较为复杂：首先，由“美术研究会”的 8 名建筑师初评出前三等奖的方案；然后将初评结果报至全研究会，由全体艺术家即画家、雕塑家、版画家、音乐家及建筑家自己一道投票做出最后决定，其他艺术类大奖的最后得主的决定也是如此。[见图 2-16]

由于研究会在学术上的威望之高、权限之大并且无退休之说，要跻身其内的难度可想而知，因此造成会员们多是些垂老之人，如罗马大奖得主 H. 拉布鲁斯特(Henri Labrouste，1801—1875)当选会员时已近古稀(66 岁)。因此，他们在学术上难免有些趋于保守。大奖赛的评选标准也自然是老式的(old fashion)，而参赛者们为获成功往往会投其所好。这不得不说是 19—20 世纪早期法国建筑发展速度缓于英美的原因之一。

1790 年代大革命时，建筑学生们就曾要求改革大奖赛规则，争取出席旁听研究会评审的权利①。

1862 年，改革运动之初，曾出现过学生对大奖赛结果的责难，原因是在题为“阿尔及利亚政府大厦”的竞赛中，尽管有采用阿拉伯风格的设计方案(作者 E. Brune 及 A. F. V. Dter)，但大奖还是授予了传统的古典主义式设计(作者 F. W. Chabrol)②。

大奖得主

“罗马大奖赛”获胜者均被“美术学院”作为该年度最有前途的建筑师记录在案。因每年仅有 1 人获得第一名，另 7 名及前些年积下的未获胜者中，大多数的人只要年龄未超限——30 岁(改革运动中的 1863 年 11 月至 1870 年 1 月间此年限曾降至 25 岁，这或可认为是年轻竞争者对机遇的要求)，他们一般都会再尝试下去。连续五年、六年、七年的努力后方获成功的大有人在。Lebas 1832—64 年间任导师时的画室学员 Edmoncl Paulin 就接连试到第八次才获胜。当然，更多人的结局是屡试未果。

大奖赛第一名获胜后会被送至“美术学院”心目中的建筑圣地——罗马，由政

① Richard Chafee. The Teaching of Architecture at the Ecole des Beaux-Arts//Arthur Drexler. The Architecture Of The Ecole Des Beaux-Arts，1977：60.

② David Van Zanten. Architectural Composition at the Ecole des Beaux-Arts//Arthur Drexler. The Architecture Of The Ecole Des Beaux-Arts，1977：251.

府出资在罗马法兰西学院的管理下学习4～5年(18世纪时为3年),专门研究古典建筑。1780年,研究会开始要求每人做一些研究会认为重要的罗马古建筑细节研究,成果带回国由研究会的图书室保存。

获奖者们返回后大都前程似锦:或成为官方建筑师,或在“美术学院”任教,或自设画室授徒,且都有机会跻身“皇家建筑研究会”或后来的“美术研究会”。其中1725年大奖得主P. E. LeBon回国后,第一个于1741年获研究会会员殊荣。

鲍扎的教学是由国家、院校及社会三方联动完成的一项事业,是个远远超越学院范围的庞大而复杂的系统。这种奇妙的组合为法国建筑教育所独有的最大特点。它既是鲍扎教学体系的魅力所在,也是引起争议的关键之一。

顾大庆就认为这是个“颇为矛盾的结构,一方面是学院专注于理性的、可教学的建筑设计原则,另一方面是画室的经验式教学法,延续的是师徒制传统”。同时,他也承认“这一大联合在鲍扎已达到成熟状态,形成了讲课、画室、竞赛……的高度融合”①。

T. C. 班尼斯特(T. C. Bannister)也曾尖锐地指出:“美术学院—画室体系最值得注意的缺憾是基础课程和设计课委托私人机构,这使得任何真正一体化的教学进程成为不可能。另一不利点是画室既非学校又非事务所,因此它缺乏二者的风纪(discipline)。”②

笔者以为,鲍扎教学模式仅以“美术学院”及“画室”二方定论未免有些欠周全。事实上,“研究会”的控制性参与和“大奖赛”的指挥棒作用介入其中后,这两方又多了不少牵制和约束,也增添一些激励。结果是其间的关系又产生了新的均衡,上述的矛盾和缺憾无疑得到缓解。况且,学生的建筑基础教育事实上并非是在校内完成,“美术学院”的理论教学其本身对学生也不是强制性的。因此,可以说“美术学院”在这一多方协同进行的建筑教育运作中的作用更多的是“管理和组织”意义上的。

笔者认为,影响更为重大的问题是,“美术学院”对设计教学的控制仅限于“头”与“尾”(即出题与评图)这样的事实。这必然导致对设计的过程失控,而更关注其结果。这无疑是引发“图面建筑学(paper arch.)”的直接原因。

此外,“罗马大奖赛”作为建筑设计教学的激励手段,它本无可厚非。但因为其诱人的求学机会和随后而来的似锦前程,它渐渐成了学生的核心目标,最终将大奖赛推向了反面——“独木桥”式的状况于推出更多的人才极为不利,评委的保守与专断也更将设计思潮引向绝路……“罗马大奖赛”最后被取消是必然的。

① Daqing Gu. The Design Studio: Its Formation and Pedagogy, 1994:53,54.

② Bannister. The Architect at Mid-Century: 89//Daqing Gu. The Design Studio: Its Formation and Pedagogy, 1994:55.

图 2-1　巴黎美术学院快图专用“单人试室”

图 2-2　某画室内景

图 2-3　V. Laloux 画室的师生们

图 2-4　巴黎美术学院学生交图的途中

图 2-5　学生在 Melpomène 大厅交图登记

图 2-6 两次世界大战之间 Melpomène 大厅中的方案图展览

图 2-7 J. 加代的罗马大赛图——阿尔匹斯济贫院平面

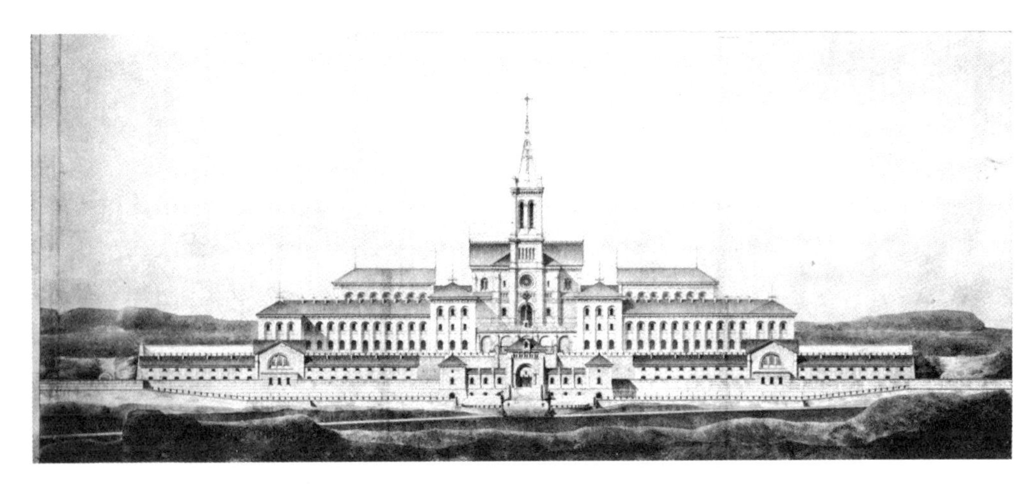

图 2-8　J.加代的罗马大赛图——阿尔匹斯济贫院立面

图 2-9　J.加代的罗马大赛图——阿尔匹斯济贫院剖面局部

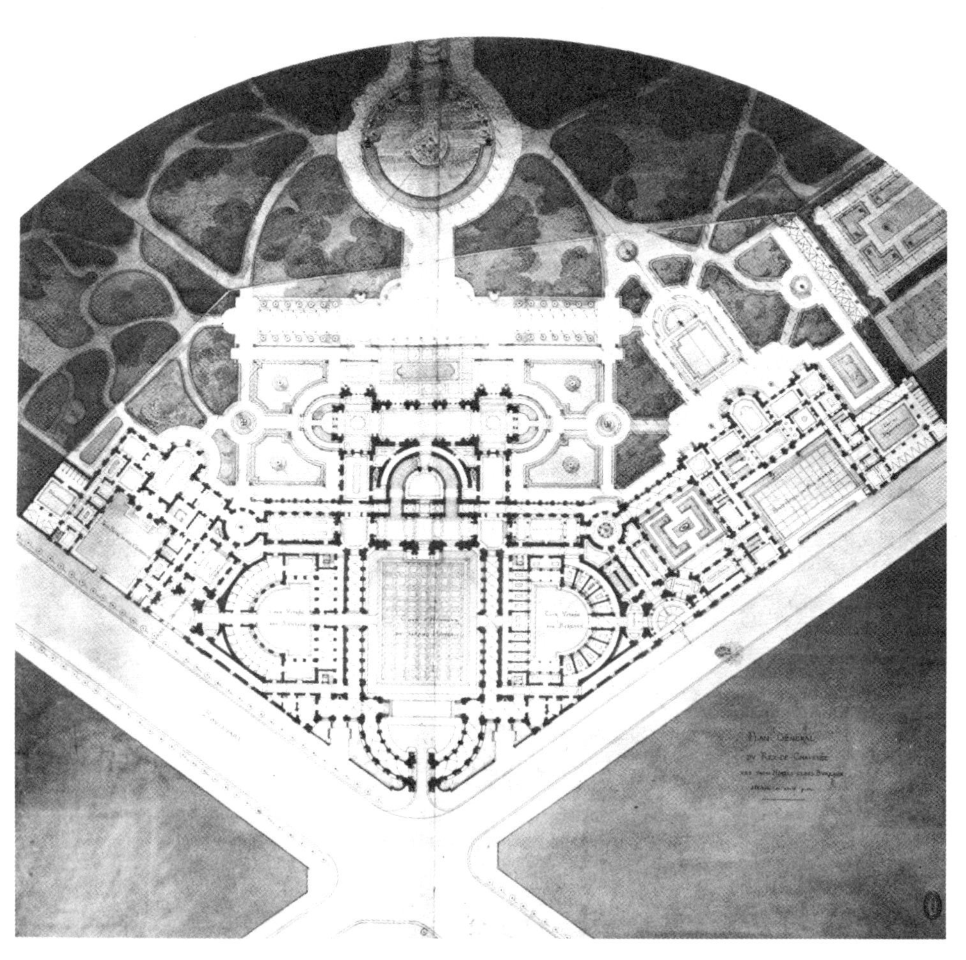

图 2-10　J. L. 帕斯卡的罗马大赛图——巴黎某银行家住宅平面

图 2-11　J. L. 帕斯卡的罗马大赛图——巴黎某银行家住宅立面、剖面

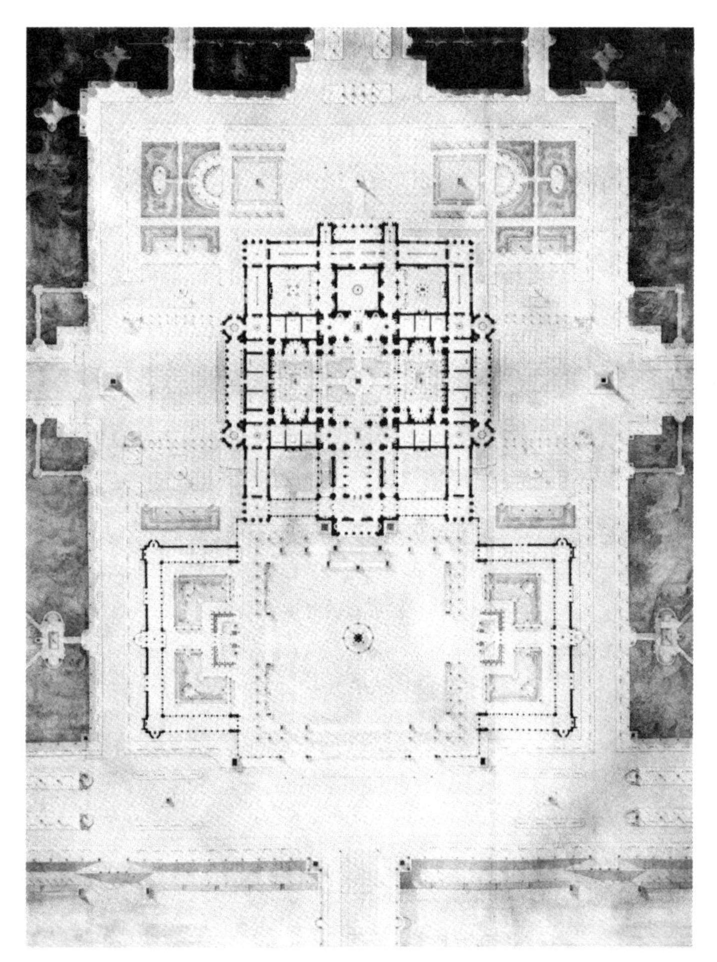

图 2-12　E. 贝纳尔的罗马大赛图——美术展览馆平面

图 2-13　E. 贝纳尔的罗马大赛图——美术展览馆立面、剖面

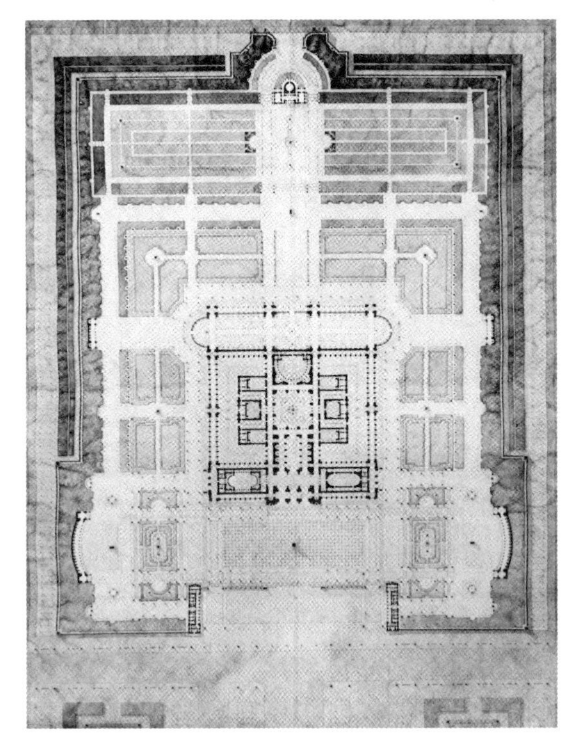

图 2-14 P. H. 内诺特的罗马大赛图——首都图书馆平面

图 2-15 P. H. 内诺特的罗马大赛图——首都图书馆立面、剖面

图 2-16 巴黎美术学院学生的罗马大赛评图

3 鲍扎学术思想的演变

学术思想是教学观念的思想根源,“是塑造教学环境的力量,它决定了教学目的、教学方法,规定了教学模式”①。然而,要讨论鲍扎学术思想的演变,这无异于在讨论 17—19 世纪全法国建筑学术思想的发展史。因为,此期间法国建筑界所发生的事大多与“鲍扎”相关。在“美术学院”(或其画室)教过书、读过书的“鲍扎人”遍布全国,覆盖了几乎所有重要的建筑部门。他们参与了大多数建筑赛事、工程项目、画室教学、学术研究及论著出版。因此,将鲍扎放在法国的建筑大环境中去谈,应是顺理成章的事。至目前为止,尽管不少中外专著都涉及了法国建筑史和相关的学术发展史,但众说纷纭,并无定论,甚至矛盾、谬误还不少。所以,想在跨越300 年时间的众多人物和繁复事件中理清头绪,这甚至在建筑史学界都并非易事。

经反复研读、权衡再三,笔者将法国/鲍扎 17—19 世纪建筑学术发展归纳为“四段”,即 1700 年代以前的“古典主义时期”、1660 年代—1770 年代的“法国古典主义时期”、1750 年代—1790 年代的“新古典主义时期”和 1800 年代—1900 年代后的“新古典主义后期”。尽管做此划分存在诸如时间上相互穿插、流派相互包含等矛盾,并无法与现今为止的建筑史学界的各种说法取得完全一致。但笔者以为,为达到脉络更清晰、便于描述和理解的目的,这仍不失为一种适宜之策。

在对重要人物的选择上尽量考虑相关的“鲍扎人”,这是无需多说的。但在有些时间段里,“鲍扎人”的资料不多,而非“鲍扎人”中有很重要的、非谈不可的(如C. 佩罗等),因此本书也予简述,以求论述的整体平衡。由于本章以“学术思想”为题,所以实践方面涉及不多,以缩减篇幅。

3.1 古典主义时期(1700 年代以前)

本时期指 16 世纪中后期至该世纪末的半个世纪左右,大致覆盖了波旁家族的亨利十四(1589—1610)、路易十三(1610—1643)和路易十四(1643—1715)期间。“古典主义”的倡导者是皇家大臣 J. B. 科尔贝,而最重要的理论家就是“皇家建筑研究会”及其学校的 F. 布隆代尔。

渊源

法国历史上,14 世纪初完成了国王的统一,形成等级代表制的君主政体。再经过“百年战争”除去了内忧外患,至 15 世纪中叶后,法国已成为相当强大的中央

① Daqing Gu. The Design Studio: Its Formation and Pedagogy, 1994: III.

集权国家。建筑上也从这时起结束了 4 个多世纪的哥特时期，并渐渐产生变化，至 15 世纪中叶后，进入“古典主义”时期。

从大文化的角度看，由于 15、16 世纪之交时，法国军队几次入侵意大利北部，倾心该地文化的国王带回了大量艺术品、工匠和建筑师。“意大利文艺复兴文化成了法国宫廷文化的催生剂。”①

在建筑学上，法国的“古典主义”思想与法国的建筑学教育建制同源：地域上以意大利为范本，其观念在本质上则应理解为是步意大利后尘的“文艺复兴”。由于意大利地处古罗马帝国的核心，一直被视为觐古圣地，且在文艺复兴上先行了一步，故此，法国此时期的建筑学术思想在信奉古人（主要是古罗马）的同时，将意大利文艺复兴大师们的思想也一并接受了。在最早的“皇家建筑研究会”会议记录中我们可以看到，高声诵读古罗马维持鲁威（Vitruvius）和意大利文艺复兴大师帕拉第奥（Palladio）、维尼奥拉（Vignola）、阿尔贝蒂（Alberti）等的论著，是每次聚会研讨开始时的“必修课”②，这无疑可证实其学术思想的意大利渊源。

后来的建筑学界在给法国这一时期做学术定位时很少用“文艺复兴”，而多以“古典主义”冠之，对此并未有人做过解释。以笔者之见，这或许是因为法国毕竟并非古罗马腹地，境内的古迹精品绝少，“复兴”似乎有些无从说起；国王路易十四本人也坚信“古典建筑中俯拾皆是的魅力”，曾责成“皇家建筑研究会”“公开阐明从（古代）大师的训诫和保存至今的古代佳作中源引出的原则”，其崇古的意向很明确③；此外，当时法国文艺理论界亦普遍持“效古”观点，认为“除了效仿，别无他路可达到至美……”④所以，用“古典主义”一词描述此时法国的建筑潮流更为贴切。

鉴于缺少精确的古迹测量资料，已有的出版物则谬误较多，而经过意大利文艺复兴“转译”过的“古典”毕竟不是古风原貌，因此在取其成果精华的同时，皇家代言人、当朝重臣 J. B. 科尔贝（Jean-Baptist Colbert）甚至在“皇家建筑研究会”及学校成立之前的 1669 年，就曾派建筑师赴法国南边近意大利的普罗旺斯（Provence）测绘古建筑。1674 年又派人到罗马测绘古建筑，1673 年还支持 C. 佩罗（Claud Perrault）重译了维特鲁威的《建筑十书》……⑤

另外，由于当时柏拉图唯理论和 R. 笛卡儿（Rene Descartes，1596—1650）理性主义哲学在法国文化思想领域已开始产生影响，法国的“皇家建筑研究会”和学校

① 陈志华. 外国建筑史（十九世纪末以前），1979：135.

② Hanno-Walter Kruft. A History Of Architectural Theory From Vitruvius To The Present，1994：128.

③ Annie Jacques and Anthony Vidler. Chronology：The Ecole des Beaux-Arts，1671-1900，1977.

④ L. Bruyere（法国伦理学家、作家）.——转引自 Hanno-Walter Kruft. A History Of Architectural Theory From Vitruvius To The Present，1994：129.

⑤ 罗宾·米德尔顿，戴维·沃特金. 新古典主义与 19 世纪建筑. 邹晓玲，等，译. 北京：中国建筑工业出版社，2000：2.

在认识论上均恪守理性主义原则。这为法国的古典主义在一开始就埋下了矛盾的种子，使得“理性主义与权威信奉之争在‘皇家建筑研究会’内难以避免”[①]了。从古典主义领头人 F. 布隆代尔的言论中，我们也可清楚地看到这一冲突所演绎出的逻辑上之遗憾。

F. 布隆代尔及其古典主义学说

F. 布隆代尔(Fraçois Blondel，1617—1686)出身于宫廷官员家庭，受教于军工数学(mathematics of military engineering)。曾以导师身份和外交工作资格出访过意大利、希腊、土耳其与埃及。1669 年，F. 布隆代尔以几何学家身份入选“皇家科学研究会”，曾撰写过数学和弹道学方面的专著。1671 年入“皇家建筑研究会”并任会长兼其学校的教授。1675—1683 年间分五部分出版了他在“皇家建筑研究会”(学校)的讲座内容——《建筑学教程》(*Cours d'Architecture*)(以下简称《教程》)。F. 布隆代尔还任过巴黎市工程总监，设计作品有圣丹尼斯港凯旋门等。从《教程》及“皇家建筑研究会”会议记录中，我们可大致了解 F. 布隆代尔及“皇家建筑研究会”的学术思想概况。

首先，F. 布隆代尔的指导思想很明确，他声称“研究会的任务第一是规范建筑学说，其二是教这学说”[②]。关于为何而做(教)和做(教)什么，他在 1671 年 10 月 31 日“皇家建筑研究会”的首次讲演中说道：“研究会将会使建筑重放古时之光彩，将为国王的荣誉而工作。”[③]在其《教程》一书的给国王的献辞中，他将该书的学术作用定位在“按照大师们的学说和古人留下的遗迹中的优秀建筑，公开教授(建筑)这门艺术的原理”[④]。也就是说，“皇家建筑研究会”的任务是按古训、古作去进行研究而后教学。

关于建筑学的原理，F. 布隆代尔的理解是：“建筑学是如何建造得更好的艺术。一幢坚固、适用、益于健康和令人愉悦的建筑就是好的建筑。”[⑤]在 F. 布隆代尔看来，柱式是根据人体类比而来，也是不可变的，这是有“真实的自然基础”的建筑学标准。解释柱式时他以柱底半径为模数，将塔司干比作巨人，陶立克比作大力神，爱奥尼比作女性，混合式比作英雄，科林斯比作处女般的；他还认为建筑的比例与

---

① Hanno-Walter Kruft. A History Of Architectural Theory From Vitruvius To The Present，1994：130.

② Daqing Gu. The Design Studio：Its Formation and Pedagogy，1994：43.

③ Hanno-Walter Kruft. A History Of Architectural Theory From Vitruvius To The Present，1994：131.

④ Hanno-Walter Kruft. A History Of Architectural Theory From Vitruvius To The Present，1994：130.

⑤ Hanno-Walter Kruft. A History Of Architectural Theory From Vitruvius To The Present，1994：131.

音乐和声学有一致性。……这些都与 Vitruvius 及 Alberti、Vignola 等的说法是相同的。

可以说,F. 布隆代尔建筑学说的主体出自古罗马和文艺复兴大师们的理论与实例,是注重正统形式美原则的"古典主义"。然而,由于其理科的知识基础和前述的理性主义哲学的影响,他的学说中又有着明显与古典理论不协调甚至相悖之处。

F. 布隆代尔在谈及其学术作用的同时还指出,超越古代是建筑学的任务,认为古代建筑并未达到极致。他甚至发现帕特农神庙在比例上的错误。他相信建筑应创造新的形式,不断进展而趋于至美。他认为,建筑的形式是不断发展的,古代建筑中表现的形式并非不可改变,甚至忠告在某些场合不要使用古代柱式。他还认为比例来自自然的原则在哥特建筑中也可发现,就此他对哥特建筑重新评价,发现了其美的存在……这些又是有违文艺复兴学说的。

以笔者之见,与其说 F. 布隆代尔建筑学说中有些矛盾之处,还不如说他已开始在"尚古"的同时有了些理性意识和科学的思考,这显然是十分可贵的。尽管 F. 布隆代尔有意将上述的"进展"观念与规范的(绝对论的)美学相融合,但事实上两者的冲突很难调和。建筑史学家们因此对 F. 布隆代尔的归属意见也不统一,多数认为他是重要的"古典主义"理论家,也有人将他归为"理性主义"建筑的倡导者。因为"理性主义"意味着更多的对建筑技术与实用性的理性思考,所以笔者将 F. 布隆代尔列入"古典主义"。当然,如此标定也是为便于在描述时区别后阶段的"法国古典主义"。事实上,他的学术观点和纯粹效仿古典学说还是稍有所不同的。

F. 布隆代尔自 1671 年入"皇家建筑研究会"和学校至 1686 年逝世,时间并不算长,但他对"皇家建筑研究会"(及学校)和法国建筑事业的贡献是有奠基性意义的。F. 布隆代尔去世以后,其"古典主义"思想由后继者大约维系到了该世纪末。

3.2 法国古典主义时期(1660 年代—1770 年代)

这是"古典主义"与"新古典主义"两时期之间的重要过渡,历时 100 余年,大致是路易十四中后期及路易十五(1715—1774 年)时期。建筑史学界有的将其归入"古典主义"(刘先觉),有的将其纳入"新古典主义"(R. Middleton、D. Watkin),有的将其中的学术现象分别讨论而并未总称(Kruft),还有的以"法国古典主义"统称 17、18 世纪(即本书的"古典""法国古典"及"新古典"三个时期)的法国建筑(陈志华)。应该说,以上的说法都有其不可否认的理由。就笔者的理解,从此时期的法国建筑学发展现象看,"溯古热潮"和代表法国建筑传统的"(早期)理性主义"几乎同时出现,这完全可以解释为是法国建筑学者们对"古典"所做的寻根和理性反思。其结果是达到了在理性基础上的更纯正的"古典"。这和以继承为主的"古典主义"

及以创新为主的"新古典主义"在本质上均不相同，还是单列而论为好。由于这种反思是以法国特有的传统为基础，所形成的影响以法国为中心辐射全欧，因此本书将此时期以"法国古典主义"命名。

C. 佩罗与理性主义

C. 佩罗(Claud Perrault，1613—1688)从年龄上讲与 F. 布隆代尔属同辈，并且也同是非建筑或艺术类专业背景。然而 C. 佩罗却演绎了与 F. 布隆代尔很不相同的职业生涯，被认作是"认识论上的经验主义代表人物"①。"法国古典主义"就是以此人的学说及创作作为开始的。

C. 佩罗是个多才的学者。早年当过医生、解剖学家和机械设备实验家，并在巴黎大学教过生理学和病理学，出版过医学、机械、动物学专著。1666 年"皇家科学研究会"成立时当选该会会员。50 多岁时，C. 佩罗才改行建筑。其设计作品主要有巴黎圣雅克区天文台(1667)、卢浮宫东立面(1667)和巴黎圣安托万港凯旋门(1668)。建筑出版物有译著维特鲁威的《建筑十书》(1667—1673)等。虽然 C. 佩罗从业不长，且并未入选"皇家建筑研究会"，但他对法国建筑发展的影响是积极、有益而十分重大的。

C. 佩罗曾受益于著名英国唯物主义哲学家 J. 洛克(John Locke，1632—1704，早年于牛津大学研究哲学和医学，晚年曾居于法国)②。同时，他自己早年的医学观点也很重视实证。在建筑上，他的这种重实际的、理性的意识正是其学术观念有别于"古典主义"学说的重要特征，也是他能演绎出理性的法国古典传统建筑而流芳后世的思想基础。

C. 佩罗的建筑学说的立足点同样是古典建筑，但其目的与方法却与纯粹的复古有本质的不同。他"有意识地通过古典复兴来振兴法国的传统……他所追求的不是单纯地回归古典。……回首过去，只是将其作为确立基本原理时的出发点"③。他的出身决定了其奋斗必定含有更多的科学因素。具体地讲，他的学说更注重经验和实用意义。例如，他视"比例"为由建筑师的习惯和传统所决定的经验概念，而非自然法则，不必当做不变的准则来接受；对于美学评判的原则他则创造性地作了区分：实实在在的(Positive)和人为的(Arbitrary)。前者指坚固、健康和适用，是建筑的目的所在；后者指美，由权威和习惯所决定。并且"使用"第一次被 C. 佩罗上升到了美学范畴，这不能不说是他的重大突破。在他参加"皇家建筑研究

① Hanno-Walter Kruft. A History Of Architectural Theory From Vitruvius To The Present，1994：133.

② Hanno-Walter Kruft. A History Of Architectural Theory From Vitruvius To The Present，1994：133.

③ 罗宾·米德尔顿，戴维·沃特金. 新古典主义与 19 世纪建筑. 邹晓玲，等，译. 北京：中国建筑工业出版社，2000：5.

会”会议(该是列席)时,还曾力劝以新规则取代旧规则,这种对文艺复兴时期信仰体系的“无礼忽视”自然引起“皇家建筑研究会”员们的惊诧和不解①。

然而,他的努力和学识还是得到了充分肯定。1660 年代,C. 佩罗获得卢浮宫东立面的设计和《建筑十书》的翻译机会。尽管卢浮宫东立面很可能还有另外几位建筑师的参与,但他的主创还是得到肯定的。该设计的精华被认为是那排列的双柱,创意是发挥其支撑作用而非只是装饰。在他看来,这种清晰、忠实的表达是存在于古希腊神庙中,甚至哥特式教堂之中的。其论著(除《建筑十书》外还有另一本有关柱式的新解)被广为阅读,其影响甚至广及英伦(1710 年其著作被译为英文版在英刊发)。当然,C. 佩罗所提出的是一个更为素雅和理性的建筑典范,并无一整套系统的理论,但他重实际的态度得到了人们的承认和效仿。[见图 3-1]

在 C. 佩罗的影响下,1702 年 M. 德弗雷曼(Michel de Fremain)发表了《建筑批评论文集》,1706 年 J. L. 德科尔德穆瓦(Jean-Louis de Cordemoy)发表了《建筑新论或建筑艺术》。此二人虽然均非建筑师,但不约而同地主张合理的设计态度,充分肯定了哥特建筑设计中(尤其在结构布置上)的理性化因素。事实上,C. 佩罗、M. 德弗雷曼、J. L. 德科尔德穆瓦所赞同的正是法国长期以来形成的理性传统,因此很快得到人们的响应,各类研究哥特建筑的书籍随之纷纷出版。然而,这又并不能看做是“哥特复兴”的开端,因为大多数人(包括上述 3 人)的基点仍是古典建筑,认为古典外形仍应保留,而哥特式的独立柱和筒形拱顶等技术仅是值得在设计中采用而已。

只有 C. 洛多利(Carlo Lodoli, 1690—1761)的见解更独到、更激进:他认为建筑应运用静力学法则,断然拒绝古典建筑用语。他认为那是从古希腊木结构演变而来,因此古罗马和文艺复兴时期建筑以石头去效仿是不真实的,应该摒弃之。这是开宗明义地与古典主义决裂,是非常中肯而切中要害的观点。

F. 布隆代尔的后继者们

在现有的参考资料中,有关此时期里 F. 布隆代尔之后的建筑研究会及学校的论述不多。从总体上看,与 C. 佩罗等理性主义倡导者相比,其学术思想同样有违“古典”规范,体现了向实用性和重技术的转变,只是在时间上似略晚些。这或许是学院教育滞后(或称保守)的最早表现了。

1686 年 F. 布隆代尔逝世,继其后出任“皇家建筑研究会”学校教授的是 P. 德拉伊尔(Philippe de la Hire, 1640—1718)。据 R. Chafee 称,P. 德拉伊尔亦受教于

① 罗宾·米德尔顿,戴维·沃特金. 新古典主义与19世纪建筑. 邹晓玲,等,译. 北京:中国建筑工业出版社,2000:8.

数学类专业，所取的教学方略与其前任相同①；而在18世纪后半叶他才出现转变："研究会对理论问题失去了兴趣，取而代之的是营造(Construction)。……会员们热衷于有关营造技术(木构与砖石拱)、铅锤测量、采暖、照明、材料(水泥、石、铁)的性能。他们对哥特式建筑的兴趣在增长，他们试图理解其建造上的逻辑。也同是在那些年代里，希腊废墟的图片开始流传。有些会员们开始建立一种新的古典形式。"②从专业出身看，R. Chafee的说法似可信以为然，但从"皇家建筑研究会"记录看又并非如此：在学术倾向上，P. 德拉伊尔至迟到17世纪末起就与F. 布隆代尔相去甚远，已属本书所称的"法国古典主义"之列。据援引会议记录的Kruft称，P. 德拉伊尔"关注点是房屋建造的技术方面。……在他主持下的'皇家建筑研究会'讨论中，显然主要关心的是些实际问题。重视的是distribution(法语——布局，安排)而非decoration(法语——装饰、装潢)……"。据称，"在1700年3月29日的会议上，读诵了Palladio的著作和其维琴察(Vicenza)别墅后，'皇家建筑研究会'的结论是：'所有这些都证明：该建筑并不适合法国。在法国，内部的便利通常置于外部的形象之先。客人们的集聚，决定了建造时巧妙地安排各房间绝非不如最终的立面修饰来得重要'"③。

F. 布隆代尔的学生，开业建筑师、"皇家建筑研究会"会员P. 比莱(Pierre Bullet，1639—1716)也是个注重实际的人物。他明显地厌倦了理论上的争执而强调经验和建筑实践。1691年，P. 比莱出版了其专著《建筑实践》(*L'Architecture Pratique*)。其论述坦率、适用，差不多就是一本为建造者们而撰写的图形手册。该书在18世纪曾多次重版。据悉，P. 比莱关于建筑理论的唯一主张是："建筑理论是诸多原理的积聚。而这原理——如分析的法则、比例的知识——的制定是以构成悦目的和谐为目的的。"④

建筑溯古热潮

倾心古代建筑典迹、崇拜古代建筑大师学说是"古典主义"建筑学家们的普遍状态，甚至更注重古代传统新用的理性主义者们，也大多对古迹本身敬重有加。早在1650年，R. F. 德尚布雷(Roland Freart de Chambay，法国的古典主义建筑学家)将希腊描绘成"神圣的国度"；C. 佩罗也宣称，其目的就是"通过恢复古希腊庙宇

① Richard Chafee. The Teaching of Architecture at the Ecole des Beaux-Arts//Arthur Drexler. The Architecture Of The Ecole Des Beaux-Arts，1977：63.

② Richard Chafee. The Teaching of Architecture at the Ecole des Beaux-Arts//Arthur Drexler. The Architecture Of The Ecole Des Beaux-Arts，1977：63-64.

③ Hanno-Walter Kruft. A History Of Architectural Theory From Vitruvius To The Present，1994：138.

④ Hanno-Walter Kruft. A History Of Architectural Theory From Vitruvius To The Present，1994：139.

的纯真来振兴建筑”[①]……这种“恋古”情结发展至17世纪中叶以后，人们已不能满足于经由意大利文艺复兴大师们制作而成的古典“代用品”，寻根问底的意识油然生成，并很快成为“溯古”的行动。

对建筑情笃意诚的皇家大臣J.B.科尔贝很早便认识到，应该让他的建筑师们对古代建筑模式有正确认识。1669年，他就曾遣建筑师米尼亚尔(Mignard)赴毗邻意大利的普罗旺斯(Provence)，以求取精确的古迹资料。1674年，又派建筑师A.德戈德(Antoine Desgodets)赴罗马实地考察。在测绘了多处[②]古罗建筑遗迹后，A.德戈德于1682年将其考察成果付印，发表了《古罗马建筑》(*Les Edifices de Rome*)一书，该书一直被视作建筑的标准参考而沿用了200年之久。

而古希腊虽被看成是所有辉煌建筑的基础，人们也曾试图想象和探索其视觉形象，但J.B.科尔贝对此似并不太热心，未予以和考察古罗马同等的支持。其他因贸易和外交出访而去希腊的人们大多只限于游雅典，甚至认为看了帕特农神庙就完全没有必要再去进一步寻求了。因此，人们对希腊除了文学上的了解外可说还是所知甚少。直至17世纪中叶以后，这种状况才有所转变。

1674年，M.德努安特尔(Marquis de Nointel)侯爵邀请了包括作家、画家在内的友人，一同考察了雅典和其他几个希腊岛屿。其考察记录公布于众后给人鼓舞不小：学者J.斯蓬(Jacob Spon)很快得到了J.B.科尔贝的资助，于1675—1676年间考察了希腊。1676年回国后，J.斯蓬发表了专著《意大利、达尔马提亚、希腊和勒旺岛之行》(*Voyage d'Ltalie de Dalmatie, de Grece, et du Levant*)。虽然作者的主要兴趣在古代铭文，但其中有限的雅典建筑叙述已足以让人们开了眼界，那些可信的资料被其他著作多次引用……

18世纪中叶，人们已意识到“古希腊建筑在时间和品质上都优于古罗马”[③]，这无疑给古典建筑的系统研究以新的激励。一系列有关希腊建筑的出版物相继问世，更多地了解希腊建筑终于成为可能了。在这其中，英国扮演了先锋的角色，紧跟其后并产生很大影响的是法国。

在英国，考古风潮的发端来自民间。18世纪初成立的诸多私人文物考古协会，原为组织贵族青年们的“大陆旅行(the Grand Tour)”而设，后来其性质由游乐

---

① 罗宾·米德尔顿，戴维·沃特金.新古典主义与19世纪建筑.邹晓玲，等，译.北京：中国建筑工业出版社，2000:62.

② 一说49处——罗宾·米德尔顿，戴维·沃特金.新古典主义与19世纪建筑.邹晓玲，等，译.北京：中国建筑工业出版社，2000:62；另一说是24处——Hanno-Walter Kruft. A History Of Architectural Theory From Vitruvius To The Present，1994:136——笔者注。

③ Hanno-Walter Kruft. A History Of Architectural Theory From Vitruvius To The Present，1994:208.

转为学术考察与成果出版[①]。1740—1750 年先后出版不少有关著作，其中有的包括了古希腊的内容，但这些著作似无过多可信和迷人之处。对希腊研究较深的是 N. 雷维特（Nicholas Revett. 1720—1804）和 J. 斯图尔特（James Stewart，1713—1788）二位。他们 1748 年起便开始研究雅典古建筑并公布其成果；1751 至 1753 年，他们去旅行并做了精确的测绘。但由于他们后期制图的不力，致使最后的成果《雅典古迹》（*Antiquities of Athens*）第一卷至 1762 年才出版，第二卷更是迟至 1787 年。

而在 1754 年，N. 雷维特和 J. 斯图尔特结束现场测绘后一年，法国人 J. D. 勒努瓦（Julien-David Le Roy，1724—1803）来到希腊考察测绘，并抢先于 1758 年底刊出了其成果《希腊最美的纪念建筑遗迹》（*Les Ruins des Plus Beaux Monuments de la Grèce*），可谓给建筑师们解了燃眉之急。尽管 J. D. 勒努瓦的研究曾受到前两位英国人的启发，且测绘不足三个月便仓促成稿，所发表的成果欠精确，为此还遭到一些人嘲讽，但是，J. D. 勒努瓦本人对此却不以为然，他表示："对测量琐事不感兴趣，无意为人们提供模仿的样品，而只想描绘出建筑之效果与特征。"[②]应该说，这在本质上与对哥特建筑的态度一样，体现了法国人对古代典范的兴趣所在：重精神（如建筑原理、方法及建造技巧等），而非细节。

1770 年 J. D. 勒努瓦的该著作出了第 2 版。作者对原插图重新整理，并说明有些实例年代较晚，故风格较随意……在其后的 20 余年里，法国人以极大的热情游览古迹，出版物亦随之大增。其中既有古希腊的，也有古罗马的。[见图 3-2]

J. D. 勒努瓦与"希腊——罗马之争"

J. D. 勒努瓦是早年的罗马大奖得主。他于 1762 年 J. F. 布隆代尔受聘主持"皇家建筑研究会"学校时任学校的副教授，于 1774 年 J. F. 布隆代尔逝世后接任教授，讲授课程是建筑理论与历史。1793 年大革命时期，由于得到革命派要人画家 J. L. 戴维（Jacques-Louis David）的信任，J. D. 勒努瓦勉力维持教务，使学校得以延续，是个"在逝世前对其（指学校）政策产生决定性影响"的人物[③]。其学术方向和学术地位是由他年轻时期对希腊古建筑的研究及成果所决定的。

关于 J. D. 勒努瓦潜心研究希腊古建筑，从大道理上讲，"一方面是遵循法国'皇家建筑研究会'的原则，为复兴欧洲艺术和科学做出贡献；另一方面是受到其民族上世纪设想的宏伟计划的理想所激励，复兴了法国占据艺术事业首位的沙文主

① Hanno-Walter Kruft. A History Of Architectural Theory From Vitruvius To The Present，1994：209.

② 罗宾·米德尔顿，戴维·沃特金. 新古典主义与 19 世纪建筑. 邹晓玲，等，译. 北京：中国建筑工业出版社，2000：65.

③ Hanno-Walter Kruft. A History Of Architectural Theory From Vitruvius To The Present，1994：211.

义理想。”①在小道理上，他个人对希腊建筑是情有独钟的，并且似乎对其技术适用性问题更感兴趣。“他致力于体验这种阳刚的建筑。这是他在希腊时起就羡慕已久的，是自由的雅典人数世纪里所大量使用的建筑，并且这些建筑看来似与我们所拥有的材料很适合。”②从其希腊专著——《希腊最美的纪念建筑遗迹》中有关内容也可看出J. D. 勒努瓦的理性主义思想基础。如他在书的上半部“史论”中说道：在建筑发展中，建筑由气候和民族的特征所致；在下半部“原理论”中，他表达了典型的法国式美学观点：建筑的基础是“坚固”。他在他的古迹修复设计中还运用了当时所公认的原则，如“对称性”等概念。他甚至以Vitruvius原则为相对物来描述希腊建筑，并提出“是否该盲目地模仿希腊柱式”问题③。此外，据“皇家建筑研究会”学校的讲课内容计划的记录，J. D. 勒努瓦的理论和历史课也包含了Vitruvius、Palladio、Camozzi和Vignola的作品④。可见他个人和“皇家建筑研究会”学校并未完全排斥古罗马和文艺复兴大师的学说。其希腊建筑的研究对古代典籍宝库做了重要的补充，这是J. D. 勒努瓦的伟大贡献。

尽管如此，J. D. 勒努瓦在其著作中还是表述了这样的观点：罗马建筑源于希腊。这可大大刺激了仍着迷于古罗马的学者们，一场“希腊—罗马之争”便由此展开了。意大利建筑师G. 皮拉内西(Giambattista Piranesi，1720—1778)于1748年便出版了《共和时代和帝国初期的罗马古迹》(*Antichità Romane dei tempi della repubblica，e dei primi imperatori*)，这无疑确立了他作为罗马以及周围地区新旧建筑记录者的名望和风格。1756年又开始发表其巨著《罗马古迹》，当他的这部有200幅2尺宽插图的著作出版时，J. D. 勒努瓦的著作已问世，N. 雷维特和J. 斯图尔特的著作也将出版，G. 皮拉内西认为应对他们想占鳌头的念求予以回击，于是又邀友人一道策划并于1761年赶出了《雄伟壮丽的古罗马建筑》(*Della Magnificenza ed Architecture de'Romani*)。G. 皮拉内西试图证明罗马建筑出自古代伊特鲁里亚(Etruria)，而不能归功于希腊，希腊建筑在工程学上没有罗马建筑所具有的条理性和辉煌，罗马建筑比希腊建筑更富有变化。……1764年11月，另一名法国建筑师P. J. 马里耶特(Pierre-Jean Mariette)而非J. D. 勒努瓦开始应战，他在《欧洲文艺报》上发文，作了简要回答，并为J. D. 勒努瓦增加了一个论点，即罗马建筑不仅完全依赖于希腊建筑，而且它所拥有的所有技巧也归功于希腊奴隶的劳动。

---

① Hanno-Walter Kruft. A History Of Architectural Theory From Vitruvius To The Present，1994：210.

② Richard Chafee. The Teaching of Architecture at the Ecole des Beaux-Arts//Arthur Drexler. The Architecture Of The Ecole Des Beaux-Arts，1977：75.

③ Hanno-Walter Kruft. A History Of Architectural Theory From Vitruvius To The Present，1994：210-211.

④ Hanno-Walter Kruft. A History Of Architectural Theory From Vitruvius To The Present，1994：74.

这一论点进一步激怒了 G. 皮拉内西，1765 年他又匆忙印刷一系列反驳文章和专著……这来来回回的争论虽不能说有甚结论，但有一点是肯定的：它促使人们重新审视了希腊建筑艺术的价值。

3.3 新古典主义时期(1750 年代—1790 年代)

“新古典主义”时期约始于 1750 年代，历时半个世纪左右，与波旁家族的统治走向没落的阶段(路易十五后期及路易十六时期)同时。在这一时期里，法国的等级代表制君主政体逐渐衰亡。1780 年代末，法国爆发了资产阶级革命，推翻了波旁王朝长达 200 年的统治，成立了第一共和国，这无疑给建筑学人们提供了新的舞台。更值得注意的是，此时兴起的启蒙主义运动为建筑学提供了有力的思想武器。启蒙运动所提倡的“批判的理性”使得先期的理性主义建筑思想更增加了科学、唯物的成分和自由、平等及个性解放的意念。古典主义的教条被扬弃，新的几何体量被大胆采用，尺度的运用亦变幻灵活。形式创造上强调适应自然环境；多余的装饰被摒除，以求得对比鲜明；提倡更肃穆的古典精神，建筑的规模更大、更宏伟，以满足整个建筑活动自宫廷向城市建设和各类公共建筑的转变……

这一时期里，创作的语汇是有自由和民主色彩的古希腊和罗马共和时期典范。这是法国建筑的又一次复古浪潮，因而亦被称为“古典复兴”；由于其时的理论及创作明显的创新因素和革命精神，又有学者称之为“修正古典主义”“经过改革的古典主义”[①]，甚至“革命性的建筑(revolutionary architecture)”[②]。此外，由于封建贵族们在大革命前对文化艺术的主导作用，建筑室内趋于富丽堂皇、妩媚柔靡的贵族趣味，有的学者将此时期的前阶段定位于“洛可可”[③]。

这一时期最著名的建筑师有 A. J. 加布里埃尔(Ange-Jacques Gabriel，1698—1782)、M. J. 佩雷(Mare-Joseph Peyre，1730—1785)等，最著名的理论家则是J. F. 布隆代尔等。还应予以关注的是，在新古典主义大潮中还有着“理性主义”和“幻想风格”两种较极端的倾向性观点。持理性主义观点的建筑学者虽不算多但很执著，因此也颇有建树，他们是建筑师 J. B. 龙德莱和“综合工科学校”的教授 J. N. L. 迪朗；引人注目的“幻想风格”建筑学者中最杰出的是 E. L. 部雷与 C. N. 勒杜。

J. F. 布隆代尔与 P. 帕特

J. F. 布隆代尔(Jacques-François Blondel，1704—1775)出身于建筑师家庭，据

① 罗宾·米德尔顿，戴维·沃特金. 新古典主义与 19 世纪建筑. 邹晓玲，等，译. 北京：中国建筑工业出版社，2000：104.

② Hanno-Walter Kruft. A History Of Architectural Theory From Vitruvius To The Present，1994：150.

③ 陈志华. 外国建筑史(十九世纪末以前)，1979：153.

说与老布隆代尔(即 F. 布隆代尔)是远亲。他的设计作品不多,其主要成就是在建筑教育方面,被称为"18 世纪最受人尊重,而且最有学问的导师"①。1743 年,他曾在"皇家建筑研究会"学校对面开设了他私人的全日制建筑学校(详见本书 1.2 节),他的学生中不少后来成为法国建筑界的风云人物:P. 帕特(P. Patte)、E. L. 部雷(E. -L. Boullee)、C. N. 勒杜(C. -N. Ledoux)、C. 德瓦伊(C. de Wailly)等。1755 年 J. F. 布隆代尔入选 "皇家建筑研究会",1762 年受聘"皇家建筑研究会"学校任主讲教授,并随之关闭了自己的建筑学校。尽管 J. F. 布隆代尔在岁数上较前述的"法国古典主义"时期的人接近,甚至还稍年长,但是"新古典"与"法国古典"在时间上原本就有些重合,加上 J. F. 布隆代尔在建筑界的作用于中年后才更充分发挥,且在学术上与"新古典"更近,因此,本书将其放在此处论述。

J. F. 布隆代尔的专业论著见到记载的有:早年的《别墅作品》二卷、《巴黎及周边地区建筑》四卷(1752 年)、《建筑教程》(*Cours d'Architecture*)九卷(六卷论述、三卷图版,1771 年)。此外,他还于 1754 年出版过一本八开的教案缩本,并为 D. 狄德罗(Denis Diderot,1713—1784)的《百科全书》撰写过建筑学方面的条目。从反映其建筑学观点的角度来讲,其中《建筑教程》一书最重要。或许由于教师身份和《建筑教程》的性质所致,J. F. 布隆代尔说这是一部"覆盖建筑学所有领域的综合性著作",希望能"对法国已建或将建的各省巴黎学校之分校产生影响"。事实上,他的目标达到了:《建筑教程》一书被认为是"18 世纪最具综合性和广泛性的建筑教案,是当时为止最长的建筑论著"②,"为全欧洲争相拜读,并在多年里广泛被视为最正统的学院式学说"③。

总的讲,J. F. 布隆代尔的学术观点中既沿袭了一些古典主义的经典理论,又继承并发展了法国传统理性主义的务实和科学精神,同时还有意义非凡的创新成分,是"新古典主义"的经典理论。J. F. 布隆代尔的《建筑教程》以大段的建筑历史开讲,因为在他看来,"熟知建筑和建筑理论史是建筑教育的基本组成部分"。

关于"功能"(建筑的使用 utilité de l'architecture)问题的见解则紧接其后;而理论核心问题——"比例(proportion)",被 J. F. 布隆代尔视作建筑所必须,是"建筑上最有趣的部分"④,是出自自然的,也是可用拟人化的方式理解的。在这两点上,他显然与文艺复兴理论一致。

---

① Richard Chafee. The Teaching of Architecture at the Ecole des Beaux-Arts//Arthur Drexler. The Architecture Of The Ecole Des Beaux-Arts,1977:8.

② Hanno-Walter Kruft. A History Of Architectural Theory From Vitruvius To The Present,1994:148.

③ Daqing Gu. The Design Studio:Its Formation and Pedagogy, 1994:45.

④ Hanno-Walter Kruft. A History Of Architectural Theory From Vitruvius To The Present,1994:150.

“装饰(ornament)”是J. F. 布隆代尔所不予提倡的。他曾在其“别墅”专辑中抱怨:主顾们赶时尚(洛可可风格),导致了装饰泛滥。希望给装饰一个“总则”(general rule)予以控制。他还说过装饰“一般是比喻、象征和随意性的”,“就舒适和坚固而言,装饰实际上无事可做……”①这无疑表现了他的务实态度。

J. F. 布隆代尔学说中最受理论界关注的是其“特征(caractére)”有关的内容。他认为“特征”是一幢建筑功能的表现,每类建筑有其自有的“特征”。为此,他将一系列的“特征”与各特有类型的建筑相联系,如“沉稳(decence)”与庙宇,“高大(grandeur)”与公共建筑,“奢华(somptuosite)”与纪念建筑,“雅致(elegance)”与休闲建筑,等等。最高级的“特征”是“崇高(sublimite)”,与巴西利卡(basilica)或名人墓相应。

“风格(style)”是J. F. 布隆代尔从“特征”导出的另一概念:“特征”是功能的表达,“风格”则是结果。“特征”应“自然”“简单”而“真实”,而由此产生的“风格”方能“高尚”“高贵”“典雅”。J. F. 布隆代尔还意识到,不同的民族和文化会导致不同的风格:“埃及建筑令人惊讶胜于美,希腊建筑规则胜于精致,罗马建筑博学胜于巧妙,哥特建筑坚固胜于悦人,而法国建筑则或许是谋划精到胜于实际的趣味。”这些论点被认为是风格的现代概念进入建筑理论的标志②。

他明确要追求“简洁美的特别品味(grand gout de la belle simplicite)”(这成了新古典主义的中心口号),并提出了“品味”的培养方法:必须通过对艺术原则及大师作品的研究,通过对自然和宇宙的观察。他认为只有这样才能设计出令所有人愉悦的“真正的建筑”。

此外,“他认为建筑必须同绘画、雕刻等纯艺术区分开来,因为建筑师有满足实际的功能需要的任务,不能使自己成为纯粹的形式主义者”。因此有人认为,是他“把实践和理性因素带进了这所学校(指‘皇家建筑研究会’学校)”③。

作为最权威的教授和理论家,J. F. 布隆代尔学识渊博,对学术问题较为审慎、严谨,被认为是“老派的Vitruvius建筑理论与革命性建筑理论之间关键性的中间人物”④。

P. 帕特(Pierre Patte,1723—1814)是J. F. 布隆代尔最忠实的弟子。是他在J. F. 布隆代尔去世后的1777年完成了《教程》最后部分的出版,其中后两卷是P. 帕特根据J. F. 布隆代尔有关材料和施工方面的研究成果写成的。他不但继承了导

① Hanno-Walter Kruft. A History Of Architectural Theory From Vitruvius To The Present, 1994: 150.

② Hanno-Walter Kruft. A History Of Architectural Theory From Vitruvius To The Present, 1994: 149.

③ 莱斯尼科夫斯基. 建筑的理性主义与浪漫主义(三). 韩宝山,译. 建筑师,1989(34).

④ 莱斯尼科夫斯基. 建筑的理性主义与浪漫主义(三). 韩宝山,译. 建筑师,1989(34).

师的学术思想，还在城镇规划方面有重要的原创性观点。

J.B.龙德莱与J.N.L.迪朗的“理性主义”倾向

J. B. 龙德莱和J. N. L. 迪朗分别是《论建筑艺术的理论与实践》(*Traite theorique et pratique de l'art de batir*)和《综合工科学校建筑课程概要》(*Precis des lecons d'architecture donnees a l'ecole polytechnique*)(以下简称《概要》)二书的作者。由于两本书均出版于1802年，其后的50年中，一直被作为标准的建筑理论教材，因此这二人对建筑教育的影响也是很大的。这两本书的突出特点是对法国18世纪建筑思想遗产做了归纳和总结。两本书的观点明确而相近，将早期的理性主义推至新的高度。他们的“理性主义倾向和早期功能主义是二十世纪决定性发展的根源”①。

J. B. 龙德莱(Jean-Baptiste Rondelet，1734—1829)是综合工程学校(Ecole Polytechnique)的创始人之一。1799年始任职于“美术学院”，1806年起讲授“切石术(Steretomie)”和“施工”课程。他不但受教于J. F. 布隆代尔和E. L. 部雷，还是注重实验和数学计算的早期理性主义建筑师J. G. 苏夫洛(Jacques-Germian Soufflot，1713—1780)的弟子。他曾负责过教堂的修建工程，表现出卓越的审美力与技术才能。J. B. 龙德莱把建筑理论看做是“指导各种实际操作的科学，是以经验和数、理原理为基础进行论证的结果……”认为“建筑学不是一门想入非非的艺术，而是根据需要而决定的科学”②。他的论著中有多部都详述过建筑材料、成本概预算等实际的工程问题，是首批研究铁结构静力分析和铁结构运用以及精确计算造价的学者之一。[见图3-3]

J. N. L. 迪朗(Jean-Nicolas-Louis Durand，1760—1834)毕业于“皇家建筑(研究会)学校”，1779、1780年曾两次获得罗马大赛二等奖。从时间上推断，他就学时是由J. D. 勒努瓦任主讲教授。1795—1830年间任教于综合工科学校，是该校最重要的创始人和建筑教授。J. N. L. 迪朗除了《概要》以外，还编著了其附录《综合工科学校建筑学课程安排图解《(*Partie graphique des cours d'architecture faits a l'ecole royale polytechnique*)(1821年)和《古今各类大型建筑汇编与对照》(*Recueil et parallele des edifices de tout genre anciens et modernes*)(1800年)。从学术上讲，J. N. L. 迪朗是极端理性主义的。因为他将理性的观点用在了设计方法上，这是当时没有人想到过的，所以受到整个欧洲尤其是德国建筑师们的青睐。

J. N. L. 迪朗认为建筑学是一个推理过程，是经过深思熟虑逐步形成的解决实

① Hanno-Walter Kruft. A History Of Architectural Theory From Vitruvius To The Present，1994：275.

② 罗宾·米德尔顿，戴维·沃特金.新古典主义与19世纪建筑.邹晓玲，等，译.北京：中国建筑工业出版社，2000：26.

际问题的方法。……令人愉悦从来就不可能成为其目标。公益事业,特别是民众的幸福和社会的维护,这才是建筑学的目的①。当然,J. N. L. 迪朗作为建筑师对形式的兴趣肯定是有的,他提倡的理想方法是运用简化的几何形。其中圆形和球体是最精美的图形,因为它们可以最大范围地围住一块面积或体积。但由于圆及球在设计中不太现实,因此他认为正方形和立方体是可取的。在他看来,建筑就是一个图表公式。最好的构图方法就是从平面图开始,先做出正方形网格,再将各建筑构件装入网格……此外,J. N. L. 迪朗反对不必要的奢华和装饰,建议建筑的风格应表现各个功能部分,赞成清水砖石墙、方或圆柱等,认为所有装饰都该有其作用上的依据,可借助植物来达到效果。[见图 3-4～图 3-6]

E. L. 部雷与 C. N. 勒杜的"幻想风格"

E. L. 部雷和 C. N. 勒杜是 19 世纪下半叶幻想派建筑师中最具创意,影响也最大的两位。他们都是 J. F. 布隆代尔的学生,并最终入选"皇家建筑研究会"。他们原本均是新古典主义的大潮中人,1880 年代左右,他们冲破当时的传统戒律,树立了一种幻想式风格。此二人设计特征鲜明,相互影响。由于时间上是与法国大革命同期,所以很自然地被有些人誉为"革命性的建筑师"。

E. L. 部雷(Etienne-Louis Boulle,1728—1799)是继第一批新古典主义代表人物后最重要的一批建筑师中年岁最长的一位。他原先受的是绘画教育,后改投 J. F. 布隆代尔门下。曾在"桥梁公路工程学校"(Ecole des Ponts et Chaussees)任教。后来开设了自己的画室,J. N. L. 迪朗、M. J. 佩雷等都在其中学习过。作为在建筑管理部门兼有数职的建筑师和"皇家建筑研究会"首席会员,E. L. 部雷有机会超脱于建筑实业之外,从事些不大可能或不打算实施的方案探索②,成为新古典主义时期稍晚阶段最为奇特的人物。

事实上,具有幻想风格特征——超大尺度和规整几何形体——的倾向,早在 18 世纪初就于罗马法兰西学院的学生作业中有所显现。对此,J. F. 布隆代尔当时并不认同,法兰西学院的院长也颇感不安,甚至 E. L. 部雷也曾有过怨言,认为"很难予以肯定;其中大部分均无法实施……"③大革命后,这种宏伟的视觉追求被谅解为获得新生的法国公民之积极需要,是肯定自身权利与生存的手段。而 E. L. 部雷本人也从有节制状况根本改变成"更庄严宏伟、华而不实"。这一改变的标志被认为是他 1779 年的某大厦工程的竣工。此后,E. L. 部雷在一系列设计方案中观

① 罗宾·米德尔顿,戴维·沃特金. 新古典主义与 19 世纪建筑. 邹晓玲,等,译. 北京:中国建筑工业出版社,2000:26.

② Hanno-Walter Kruft. A History Of Architectural Theory From Vitruvius To The Present,1994:158.

③ 罗宾·米德尔顿,戴维·沃特金. 新古典主义与 19 世纪建筑. 邹晓玲,等,译. 北京:中国建筑工业出版社,2000:175.

点逐步明朗，大革命后达到了其顶峰状态。据悉，他的设计思维模式转变是受到英国式花园“如画风格（Picturesque）”的影响①。

E. L. 部雷的学术思想从根本上说是将建筑看做是绘画和造型艺术。他摒弃现实元素（如使用、技术、经济等），以画家的眼光去看建筑。他追求一种亘古不变、无所不含的绝对法则。具体讲就是：“规则法”——产生形式美的规则几何形体（圆及球体为其最爱）；“对称性”——产生秩序的内聚力；“变化”——使人眼感受多样化。而前人们争论不休的主题“比例”则被他认为不再是算术关系，而是以上三方面因素的配合。其实，“比例”连同衍生的“尺度（scale）”的概念在这儿被他化解掉了。随之产生的后果是：“E. L. 部雷的设计无一例外地在尺寸和形象上趋于纪念性”，“宏大（其实是超人的尺度）”与“美”之间被他画上了等号。在 E. L. 部雷看来，这就是他所追求的“诗意的建筑”，是一种“自然的最崇高表达方式”②。E. L. 部雷的学术思想被经深思熟虑后记录在他 1780 年始写作、身后才发表的《建筑：艺术论》（*Architecture, Essai sur l'Art*）中。由于 E. L. 部雷的充满诗意的设想与现实相去甚远，他所处的时代又处于政治危机之时，所以其作品实现的不多。[图 3-7—图 3-9]

C. N. 勒杜（Claud-Nicolas Ledoux，1736—1806）是与 E. L. 部雷志同道合的建筑师，是一位强有力的创新者。相对讲，C. N. 勒杜的成就和影响更多地在实际工程方面，作品中最为人熟知的是他为巴黎所设计的 40 座城关。他的设计比 E. L. 部雷更富活力与想象，境界不及 E. L. 部雷高，但更受人喜爱。有人比较二者得出结论：“E. L. 部雷勾画出最高的理想，而 C. N. 勒杜则拿出了可行的模式。”③[见图 3-10～图 3-12]

3.4 新古典主义后期（1800 年代—1900 年代）

整个 19 世纪，是法国历史上政权更迭异常频繁的时期。1799 年末，拿破仑发动雾月政变，建立并控制了执政府；1804 年拿破仑称帝，建立了法兰西第一帝国；1814 年，波旁家族卷土重来，击败了拿破仑，重新执政 30 余年；1848 年，巴黎爆发二月革命和六月起义，法兰西第二共和国因此诞生，拿破仑三世就任总统职位；4 年后的 1852 年，拿破仑三世称帝，宣布法兰西第二帝国成立；1870 年，普法战争和巴黎革命结束了第二帝国的统治，法国自此进入第三共和国时期……

① 罗宾·米德尔顿，戴维·沃特金. 新古典主义与 19 世纪建筑. 邹晓玲，等，译. 北京：中国建筑工业出版社，2000：184.

② Hanno-Walter Kruft. A History Of Architectural Theory From Vitruvius To The Present，1994：159.

③ 罗宾·米德尔顿，戴维·沃特金. 新古典主义与 19 世纪建筑. 邹晓玲，等，译. 北京：中国建筑工业出版社，2000：196.

在这一个多世纪的时间中，由于政治和经济缘故，城市的建筑活动在帝国时期（1814 前的第一帝国和 1852—1870 年的第二帝国）较为频繁而有所建树；而复辟时期（1814—1848 年）及共和时期（1848—1852、1870 后）相对萧条。建筑学术上，一是由于前两个时期对古典遗产（古希腊罗马）和法国传统（包括哥特风格等）的研究，建筑学人的积累空前丰厚；二是从总统、皇上，新权、旧贵等不同口味的主顾们方面来的要求繁多。因此，“精华荟萃、折衷而存”就成为再自然不过了，“折衷主义”在这一时期里逐渐形成并很快成了主角。

应当说明的是，“折衷主义”作为法国此时期的主要特色有两层含义。第一是指不同风格倾向的并存：例如，“美术学院”秘书 A. C. Q. 德坎西（Atoine-Chrysostome Quatremere de Quinsy）主张以雄伟的“古罗马风格”表现路易十八王朝特色，J. L. 希托夫（Jacques-Lgnace Hittorff，1792—1867）等推崇“古希腊”建筑的绚丽多彩，拿破仑（一世）时的纪念建筑盛行以罗马帝国建筑风格为蓝本的“帝国风格”，E. E. V. 勒迪克（Eugene-Emmanuel Viollet-le-Duc）则钟情于“哥特风格”的研究及其精神的弘扬。此外，还有集众多风格于一身的“集仿式（即折衷式）”。第二是指在众多的风格中，“折衷主义”风格的影响在全法国最大和最广，并且是在“美术学院”教学中逐渐占据主导地位的一种学术潮流。

C. 佩西耶、P. F. L. 方丹及其“折衷主义”

C. 佩西耶（Charles Percier，1764—1838）和 P. F. L. 方丹（Pierre-François-Leonard Fontaine，1762—1853）是 A. F. 佩雷（M. J. 佩雷之弟）画室的同窗，他们分别于 1786 年和 1785 年获罗马大奖并先后赴罗马学习，一道在罗马考察过大量古罗马和文艺复兴时期的建筑。1790 年初回到法国后，他们又一同开始研究“法国古典主义”时期的建筑和哥特建筑。

C. 佩西耶、P. F. L. 方丹良好的专业素质深受拿破仑一世和皇后的赏识，1801 年初被任命为御用建筑师。他们的设计面相当广，除波拿巴家族的建筑项目外，还参与室内设计，负责实施拿破仑改建巴黎的规划工程，并致力于卢浮宫等宫殿的改建和装饰等。在学术上，他们的审美观是折衷主义的。他们以精湛的技艺和妥帖的手法把古代的风格融入从 18 世纪继承下来的、重形式讲比例的体系中，从而开创了一种个性突出、形式新颖，而又非常优雅得体的新风格①。他们设计的装饰“把古罗马的军事标志、埃及的狮身人面像、伊特拉里亚的花盆、文艺复兴的粉画等全都糅杂在一起”②。法国建筑中的折衷主义趋势便自此开始了。这无疑是对新古典主义原则的一种突破。

① 罗宾·米德尔顿，戴维·沃特金. 新古典主义与 19 世纪建筑. 邹晓玲，等，译. 北京：中国建筑工业出版社，2000：210.

② 陈志华. 外国建筑史（十九世纪末以前），1979：195.

作为画室导师，C. 佩西耶、P. F. L. 方丹的教学既切合实际，又宽松自由。从获大奖的情况看，C. 佩西耶的业绩不菲：画室开办的 32 年（1791—1823 年）中有 17 个学生获罗马大奖。但从设计实践上看，他们的弟子们少有创见，只是在导师们的著作中汲取灵感而已。学生中较为突出的是 L. H. 勒巴（Louis-Hippolyte Lebas，1782—1867），他曾在 1828 年主持巴黎德洛雷特教堂设计建造时，将早期基督教风格的巴西利卡（basilica）型制与仿意大利神庙的科林斯柱式门廊一道运用。该建筑到处色彩斑斓、金饰闪闪，被认为是个“离奇的大杂烩”①，其折衷主义的趋向也显而易见。［见图 3-13～图 3-15］

P. F. H. 拉布鲁斯特与 J. L. C. 加尼耶

1810 年“美术学院”成立伊始，由于权威人士——公共建筑委员会理事、“美术学院”常务秘书 A. C. Q. 德坎西对意大利艺术的崇拜，“皇家建筑研究会”和“美术学院”所持的建筑思想是相当严谨，甚至有些教条的古典（新古典）形式主义的。

1820 年代起，“美术学院”这一沉闷的古典传统受到了一系列的有力冲击。这冲击是来自“皇家建筑研究会”派出的一批有反叛精神的罗马法兰西学院建筑留学生。他们是 1822—1827 年间相继赴罗马学习的学生 G. A. 布卢埃（Guillaum-Abel Blouet，1795—1853）、E. J. 吉尔贝（Emile-Jacques Gilbert，1793—1874）、F. J. 迪邦（Felix-Jacques Duban，1790—1870）、P. F. H. 拉布鲁斯特（Pierre-François-Henri Labrouste，1801—1875）、L. J. 迪克（Louis-Joseph Duc，1802—1879）和 L. 沃杜瓦耶（Leon Vaudoyer，1803—1875）等。他们与“皇家建筑研究会”及“美术学院”的分歧始于他们在罗马学习期间。在依规定送回的在罗马研习成果中，他们并未按古典诫训，选择的题材大多超出古罗马和文艺复兴建筑范畴，更多地将目光投向希腊甚至德国、瑞士等。并在修复（复原）设计中越来越多地运用想象、夸张等手法，抒发个人对理想世界的热情追求，颇具浪漫色彩。然而，由于“再造的过多”，使得“皇家建筑研究会”和“美术学院”的学者们渐渐不能忍受而表示出不满。如 L. J. 迪克 1830 年送回某纪念馆设计后，“皇家建筑研究会”表示“为不能称赞”“而抱歉”，L. 沃杜瓦耶 1831 年送回的灯塔方案则引来抱怨：“人们希望资助生能选择一个可运用其在意大利所得的伟大而美的研究成果（的设计）……”②

这一批年轻人先后回国后，表现出了各自的特色，对建筑的贡献也各不相同。如 G. A. 布卢埃与 E. J. 吉尔贝试图而以道德和社会价值取向来决定建筑布局，并以此丰富建筑内涵；G. A. 布卢埃 1846 年起任“美术学院”理论教授后，还致力于通过教学来追求功能主义目标；F. J. 迪邦热衷于色彩鲜明、结构繁复的表面装饰，在

① 陈志华. 外国建筑史（十九世纪末以前），1979：217.

② David Van Zanten. Architectural Composition at the Ecole des Beaux-Arts//Arthur Drexler. The Architecture Of The Ecole Des Beaux-Arts，1977：220-224.

“美术学院”扩建工程中，他运用原有的建筑残件和铸铁、玻璃等所体现出的才华赢得了赞誉；L. 沃杜瓦耶则坚持圣西门的理想，意在重新连接传统链系，以回应结构、习惯与气候之要求，1845 年设计的马赛大教堂就以法国哥特式平面、拜占庭式的细部……形成一座典型的折衷主义作品[见图 3-16、图 3-17]……在这一批被人们称为“改革派”的年轻人中，P. F. H. 拉布鲁斯特是影响最大的一位。

P. F. H. 拉布鲁斯特(Pierre-François-Henri Labrouste，1801—1875)是个头脑冷静、见解独到的人。他在“美术学院”学习时师从 A. L. T. 沃杜瓦耶(Antoine-Laurent-Thomas Vaudoyer，L. 沃杜瓦耶的父亲老沃杜瓦耶)。早年获大奖留学罗马期间，曾于 1828—1829 年做过 Paestum(意大利南部的一座古城)3 个神庙的修复设计研究，他运用大量的壁画、饰物，大胆地对神圣的庙宇做了想象式的表现，其中一座甚至被设想成一个公共聚会的柱廊。图纸送回后，这无异于“亵渎”的设计立刻引起了 A. C. Q. 德坎西的强烈不满，甚至由此引发了 A. C. Q. 德坎西对罗马法兰西学院院长 H. 韦尔内(Horace Vernet)的责难。[1] P. F. H. 拉布鲁斯特也因此而受到无情的惩罚：在刚回法国的近十年里未接到任何设计委托，除了设画室授徒之外他无事可做。直到 1838 年 10 月才被任命设计圣热讷维耶图书馆。1853 年又受命设计巴黎国家图书馆……1867 年，P. F. H. 拉布鲁斯特 66 岁时才被选为“皇家建筑研究会”会员，是相近资历的人中最后一个得此殊荣者。

P. F. H. 拉布鲁斯特将建筑物视为对“给定材料、既定功能、历史、文化影响的全面应答”[2]。他设计的圣热讷维耶沃图书馆如实地反映了他这一否定学院派学说的思想。该馆布局极简单：平面呈长方形，底层中部是入口，书库和办公在两侧；二层是阅览厅，厅内阅读桌居中，四周有书架，半圆窗开在书架上部，功能上极为合理。结构上大胆采用铸铁的柱及拱券顶。内部装饰除对铁件略加修饰和局部的风景壁画外，显得朴素无华。外部形式则据说与设计者喜爱的建筑有关，如 C. 雷恩(Christopher Renns)设计的剑桥图书馆、L. B. 阿尔贝蒂(Leon Battista Alberti)设计的马拉泰斯教堂、米开洛佐(Michelozzo)设计的米兰美第琪银行……甚至埃及寺庙的特征在此也有所体现。在他后来设计的巴黎国家图书馆中也再现了这一设计思想。应该说，这是设计者为他的主题搜集了大量信息资料，并经高度提炼的结果。[见图 3-18～图 3-22]

因为他确实对希腊建筑精神的弘扬有所贡献，所以被认为与“新希腊”运动的兴起(1870 年代)有关。但他的作品反映出来的是其目标在于获取更广泛的综合性。他的建筑采用电梯、供暖系统和照明系统，还采用铸铁柱子结构……是为了使

① David Van Zanten. Architectural Composition at the Ecole des Beaux-Arts//Arthur Drexler. The Architecture Of The Ecole Des Beaux-Arts，1977：220.

② Hanno-Walter Kruft. A History Of Architectural Theory From Vitruvius To The Present，1994：279.

他的建筑与19世纪工业化社会有机结合起来，成为这个社会的崇高象征①。尽管P. F. H. 拉布鲁斯特仍保留了大部分学院式的构图手法，但事实上，这种新旧结合的方法还是有其积极意义的。因为“19世纪末，技术的发展尚未给建筑的构图艺术带来突破”②。

此外，不能不提及的是L. H. 勒巴的学生J. L. C. 加尼耶(Jean- Louis-Charles Garnier，1825—1898)。J. L. C. 加尼耶受过严格的古典训练。1848年获罗马大奖后赴罗马、佛罗伦斯和雅典研习古建筑和文艺复兴建筑。其后曾长期在折衷主义建筑师T. 巴吕(T. Ballu，1817—1885，勒巴的另一位弟子)的门下工作。虽然J. L. C. 加尼耶入“美术学院”前就曾师从E. E. V勒迪克，但他在建筑观上却与其大相径庭，认为“评价建筑靠先天的推理是无用的，因为建筑是从无意识中产生出来的”③。认为建立在理性主义、科学特别是新型材料(指铁)基础上的建筑是没有前途的。J. L. C. 加尼耶的成名作——巴黎“歌剧院(Opéra)”是在1860年开始的竞赛中入选实施的，被认为是拿破仑三世重建巴黎的运动中最闪亮的一颗宝石。整个歌剧院建造得金碧辉煌，富丽、高贵至极。它不仅由于其风格上采巴洛克等手法，更由于其自由、唯美，不讲究固定法式，也不强调使用新技术、新材料，因而被人们纳入折衷主义范畴。歌剧院的可称道之处是设计者注重观众的社交活动，将观众的活动视为“表演”的一部分。为此，他在其《剧院》(1871年)和《巴黎的新歌剧院》(1878、1881年各一卷)中曾做过精彩的描述。应该说，这是“以人为本”的难能表现。歌剧院建成后，尽管拿破仑本人并不太欣赏，同时还受到富有现代意识者(如勒·柯布西耶)的斥责，但事实上，“可以肯定地说，他以此改变了法国建筑的方向”④。[见图3-23～图3-28]

J. B. A. 拉叙斯、E. E. V. 勒迪克与“哥特复兴”

法国人对哥特建筑的情愫向来是最难以割舍的，即便是在正统古典思想的长期笼罩之下，法国建筑师们也难以否定它。“他们总是在哥特风格与古典风格之间徘徊，这就是法国建筑师的特点：一方面承认古典主义的美和文雅，同时又视哥特风格为力感强烈、结构大胆的奇迹。最为重要的是，哥特建筑被法国建筑师认为是纯粹的法兰西精神的创造。”⑤具有理性传统的法国建筑师中，早在17世纪就有欣

---

① 罗宾·米德尔顿，戴维·沃特金. 新古典主义与19世纪建筑. 邹晓玲，等，译. 北京：中国建筑工业出版社，2000：232.

② 莱斯尼科夫斯基. 建筑的理性主义与浪漫主义(四). 韩宝山，译. 建筑师，1989(35).

③ Jean-Louis-Charles Garmier. Atravers Les Arts(艺术观察)//罗宾·米德尔顿，戴维·沃特金. 新古典主义与19世纪建筑. 邹晓玲，等，译. 北京：中国建筑工业出版社，2000：254.

④ Jean-Louis-Charles Garmier. Atravers Les Arts(艺术观察)//罗宾·米德尔顿，戴维·沃特金. 新古典主义与19世纪建筑. 邹晓玲，等，译. 北京：中国建筑工业出版社，2000：246.

⑤ 莱斯尼科夫斯基. 建筑的理性主义与浪漫主义(四). 韩宝山，译. 建筑师，1985(35).

赏哥特教堂清晰、忠实的结构表达的C. 佩罗等人;18世纪的J. G. 苏夫洛(Jacques-Germain Soufflot,1713—1780)在巴黎万神庙设计中,也结合进了哥特式结构的轻快,E. L. 部雷则深受哥特教堂壮观的光影效果之感染,而在那些雄伟的纪念建筑中将其反映出来……但总的讲,法国建筑师并不将哥特风格作为模仿对象,而更多地视其为能帮助他们解决现代技术问题的一种先进的体系,并始终在尝试将其结构之优点纳入古典主义建筑之中。到了18世纪末,这种努力才让位给了对坚实、整体的希腊—罗马风格的迷恋。

19世纪初,英国学者G. D. 怀廷顿(George Downing Whittington)来到诺曼底考察。在其成果——1809年发表的专著《法国基督教堂遗迹史考》(*A Historical Survey of Ecclesiastical Antiquities France*)中,作者证实了法国人长期持有的观点:哥特式建筑源于法国。同时,G. D. 怀廷顿也认为13世纪的风格优于其他任何时期。1823年,法国成立了"诺曼底古文物研究会(Societe des Antiquaires de la Normandie)"。关于哥特建筑的分析、鉴定等研究性论文随之纷纷刊发,文学家们也来助阵(雨果的《巴黎圣母院》1831年发表)……1840前后,建筑上的"哥特复兴"在法国便开始了。整个法国哥特式教堂的尝试多起来,"曾一度产生过像牧师们做礼拜式一样的狂热"①。参与"哥特复兴运动"的建筑师为数众多,其中最重要的代表人物是J. B. A. 拉叙斯和E. E. V. 勒迪克。

J. B. A. 拉叙斯(Jean-Baptiste-Antoine Lassus)是P. F. H. 拉布鲁斯特的学生。虽受过古典主义熏陶,但他较早地就转向了13世纪哥特式建筑的研究,1853年曾因修复圣沙佩勒教堂(Ste. Chapelle)而获得建筑沙龙奖。其后,又多次主持或与人合作哥特式教堂的修复工作。由于他努力使自己的艺术个性服从于古代遗产的清规戒律,设计就难免显得有些单调枯燥、缺乏生气。但其成果中仍不乏佳作,如圣沙佩勒教堂就令包括英国哥特复兴式建筑师之代表A. W. N. 皮金(Augustus Welby Northmore Pugin)在内的众多建筑师赞叹不已。[见图3-29~图3-30]

E. E. V. 勒迪克(Eugene-Emmanuel Viollet-le-Duc,1814—1879)是"美术学院"历史乃至法国近代建筑史上的一位颇具传奇色彩的人物。早在读书时,他就认为"美术学院"是在把统一的意志强加于人,因此只入画家A. F. R. 勒克莱尔(Achile-Francois-Rene Leclere)为导师的画室②,但拒绝在"美术学院"注册。甚至在他家的朋友C. 佩西耶、P. F. L. 方丹等劝说之下,他仍决意走自己的路。1831年,E. E. V. 勒迪克17岁时开始历游法国,研习和描画中世纪建筑。1836—1837年访问了意大利。1839年10月,E. E. V. 勒迪克家的好友,古代文物建筑总督察

① 罗宾·米德尔顿,戴维·沃特金. 新古典主义与19世纪建筑. 邹晓玲,等,译. 北京:中国建筑工业出版社,2000:351.

② A. F. R. 勒克莱尔曾因成功地设计了巴黎蒙马特尔的圣心教堂,而被公认为"诠释罗马—拜占庭风格第一人",其画室于1815—1853年间开设,曾出过3名罗马大奖获得者。——笔者注

P. 梅里美(Prosper Merimee 1803—1870,法国著名小说与戏剧家,《嘉尔曼》的作者)指定这名青年建筑师修复瓦泽莱地方的圣马德莱娜教堂(Vezelovy:Ste. Madeleine)。此后,E. E. V. 勒迪克的观点开始明朗化,确立了信奉哥特式风格的目标。至 1850 初,其理论体系趋成熟。他主持或参与过多座哥特式教堂的修复工作,著有《法国 11—16 世纪建筑演绎辞典》(*Dictionnaire raisonne de l'architecture fracaise du XIE au XVIE siecle*)(以下简称《辞典》)和《建筑谈话录》(*Entretiens sur l'architecture*)等专著。

在 E. E. V. 勒迪克看来,建筑艺术的顶峰是 13 世纪中叶的哥特风格,而文艺复兴才是衰败时期。他认为折衷主义是一种邪恶。这一具反叛性质的历史观,使其始终处于和鲍扎的学院派对立的状态。在教育改革风潮中,他曾于 1863 年 11 月—1864 年 3 月短期出任"美术学院"的艺术史教授。

由于受 A. 孔德(Auguste Comte,1798—1893,法国哲学家)的实证主义和 H. A. 泰恩(H. Adolphe Tain,1828—1893,法国史学家、哲学家,1864 年后接替 E. E. V. 勒迪克任"美术学院"的艺术史教授)的社会决定论的影响,E. E. V. 勒迪克将建筑视为既定社会结构的直接表现。因而,在他看来,哥特建筑就不仅反映了(法国)民族的精神,而且反映了一个"一致的原则"和一条"直接而逻辑的途径"。

在其《辞典》一书的"营造(Construction)"条目中,E. E. V. 勒迪克将建筑明确定义为营造进程的产物,而所谓"营造"就是"依照其特性去运用材料,以最简单而有力的手段去表达其目的意图;进而赋予房屋结构一个永久的、合乎比例的、符合某些由人们的意识、理智及本能所形成的原则之形象。建设者所用的方法必定要依据所用材料的性能、经济资力、各建筑物的特殊需要以及养育他的文化之不同而改变"①。此外,E. E. V. 勒迪克还提出了建筑的"恒定原则"和"可变原则":前者是控制材料的法则,后者指历史与社会因素。"这使他成为了建筑民族风格的主倡者,而非仅出于材料考虑的国际建筑语言之先导。"②

E. E. V. 勒迪克非常强调技术因素,他对技术进展的坚定信念致使他认为哥特建筑是优秀合理的风格,还使他接受了新的建造方法和使用新的材料。他认定新材料——铁必定成为 19 世纪建筑革新之主体。虽然此时已有人爱用铁结构,但是 E. E. V. 勒迪克走出了决定性的一步:提出了铁结构的专门原则和铁结构的美学规律。

E. E. V. 勒迪克还热心于机械,主张在轮船、火车中去发现理想的抽象形式,因此,未来主义和勒·柯布西耶被认为是与之一脉相承的。

① Eugene-Emmanuel Viollet-le-Duc//Hanno-Walter Kruft. A History Of Architectural Theory From Vitruvius To The Present,1994:283.

② Eugene-Emmanuel Viollet-le-Duc//Hanno-Walter Kruft. A History Of Architectural Theory From Vitruvius To The Present,1994:283.

E. E. V. 勒迪克曾任历史文物委员会(Commission des Monuments Historiques)的首席建筑师,还是1853年成立的教会建筑管理委员会(Service des Edifices Diocesains)的3名总督察之一,并完成了许多颇具影响的建筑作品,因此对哥特复兴运动所做的贡献巨大。[见图3-31、图3-32]

而在1850年代后期哥特复兴运动渐渐式微后,E. E. V. 勒迪克的追求则转为了"以哥特原则去创造一种新风格"。他在《谈话录》中发表了一市政大厦设计。该设计以V形柱支撑,其大厅以铁组合支柱和铁框架支撑石头拱顶,体现了他对未来建筑走向的思考,表现了他已从哥特复兴转向了最具包容力的指导原则。虽然还不能说"他成功地做到了这点,但他的广度和深度是无可匹敌的"[1]。受E. E. V. 勒迪克启发,铁架结构类的建筑随后出现了不少。E. E. V. 勒迪克也因此被认为对现代主义建筑基本原则的建立是有功劳的。据悉,"芝加哥学派"的许多成员都对E. E. V. 勒迪克的文章有积极响应。F. L. 赖特(Frank Loyd Wright)也最大限度地吸收和采纳了其优点,还把它们看作鼓励自己成名的活力,甚至要求他的儿子阅读《辞典》一书……人们还认为,西班牙的A. 高迪(Antonio Gaudi)、比利时的V. 奥尔塔(Victor Horta)等人的思想,甚至整个俄罗斯构成派都是基于E. E. V. 勒迪克的[2]。[见图3-33～图3-34]

鲍扎的学术思想是以意大利文艺复兴理论为起点,经历过对古建筑典迹(包括古希腊、古罗马)的考据、验证和法国理性传统(哥特建筑)的严肃思考所达到的一种高度融合的学术境界。古代建筑宝库是其取之不尽的源泉。建筑遗产的挖掘、研究和理解、继承作为一项事业被其推向了极致,根据现实要求对古建形式语言的创造性运用也达到了空前的水平。

客观地讲,鲍扎在对建筑学术的贡献上,"整理""继承"要大于"创造"与"推进"。但是,在社会发展进程中,由于经济生活和科学技术等并未出现实质性飞跃,全新的形式风格需求与标准也难以形成。各种历史风格和多种形式因素并存是顺理成章的。因此,总的讲,鲍扎学术思想以文艺复兴为基础,以集大成的"折衷主义"为终结,是一种合乎情理的良性发展。其中自始至终都蕴涵的对现代建筑形成有启示作用的理性思想,更使其有着不可否认的积极的传承意义。

① 罗宾·米德尔顿,戴维·沃特金.新古典主义与19世纪建筑.邹晓玲,等,译.北京:中国建筑工业出版社,2000:379.

② 罗宾·米德尔顿,戴维·沃特金.新古典主义与19世纪建筑.邹晓玲,等,译.北京:中国建筑工业出版社,2000:387.

图 3-1　卢浮宫东立面——C. 佩罗等设计

图 3-2　J. D. 勒努瓦《希腊最美的纪念建筑遗迹》中所绘的帕特农神庙景色

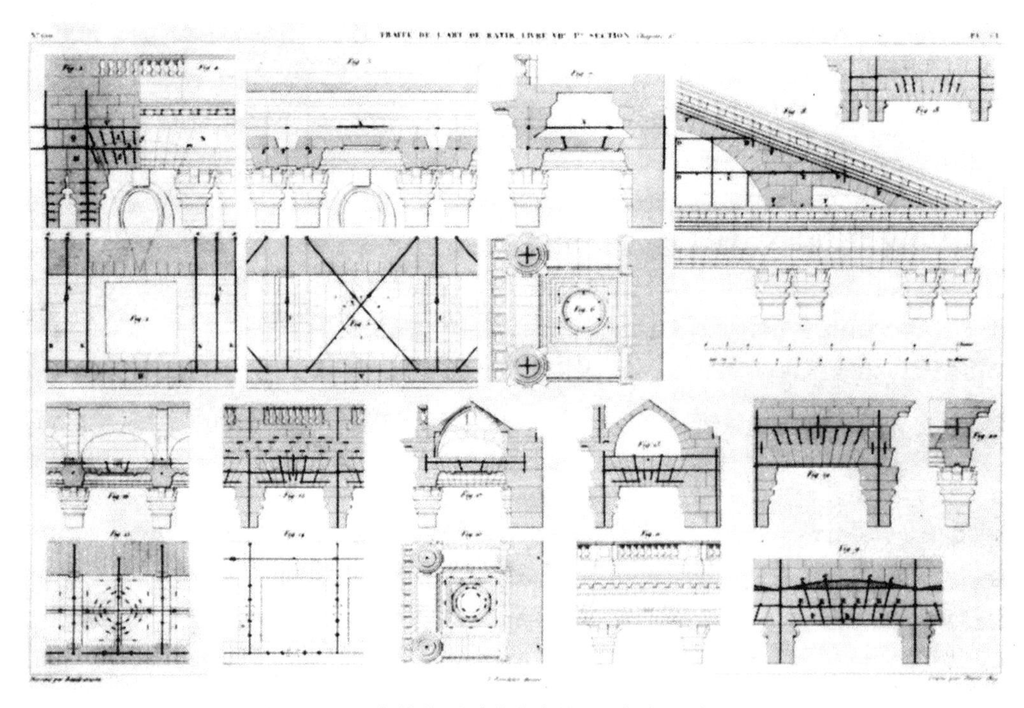

图 3-3　J. B. 龙德莱《论建筑艺术的理论与实践》中的插图

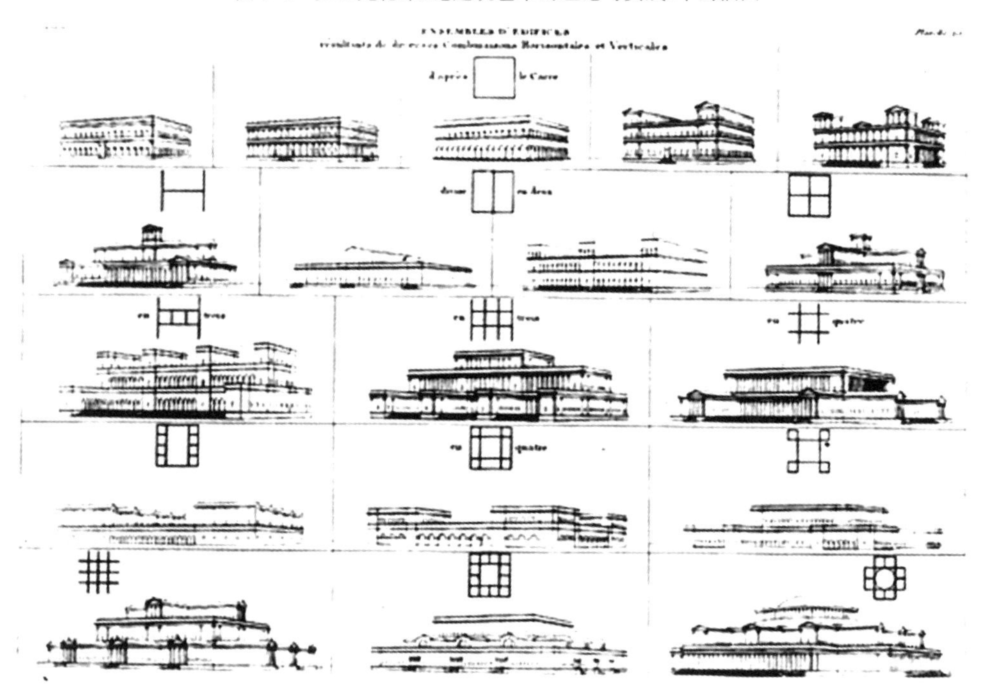

图 3-4　J. N. L. 迪朗《建筑课程概要》中的插图：建筑元素与设计方法

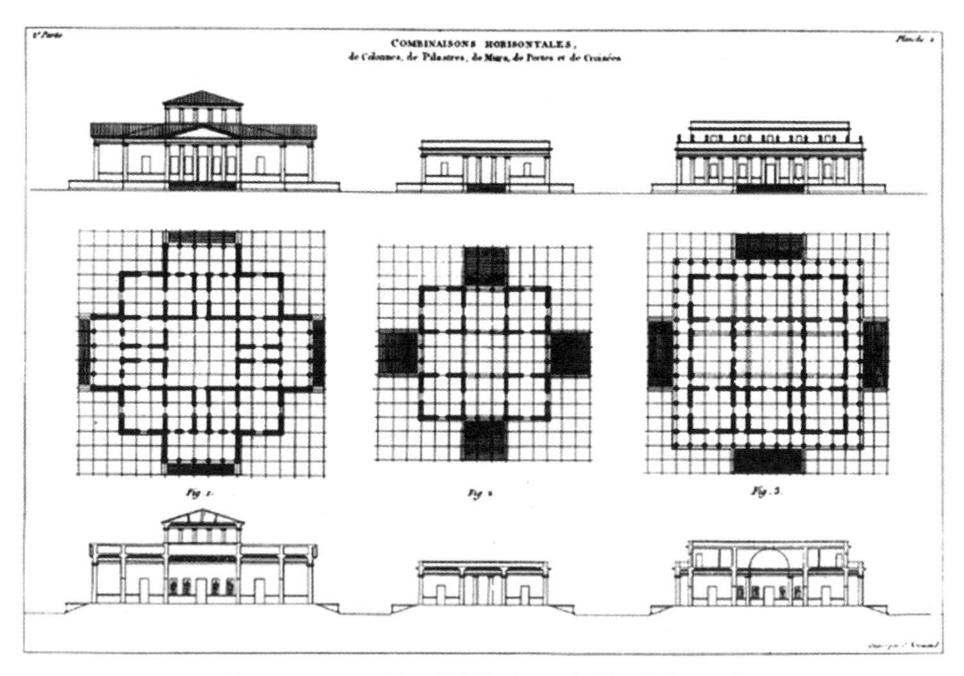

图 3-5 J. N. L. 迪朗《建筑课程概要》中的插图：水平组合

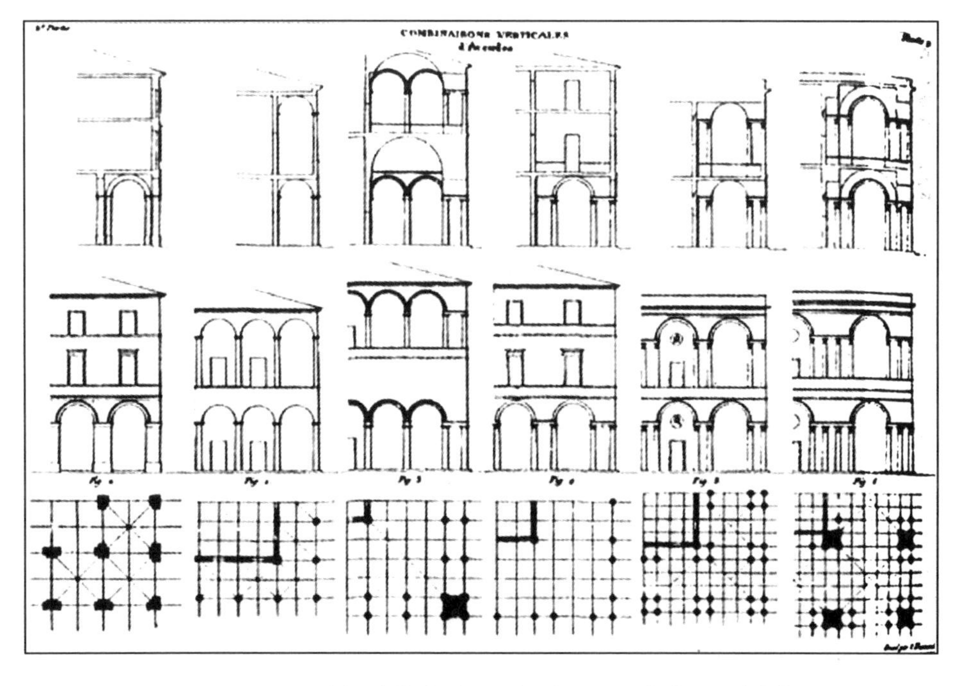

图 3-6 J. N. L. 迪朗《建筑课程概要》中的插图：用网格体系设计拱廊

图 3-7　E. L. 部雷:巴黎卡鲁塞尔广场剧院方案

图 3-8　E. L. 部雷:某天主教堂的内部效果

图 3-9　E. L. 部雷:牛顿纪念堂方案

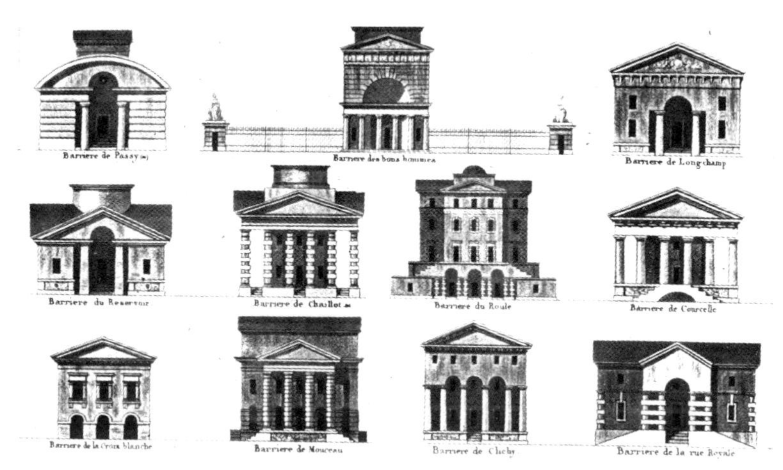

图 3-10 C. N. 勒杜:巴黎城关方案

图 3-11 C. N. 勒杜:巴黎丹非尔城关

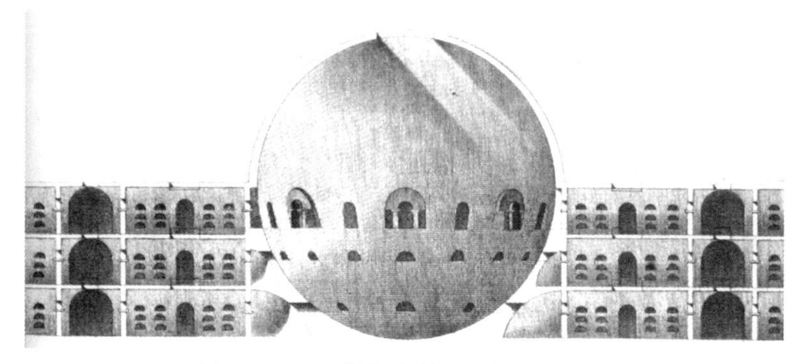

图 3-12 C. N. 勒杜:绍村理想城的陵园剖面

图 3-13　C. 佩西耶和 P. F. L. 方丹:旧皇宫内景

图 3-14　C. 佩西耶和 P. F. L. 方丹:“罗马王宫”方案

图 3-15　C. 佩西耶和 P. F. L. 方丹:巴黎里沃利和金字塔广场

图 3-16　L. 沃杜瓦耶：马赛大教堂外观

图 3-17　L. 沃杜瓦耶：马赛大教堂内景

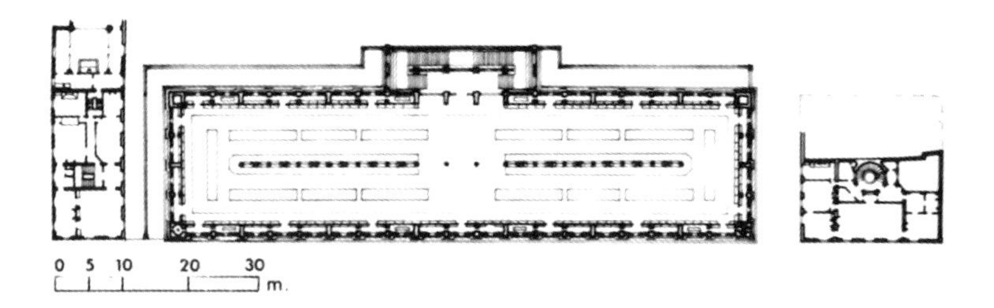

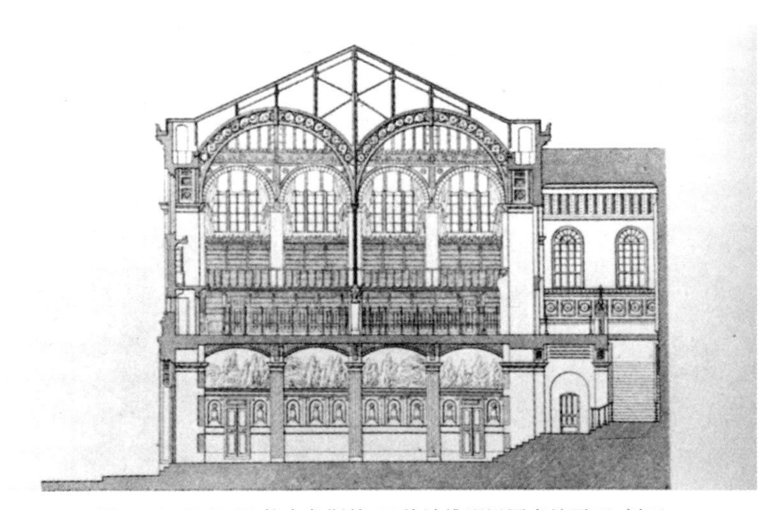

图 3-18　P. F. H. 拉布鲁斯特：圣热讷维耶沃图书馆平面、剖面

图 3-19　P. F. H. 拉布鲁斯特：圣热讷维耶沃图书馆外观

图 3-20　P. F. H. 拉布鲁斯特：圣热讷维耶沃图书馆细部

图 3-21　P. F. H. 拉布鲁斯特：圣热讷维耶沃图书馆内景

图 3-22　P. F. H. 拉布鲁斯特：巴黎国立图书馆阅览大厅

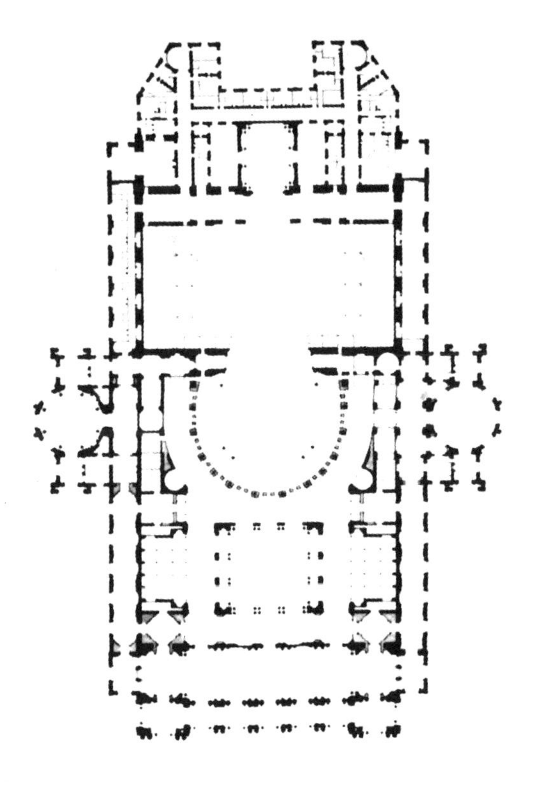

图 3-23　C. 加尼耶:巴黎歌剧院平面

图 3-24　C. 加尼耶:巴黎歌剧院剖面

图 3-25 C.加尼耶:巴黎歌剧院正立面外观

图 3-26 C.加尼耶:巴黎歌剧院大厅

图 3-27　C. 加尼耶:蒙特卡洛音乐厅正立面外观

图 3-28　C. 加尼耶:蒙特卡洛音乐厅观众厅内景

图 3-29　J. B. A. 拉叙斯：穆兰市圣沙佩勒教堂正立面外观

图3-30　J. B. A. 拉叙斯：穆兰市圣沙佩勒教堂内景

图 3-31　J. B. A. 拉叙斯与 E. E. V. 勒迪克:巴黎圣母院牧师会堂外景

图 3-32　J. B. A. 拉叙斯与 E. E. V. 勒迪克:巴黎圣母院牧师会堂内景

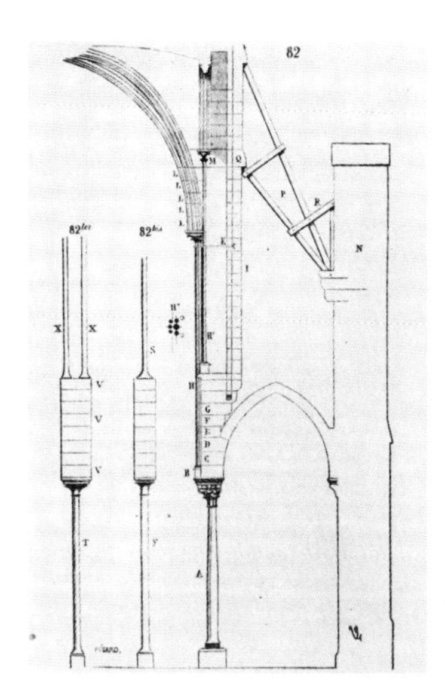

图 3-33 E. E. V. 勒迪克《法国建筑》一书中的哥特教堂剖面

图 3-34 E. E. V. 勒迪克《谈话录》中的铁和砖拱顶音乐厅

4 19、20世纪之交的巴黎美术学院

自进入第三共和国时期的1870年至一次大战，法国政局较此前70余年要稳定许多。尽管有国内各政党之间的争斗，但国家政体并未再改变，更未出现战争情况。而向外扩张时引发的战争不但未使法国受到大的创伤，甚至还使其得到一些好处（如中法之战后法国得到的特权）。

如本书第1章所述，在“巴黎美术学院”建筑学发展史上，教育改革后至一次大战为止是其“成熟期”（1870年代—1910年代）。鲍扎体系对外国（尤其是美国）的影响也是自此时期开始并愈来愈大的。因此，本书对此时的鲍扎做专门论述。

在这半个世纪左右的时间里，“美术学院”的建筑理论随着1901—1904年J. A. 加代（Julien-Azais Guadet，1834—1908）的《建筑要素与理论》四卷的出版而成型，建筑教育也相应地体系明确起来。这时“美术学院”所呈现的是前所未有的繁荣景象，“美术学院”建筑学派的影响也达到了顶峰。同时，作为国家“美术学院”学院体系的组成，法国在里尔（Lille）、里昂（Lyon）、鲁昂（Rouen）、马赛（Marseille）和斯特拉斯堡（Strasbourg）等城市设立的各分院也发展起来①。其中“里昂美术学院”甚至以其装饰艺术方面的强项及坚定的共和思想而对“巴黎美术学院”形成一定程度的挑战。

此外，随着时代的进步，各种新的思想及实践的探索不断出现。如C. A. 舒瓦西（Chaussees Auguste Choisy，1841—1909）对结构力学体系与比例系统的相关研究，A. 佩雷（Auguste Perret，1874—1954）的砼技术及其美学原则的研究和实践，T. 加尼耶（Tony Garnier，1869—1948）的现代城市理论等，都孕育着许多现代主义的重要思想。这对传统的学院思想既形成冲击，又成为促进，使得“美术学院”的建筑教育多了些（哪怕是间接的和很少的）可贵的时代因素。

P. 克瑞（Paul Philippe Cret，1876—1945）作为鲍扎学生中较典型的代表，曾先后受到里昂、巴黎两地“美术学院”的正统教育，是鲍扎历史上得到学院传统真传的最优秀的学子之一。重要的是，他临近毕业时就应邀赴美国教书并参与实践，为“美术学院”建筑思想的传播与深化做出了无人可比的贡献。因此，对P. 克瑞在鲍扎的学习做单独介绍，有利于从学生的角度增加对鲍扎体系的进一步理解，同时还为下篇论述中法国式教学法的影响做些铺陈。

① 童寯. 外国建筑教育//中国大百科全书：建筑、园林、城市规划卷，1985：433.

4.1 J. A. 加代与鲍扎理论的合成

19世纪中叶后巴黎美术学院的概况

如前所述，“皇家建筑(研究会)学校”及“美术学院”自建立至19世纪中的近2个世纪里，其学术思想的发展历程可说是从单一到多元的过程，“折衷”似乎是个必然的结果。因为，此时的每一学说都或此或彼地崇尚着某一历史时期的建筑文化，都有着不可否认的价值。事实上，在1830年，L. 沃杜瓦耶(Leon Vaudoyer，1803—1872)等一批有反叛精神的学者已经在表现出了与前人“自诩此学说(指希腊—罗马体系有关的理论)是一种普遍而永恒的真理”相反的观点，他们“接受建筑历史的全部。认为历史是渐进的，每一个时代都有一独立而特有的理想。建筑学上，形成理论的基础并非希腊神庙体系静态时间上的注解，而是一变化的、综合的历史诠释”①。1860年，由E. E. V. 勒迪克等发起的对“美术学院”的教学改革，又一次重创了当时以A. C. Q. 德坎西为首的学院派学说，沉闷的气氛为之冲破。此时的“课程被证实为最富有成效的。并且，全法所有建筑派系都在此体系中找到了位置。他们是C. 佩西耶，H. 拉布鲁斯特，C. 加尼耶，甚至E. E. V 勒迪克。其间有所联系，但他们都各自有活做”②。至19世纪末，“美术学院”的学术氛围已是相当宽松、和睦，甚至有些无序了。J. A. 加代任教“美术学院”并继而执教建筑理论后，“美术学院”的状况才有了重要的变化——他完成了其理论的合成。这一“合成”的标志被建筑学界认为是1901年J. A. 加代的4卷专著——《建筑要素与理论》(*Elements et Theorie de l'Architecture*)的出版③。这是“美术学院”建筑学说的成熟期，“美术学院”的理论自此才完整地展示于世，并产生了前所未有的全球性影响。

J. A. 加代与其《建筑要素与理论》

J. A. 加代(Julien-Azais Guadet，1834—1908)是P. F. H. 拉布鲁斯特的学生。1864年获罗马大奖。据笔者查证，P. F. H. 拉布鲁斯特画室弟子中无一获罗马大奖，且P. F. H. 拉布鲁斯特画室1856年就已关闭。而J. 安德烈(J. Andre)画室获大奖的人名中倒是有加代(Guadet)一名。因此，似可认为J. A. 加代曾就学拉氏画室，但获大奖时是在安氏画室④。J. A. 加代1871—1894年间曾兼任画室导师，其

① David Van Zanten. Architectural Composition at the Ecole des Beaux-Arts//Arthur Drexler. The Architecture Of The Ecole Des Beaux-Arts，1977：223.

② David Van Zanten. Architectural Composition at the Ecole des Beaux-Arts//Arthur Drexler. The Architecture Of The Ecole Des Beaux-Arts，1977：111.

③ Hanno-Walter Kruft. A History Of The Ecole Des Architectural Theory From Vitruvius To The Present，1994：288.

④ Richard Chafee. The Teaching of Architecture at the Ecole des Beaux-Arts//—Arthur Drexler. The Architecture Of The Ecole Des Beaux-Arts，1977：500.-501

间培养过1名罗马大奖得主。1872年J. A. 加代回到"美术学院"任教。1894年始任建筑理论教授，从而对"美术学院"的学术起到决定性作用：除讲授"建筑是什么"外，还负责拟定各种竞赛任务书、担任重要评审的评委，建筑风格等概念问题均以他的言论为准。因此，他的思想无疑代表了当时"美术学院"的整体观念。作为集中反映其学术思想的结晶，《建筑要素与理论》一书被认为是如J. F. 布隆代尔《教程》的那般细致，能"让我们深刻理解鲍扎思想之综合的唯一一部著作"①。

J. A. 加代的这部著作由一系列讲课组成，展开的方式是围绕实际的房屋建造而不是理论概念。作者自己视其为给学生准备的"初级读本"。它将学生学习中所遇到的所有问题，以图文并茂的方式展示出来。J. A. 加代引用建筑历史上的实例，对建筑物的组成和类型进行评述，特别关注"构图要素（compositional elements）"。而"构图（composition）"对他来说就是"建筑的艺术品质（artistic quality）"，其定义是整体各部分的"积聚、熔炼和整合"。"比例"则被其认为是一种"构图的属性"，它"存在于建筑师自由但又理性的判断范畴"；"柱式"的问题他只从实用的、构造的和历史的角度去讨论；建筑以"真实"为目的。

对于形式，J. A. 加代的评述中既有法国古典传统，又有一般的艺术规律，揭示了其"介乎保守主义与E. E. V. 勒迪克之间的立场"②。建筑风格上，J. A. 加代是中立的。他所选的例子来自"所有时代与所有国家"，他的"设计作品展示了许多进步的形象，但风格倾向则是历史的折衷主义"③。从其罗马大奖赛参赛作品（收容院设计）中可以看出这一点。该设计紧邻J. L. C. 加尼耶设计的巴黎歌剧院，他本人也曾在J. L. C. 加尼耶的歌剧院工程组里受过训。但应该说明的是，"他的建筑观有功能主义情调"④。

矛盾的是，以J. A. 加代为代表的"美术学院"一方面推行着越来越正规和严谨的教育思想，一方面又希望学生们在创作上是自由的。正如J. A. 加代本人在《建筑要素与理论》中所说："我们学院的创见可一言以述之：它是世上最开明的。"继而，他又讲到，他将只讲授那些"无可争辩的（内容）"⑤。

改革派人物E. E. V. 勒迪克对此"自由"持明确的否定态度，指出"通常只有少

---

① Hanno-Walter Kruft. A History Of Architectural Theory From Vitruvius To The Present, 1994: 288.

② Hanno-Walter Kruft. A History Of Architectural Theory From Vitruvius To The Present, 1994: 288.

③ Hanno-Walter Kruft. A History Of Architectural Theory From Vitruvius To The Present, 1994: 288.

④ Hanno-Walter Kruft. A History Of Architectural Theory From Vitruvius To The Present, 1994: 289.

⑤ Julien-Azais Guadet//David Van Zanten. Architectural Composition at the Ecole des Beaux-Arts//Arthur Drexler. The Architecture Of The Ecole Des Beaux-Arts, 1977: 112.

数在追求形式方面较有成就的‘学术寡头’才享用这种自由……个性只是对那些大分极高的人而言的”。此外，E. E. V. 勒迪克还抨击“美术学院”“只重视形式而忽略其他，这些形式来自当时所崇尚的历史风格，而不是新近取得的进步和创新……”①

现代主义者勒· 柯布西耶对“美术学院”也持否定态度。尽管他承认其“产生了巨大的推动作用”，但认为由于有了固定的模式、法则，所以“搞乱了那些依赖于想象的活动”而“扼杀了建筑”。他还表示 “赞赏‘美术学院’所指导出来的学生们所获得的令人眼花缭乱的手头功夫，我但愿他们的手是听脑袋使唤的。我还希望看到理智控制文雅，这不能被忽视。遗憾的是在‘美术学院’里这个问题被排除在技艺问题之外”②。应该说，勒· 柯布西耶的这一评价是十分中肯的，他的担心也是不无道理的。

鲍扎的“构图”

作为非常注重形式的人，从来未有人像 J. A. 加代这样强调“构图”理论，以至于“构图”成为最能代表法国学院派体系的术语而普及开来。在其影响下，建筑的美在鲍扎被认为是唯一的建筑真理。建筑成了构图艺术，其中反映了对称、统一、秩序、比例、尺度等重要法则。此外，“构图”还是衡量建筑师创造性的唯一标准；学生们亦以“构图”为目标在设计竞赛中一争高下……学生的“这种方案和概念在 19 世纪末 20 世纪初是不可能实现的”。“这种自我陶醉，对现实视而不见的局面一直持续到了二次大战爆发。”③

“构图(或构成)——Composition”的原则其实在“巴黎美术学院”早年的大奖赛中就被提纯(精炼)过了，但直到 19 世纪后半叶起才有“其非常特别用法的普及”。它“并不意味太多的装饰和立面设计，而是指整个建筑，是一种平、剖、立面一道看的三维想象”。在 1835 年版的 *Dictionnaire de l'Academie Franciase*(《法兰西学院大辞典》)中，“Composition”被定义为“赋形，使诸部分成为整体”。与“distribute(几个之间的分派)”及“disposer(安排，将一物体置于某种秩序之中)”这两个表示 Planning 相关含义的词相比，“Composition(构图或构成)”显然意味着建筑总体的形式整合。

G. 格罗毛特(Georges Gromort)说过：“构图(构成)的作用是连在一道，使之有效，使联成整体。……它是很大程度上决定了建筑物形象的网状系统的优美的连

① 莱斯尼科夫斯基. 建筑的理性主义与浪漫主义(七). 韩宝山，译. 建筑师，1990(38).
② 莱斯尼科夫斯基. 建筑的理性主义与浪漫主义(七). 韩宝山，译. 建筑师，1990(38).
③ 莱斯尼科夫斯基. 建筑的理性主义与浪漫主义(七). 韩宝山，译. 建筑师，1990(38).

接方式。"[1]G. 格罗毛特在定义"构图"之前，还谈到了在"美术学院"常说的一个词——"parti"。该词的词意除了"政党""派别"之外，还有"主意""决定"及"构图"等之意。[2] 在 G. 格罗毛特的解释中，"parti"所扮演的是"音乐作曲中的灵感或妙想(inspiration)角色，主要运用在给定要素的意义安排与联系上"。它的选择是"重中之重。特别在开始时，比纯构图更重要……是要素的调整"[3]。可以看出"parti"是指大的构想、构思。它是设计之灵魂，也是构图的先决条件。而"构图必定是展现建筑构想，而非产生这一构想本身"[4]。也就是说，鲍扎的"构图(或构成)"是对既定建筑构思在形式意义上的总体整合与表现，"手法研究"的成分多于"构思"与"创意"。

并且，由于"构图" 关注的主要是形式，而诸如结构、材料、环境、朝向等因素的考虑相对受到削弱，材料也主要是用能造成其所需的壮观精神的"坚实"类材料。

尽管如此，"美术学院"此时毕竟为人们提供了"建筑构思之表现"的一种较为成熟的手段——"构图"，"这种鲍扎式的构图，在 19 世纪后期几乎成了建筑学混乱了一个世纪后的一种解脱"[5]。其对世界范围建筑教育的历史价值是不可抹煞的。[见图 4-1～图 4-5]

4.2 现代理论的萌发

19 世纪末是鲍扎走向顶峰的时期，同时也是预示了其走向衰落和现代主义即将来临的重要时期。此时先后出现的有关人物虽大多受到传统教育的熏陶，但都从不同角度对传统学说做出了新的思考，提出了有进步意义的观点。尽管他们或许在实践层面上仍然表现出鲍扎传统的痕迹，然而他们对现代主义的贡献并未因此而被否定。此时出现的新思想大致集中体现在"新技术(结构与材料)美学"及"城市理论"探讨诸方面，而现代运动的先驱勒·柯布西耶等从中的汲取也是显而易见。

---

① GGromort. Essai sur la théorie de l'architecture. 转引自:David Van Zanten. Architectural Composition at the Ecole des Beaux-Arts//Arthur Drexler. The Architecture Of The Ecole Des Beaux-Arts,1977:112-115.

② 《法汉辞典》P. 908.

③ GGromort. Essai sur la theorie de L'architecture. 转引自:David Van Zanten. Architectural Composition at the Ecole des Beaux-Arts//Arthur Drexler. The Architecture Of The Ecole Des Beaux-Arts,1977:112-115.

④ David Van Zanten. Architectural Composition at the Ecole des Beaux-Arts//Arthur Drexler. The Architecture Of The Ecole Des Beaux-Arts,1977:115.

⑤ David Van Zanten. Architectural Composition at the Ecole des Beaux-Arts//Arthur Drexler. The Architecture Of The Ecole Des Beaux-Arts,1977:115.

C. A. 舒瓦西的比例尺度、新说

C. A. 舒瓦西(Chaussees Auguste Choisy,1841—1909)是一位训练有素的结构工程师。他为学界所瞩目是因为其《建筑史》(*Histore de l'architecture*),1899)一书的出版。在此书中,他不但将 E. E. V. 勒迪克复杂的史观做了清晰、简洁的阐释,还在比例、尺度、结构的力学体系及其间的关系等方面有独到的见解。

与 E. E. V. 勒迪克一样,C. A. 舒瓦西也从决定建筑发展的恒量与变量开始,然后便将重点转到营造进程上。尽管他重申诸如气候、生活方式、社会结构、风俗等的重要,但最后的分析还是归结到反映技术发展的建筑风格的演进上。

C. A. 舒瓦西视比例与尺度为"严格且有条理的计划程序",独辟蹊径地提出要从模数制中去找答案。他认为对埃及建筑应看其砌块的尺寸,对希腊建筑应看其柱子的直径,对哥特时代以来的建筑则应看人体的尺寸。他说:"应该看到,不管建筑物是大是小,某些组成部分一定保持其尺寸的恒定。例如,从纯实际角度讲,门高不会和通过者的高度有异……"据认为,勒·柯布西耶的"模度(modulor)"的起点是出自 C. A. 舒瓦西关于模数与尺度之间关系的这段描述①。

C. A. 舒瓦西不赞同鲍扎注重严格的对称性的做法,提倡来自风景园林的"如画风格(Picturesque)"。同时,他还认为建筑的艺术性来源于"制作"与"材料",声援 E. E. V. 勒迪克的"哥特复兴"建筑观(详见 3.4 节)。他认为:"新的结构是艺术上的逻辑性的成功。一栋建筑是一个整体,每一种有形的结构构件不再受传统模数控制,而是由其功用,也只由其功用所决定。"②

他以法国革命为例,认为一个"新的社会已经建立,它希望一种新的艺术",一个新的精神需要一种"新的形式语言"。以此为基础,C. A. 舒瓦西提出了"铁构建筑学(iron architecture)"。认为新的力学性能导致了一个新的比例体系,"其协调原则并不异于其力学性能"。这样他就建立了一个新的建筑观,并对 20 世纪的建筑产生了重要影响。

1912 年,勒·柯布西耶就曾为自己的书斋购入了 C. A. 舒瓦西的《建筑史》一书,并在 1910 年的某别墅设计时反映出所受的 C. A. 舒瓦西之影响。勒·柯布西耶的《新精神》(*L'Esprit Nouveau*)杂志受惠于 C. A. 舒瓦西也是为众人所知的③。[见图 4-6~图 4-7]

---

① Hanno-Walter Kruft. A History Of Architectural Theory From Vitruvius To The Present,1994:287.

② Chaussees Auguster Choisy. Histore de l'architecture. 转引自:Hanno-Walter Kruft. A History Of Architectural Theory From Vitruvius To The Present,1994:288.

③ Hanno-Walter Kruft. A History Of Architectural Theory From Vitruvius To The Present,1994:288.

A.佩雷及其"混凝法则"

A.佩雷(Auguste Perret, 1874—1954)是一个营造商的儿子。他出生于布鲁塞尔,但后来的主要职业活动是在法国。据称,他在"美术学院"读书时是 J. A. 加代画室的学生[①]。因 J. A. 加代 1894 年升任"美术学院"理论教授时他便离开画室,所以 A. 佩雷或 20 岁前在画室师从 J. A. 加代,或是于 20 岁后在"美术学院"由 J. A. 加代授过课,再或者两种情况均有。A. 佩雷后任教于"美术学院"直至逝世前一年,与 J. A. 加代成了私友。1905 年,A. 佩雷与其两个弟兄合办"佩雷兄弟事务所"。1924—1930 年间曾兼任画室导师,并于其间培养出 1 名罗马大奖得主。鉴于其所受的教育及其"美术学院"教师身份,A. 佩雷的美学思想受到"美术学院"传统的左右是很自然的,弟子中有获大奖者这也是其与当时的主流合拍之佐证。

但是,值得注意的是,A. 佩雷从一开始就是个"十足的结构主义者"。他早年就曾致力于对 E. E. V. 勒迪克的研究。他对希腊与哥特建筑的兴趣颇大,而对意大利文艺复兴建筑则责之为"玩弄形式而忽略真实性",认为只有结构才具有永恒的价值。因此,他对"美术学院"又有着一定的批判性。虽然对后来他是如何得到 J. A. 加代和"美术学院"的认可的我们无从得知,但他在有意入"美术学院"任教时还是"遇到许多麻烦"的[②]。

在 A. 佩雷看来,"建筑学的中心问题是顺应由混凝土的使用所带来的技术上的机遇,而这种混凝土的运用具有 E. E. V. 勒迪克、C. A. 舒瓦西和 J. A. 加代的理性美学思想"。

A. 佩雷的观点认为:"结构是建筑师的语言,但建筑不仅仅是结构问题,还需要比例与尺度的和谐;结构对建筑而言有如动物的骨骼,建筑中的自然法则构成了一种'持久的'条件,这适用于结构工程、材料性能、视觉表现等范畴。"而实际功能则被视为"'临时性'条件"[③]。他不但认同阿尔伯蒂关于建筑对称与动物骨架的对应关系,还认为建筑的对称性"基于标准化和韵律化构件的预制"。他曾尝试以鲍扎式的美学原则去解释某实例中的"混凝土美学"问题。因此,学界认为,是 A. 佩雷用混凝土在传统的古典法则内创造了技术和美学上的"混凝土法则"。尽管他的这项研究最终有过于严格甚至僵化之嫌,还在事实上起到以现代方法保护历史传统的作用,但他率先提出了混凝土的美学问题,这还是极有意义的。此外,A. 佩雷在实践中否定承重墙体系,积极研究采用新的结构柱网,被认为是现代框架结构原理的开创者。[见图 4-8~图 4-11]

① 莱斯尼科夫斯基. 建筑的理性主义与浪漫主义(五). 韩宝山,译. 建筑师,1989(36).

② 莱斯尼科夫斯基. 建筑的理性主义与浪漫主义(五). 韩宝山,译. 建筑师,1989(36);Hanno-Walter Kruft. A History Of Architectural Theory From Vitruvius To The Present,1994. 287.

③ 莱斯尼科夫斯基. 建筑的理性主义与浪漫主义(五). 韩宝山,译. 建筑师,1989(36);Hanno-Walter Kruft. A History Of Architectural Theory From Vitruvius To The Present,1994:395.

A. 佩雷的进步思想得到了勒·柯布西耶的青睐。柯氏曾于1908—1909年入A. 佩雷的事务所工作学习。1923年，一批学生邀请勒·柯布西耶做(画室)导师，柯氏拒绝后将其转托给A. 佩雷。次年A. 佩雷便开设画室，收下了这批学子。

T. 加尼耶的城市理论

T. 加尼耶(Tony Garnier，1869—1948)是位里昂人。他出生在一个纺织工家庭，在里昂度过其一生的大部分时间。T. 加尼耶少年时就学于里昂的玛蒂尼技工学校(Ecole Technique de la Martiniere)，1886年入"里昂美术学院"学习。1890年，T. 加尼耶进入"巴黎美术学院"，设计画室导师是S. 吉索斯(Scellier de Gisors)。1899年，经过数次未成功的尝试后，T. 加尼耶终在罗马大奖赛中获胜，其获奖作是一银行总部设计。据悉，该设计的"平面是高度理性主义的，而外观则是新文艺复兴式(neo-renaissance)的"①。此处的"新文艺复兴式"虽并无进一步解释，但该时期各学术流派中只有"折衷主义"是以文艺复兴为基础的，因此"新文艺复兴式"完全可以肯定是指"折衷主义"风格。此外，要获大奖若非主流之作怕也难以奏效。

然而，若以此来推断T. 加尼耶后来的学术倾向就有失偏颇了。在他赴罗马学习时，就显现出了与传统教学思想的兴趣差异。他投入到图斯卡兰(Tusculum)古城的复建工作中，并由此引发了他著名的"工业城市(une cite industrielle)"设计。1901—1917年间，T. 加尼耶将其概念发展至对古代城市、霍华德(Howard)的花园城、盖迪斯(Patride Geddes)的地方主义理想、傅立叶(Fourier)的乌托邦观念以及西特(Sitte)和瓦格纳(Otto Wagner)理论的研究。最终，T. 加尼耶1917年出版了专著《工业城市》(*Cite industrielle*)。

T. 加尼耶在此著作中展示了自C. N. 勒杜(Claud-Nicolas Ledoux)以来的第一个全新城市的设计尝试。它有164幅图和简短的介绍，内容包含了从整体概念到单体设计，其惊人的具体程度连后来的勒·柯布西耶的城市规划理论也无法相比。T. 加尼耶提出了一种适合于法国东南部状况的理想：将来的城市完全为工业上的考虑所控制，城市必须设于原材料易得、水源丰富、交通便利之处，应傍依河流并有一纳阳接风的山地，人口以3.5万为发展起点。该城市应分区明确：工业区临河，居住与公建在高坡上。此外，T. 加尼耶的城市设想还有着强烈的乌托邦思想：土地公有，食品、药物由国家提供，教堂、监狱、法院、警局均不需要。居住区则该是个大花园，有一半以上的公共园林，取消私家隔栏。

T. 加尼耶还在其中设想了30～150米的台地，路宽有变化的网状街道分布其间；公建在居住区中心，纪念钟塔、聚会厅、博物馆、图书馆、剧院、学校、医院、运动

① Hanno-Walter Kruft. A History Of Architectural Theory From Vitruvius To The Present，1994：393.

场等一应俱全；多层旅馆和公寓绕车站而置，因此不会影响城市公园式的休闲特征。其规划中也有不少与古典主义相关之处，如其运动场有古罗马遗风，其艺术学院入口大厅则可让人回想到鲍扎的入口……他还对住宅有具体入微的见解，如卧室朝南、院子的通风采光要好等。

关于建造问题，T. 加尼耶的主张是：所有公共建筑均以钢筋混凝土与玻璃建造。模数应标准化，以简化实施……这就自然导致了结构的简洁表达方式。尽管他也偶尔将住宅做成纪念性雕塑式，但多数情况下，他将建筑部件与艺术作品严格区分，因此，创作了简洁的水平垂直形象，与卢斯（Loos）的设计极为相像。[见图 4-12～图 4-16]

有人认为，T. 加尼耶的设计从美学角度讲，虽然接受了新的建造形式，但大部分还是受到鲍扎流行的观点控制，如他在里昂所做的对称式的建筑等。事实上，他的确"深受 J. A. 加代之影响"①，因为 T. 加尼耶在学时的理论教授是 J. A. 加代。

T. 加尼耶的思想特别是住宅设计和城市功能分区等观念，对 20 世纪建筑和城市规划产生的影响是巨大的。1907 年，勒·柯布西耶首次拜访了 T. 加尼耶，并在 T. 加尼耶的《工业城市》一面世就收藏了一本。

4.3 P. 克瑞的鲍扎生涯

P. 克瑞在里昂的少年时期

P. 克瑞（Paul Philippe Cret，1876—1945）于 1876 年 10 月 24 日出生于法国的纺织工业中心城市里昂（Lyon）的一个工人家庭。他出生时正逢全法国丝织业滑坡，行业内 2/3 职工失业，他的父亲、母亲均歇业在家。5 岁时（1881 年）父亲过世，由母亲做缝纫工维持家庭生活。12 岁时（1888 年），母亲和未婚的姨母合伙开设了女装裁缝店。其后，其姨母的婚姻给 P. 克瑞的生活与前途带来重大变化。[见图 4-17]

P. 克瑞的新婚姨父 F. 贝尔纳（Fluery Bernard）在一个家庭用具商行工作，收入不菲。不但姨母无需工作，连 P. 克瑞的母亲也终止工作并搬去和他们同住了。对 P. 克瑞来讲，更重要的是他姨父的胞弟 J. 贝尔纳（Joannes Bernard）。此人是里昂的建筑师，在声名显赫的"里昂建筑师协会 SAAL（Societe Academique d'Architecture de Lyon）"中颇为活跃，以设计各种中世纪教堂而闻名。P. 克瑞学建筑后曾在 J. 贝尔纳事务所工作，并继承了他的一些书籍。

或许是由于他这位学者亲戚的劝导，P. 克瑞在入"美术学院"之前并未像 T. 加

① 肯尼思·弗兰姆普顿. 现代建筑——一部批判的历史. 原山，等，译. 北京：中国建筑工业出版社，1988：115.

尼耶一样去玛蒂尼技工学校，而是入了一所古老的私人学校——距里昂6英里(约9.7千米)的一个小镇上的Lycee Lalande。P.克瑞在那儿三年的学习是宽松的。他没有选择至少要学两年拉丁语的古典途径，"现代的特别的""中学毕业资格(Baccalauréate亦称'业士学位')"课程侧重的是现代语言和科学，还有机会学习徒手画和分析图，这些都为他后来学习建筑打下了有益的基础。在那儿，他学习成绩优秀，同时还受到了一种"承认艰苦劳作和能力，而不问社会地位之精神的鼓舞与激励"①。

但是，P.克瑞显然因过于渴望学建筑，而等不及完成其在Lycee的学业。17岁那年(1893年)，他不顾学校的劝说与可观的奖学金挽留而毅然离校，回到里昂和家人一道住在了与Terrax宫的"里昂美术学院"仅隔二街区的Nizier大道。

P.克瑞在里昂美术学院

位于里昂的"美术学院"亦称为"Ecole des Beaux-Arts"，它于18世纪便作为为城市纺织工业培养设计师的绘画学校(Ecole de Dessin)而成立。1876年，其正式成为国家"美术学院"体系的一部分(即前文所说的"分校")。其装饰艺术课程是其重点类课程，一直保持着诱人的奖学金。这一做法不仅仅是为维持该地方传统特色，重要的是里昂校方抱有"为结束著名的'巴黎美术学院'的特权而奋斗，并分散法国'美术学院'教育系统的权力"之宏愿②。[见图4-18]

令里昂建筑师们不满的是这样的事实：一、只有"巴黎美术学院"可免除学生们两年的服兵役；二、"巴黎美术学院"能向学生提供建筑文凭，这是建筑师能得到的证书中第二重要的(第一是罗马大奖)。此外，这场教育平等之争与里昂建筑业对外来思想干涉国家美学思想的抵制相关，正如"里昂建筑师协会"主席所言："我们无意阻止任何人追随巴黎模式，但是人们也不能未加约束便通过首都各委员会的控制。"③里昂人确信，这儿比巴黎更趋共和。后来的事实证明，"里昂美术学院"不但给了P.克瑞专业的基础教育，还为他的职业生涯留下了对中央集权式美学的质疑。

1893年入学"里昂美术学院"之后，来自两方面的压力鞭策着P.克瑞：一是经济状况窘迫，二是决定争取津贴丰厚的就学巴黎的机会——"巴黎大奖(Prix de Paris)"。

"只有睡觉我才在这儿(家)：8:00至中午在'美术学院'；下午1:30至6:00在J.贝尔纳，后来是L.罗尼亚(Louis Rogniat，另一位里昂建筑师协会的建筑师)事务所；晚上8:00至10:00上课，无课则去图书馆。除了偶尔去歌剧院挣60生丁的

① Elizabeth Greenwell Grossman. The Civic Architecture of Paul Cret，1996：2.

② Elizabeth Greenwell Grossman. The Civic Architecture of Paul Cret，1996：2.

③ Elizabeth Greenwell Grossman. The Civic Architecture of Paul Cret，1996：5.

画廊票金外，我的确不晓得去和朋友们消磨一晚。”①

勤奋为 P. 克瑞赢得了多项荣誉：作为二级生（与巴黎的“美术学院”体制与做法相像），他先后于第一学年获“里昂建筑师协会”的年度“考古竞赛”二等奖、“里昂建筑师协会”“建筑竞赛”一等奖；第二学年获“里昂美术学院”周度会考（Weekly Concours）一等奖，并在全法艺术类学生装饰构图竞赛（“艺术与工业促进协会”发起）中获一等奖。

尽管能显示 P. 克瑞在“里昂美术学院”学习细节的资料不多，但还是有些依据可做推断的。从其获巴黎大奖作品——水城堡设计——授奖仪式上对该作品的描述中可知，P. 克瑞的设计之所以脱颖而出，是因为它传达了市政喷水装置特有的控制水流之功能。这被认为是他受到该校颇具特色的艺术设计原理教学的熏陶之结果②。[见图 4-19]

此外，关于 P. 克瑞灵活把握建筑形式的能力，被认为可能与其在学期间的“里昂美术学院”教授 E. 于盖（Eugene Huguet，1863—1914）有关。E. 于盖是“里昂美术学院”的一位才华横溢的年轻教授，此人曾就读“里昂美术学院”，后进了“巴黎美术学院”，师从导师 P. 布隆代尔（Paul Blondel，罗马大奖得主，1881—1897 年开设画室，后由后继者们延续至 1968 年。T. 加尼耶画室导师 S. de Gisors 是其后的第一任）。1891 年，E. 于盖回到里昂任“美术学院”教授。他擅长通过强烈的尺度和明晰的形象来证实古典主义的表现价值。P. 克瑞在里昂学习时，E. 于盖就已有若干作品问世，P. 克瑞后来的设计被认为“在其优雅、纯真的造型中人们可辨出 E. 于盖的影响”③。[见图 4-20]

第三年（1895—1896 学年），P. 克瑞为“巴黎大奖赛”而备战。该奖只颁给“里昂美术学院”的绘画、雕塑和建筑学生中的 1 名。在当年参赛中，P. 克瑞未能获奖。第四年，P. 克瑞在周度和年度竞赛中均拔得头筹，终于赢得了巴黎大奖。这使 P. 克瑞得到了三年中每年 800 法郎的经济保证。虽然，这个数目还很难说能舒适地生活，但对工人阶层家庭来讲还是不小的一笔钱。

P. 克瑞在巴黎美术学院

到了“巴黎美术学院”后，P. 克瑞并没有步 E. 于盖和 T. 加尼耶后尘——入 P. 布隆代尔（Paul Blondel）及其后任的画室，而是选择了 J. L. 帕斯卡（Jean-Louis Pascal，1837—1920）的画室。J. L. 帕斯卡是受 C. 加尼耶影响的一代建筑师之一，曾在 C. 加尼耶的巴黎歌剧院工程组受过训，1856 年获罗马大奖。该画室即是 J. L. 帕斯卡自己就读的画室，开办于 1800 年。1872 年 J. L. 帕斯卡接任导师时，该

① Paul Philippe Cret//Elizabeth Greenwell Grossman. The Civic Architecture of Paul Cret，1996：4.

② Paul Philippe Cret//Elizabeth Greenwell Grossman. The Civic Architecture of Paul Cret，1996：3.

③ Paul Philippe Cret//Elizabeth Greenwell Grossman. The Civic Architecture of Paul Cret，1996：6.

画室已累计培养 11 名大奖得主，J. L. 帕斯卡在任时又有 5 人得大奖。该画室是当时“美术学院”的画室中最负盛名和最受欢迎的。在教学上，J. L. 帕斯卡以善于帮助学生发展他们自己的想法而闻名。学者 J. P. 埃普朗(J. P. Epron)如此描述了他的重要意义：“帕斯卡为形成教授介入学生方案之方法做出了贡献，是方案特用之教学法的主要发明人：选定学生方案后，教授一定能以此法帮他努力实现它。”①设计上，J. L. 帕斯卡长于根据需要调整自己的风格表现，甚至在单栋建筑中使用若干种古典语言，以刻画该建筑使用机构的特征……J. L. 帕斯卡与鲍扎的理论教授 J. A. 加代是好友，后者的《建筑要素与理论》一书就是由 J. L. 帕斯卡作的序。1914 年，J. L. 帕斯卡曾被英国皇家建筑师协学授予金质奖章。[见图4-21、图4-22]

比较 P. 克瑞“巴黎美术学院”时的作业与其导师的建筑作品可以看出，他从 J. L. 帕斯卡那儿学会了“以一种非教条的方法到达古典主义，这种方法允许方案提出古典语言的合理变体”②。P. 克瑞的习作表明，他一方面有意向运用 J. L. 帕斯卡所授的形式；另一方面又显示出他与导师的不同：将导师作品中的粗壮型古典主义(big-boned classicism)代之以精雕细作的韵味，同时表现出了他高超的绘画技艺。

P. 克瑞 1900 年的快图“庆典大厅中的讲坛(用于社团集会时演讲的夹层)”设计(获二等奖)以巧妙的风格混合(巴洛克、洛可可甚至新派艺术)，暗示着优雅的事件；1901 年 2 月的 7 天竞赛“教皇宝座”(获一等奖)则以灿烂的罗马风—拜占庭形式创造了庄重虔诚的辉光，色彩上的雄浑与闪烁、平面上的水平线与垂直线、技艺上的抽象与具象描绘等之间巧妙地取得了均衡，表现了 P. 克瑞绘图的视觉与感觉深度；1901 年 3 月的长作业“区首府博物馆”(获二等奖)在体量的比例、通道布置、细部的处理等方面，表现了他在学院的“poche(表示结构的重墨线)”、“mosaique(镶嵌)”等几何规则的运用上已十分娴熟自如。[见图 4-23～图 4-25]

1897 年，以竞赛第一名的成绩通过入学考试进入“巴黎美术学院”后，P. 克瑞很快完成了超出二级和一级需要的学分，如再完成毕业所需的 1 年工地实习、考试和毕业设计(托儿所设计)，1903 年 6 月，P. 克瑞就可取得毕业文凭了。更为重要的是，P. 克瑞本可继续在“巴黎美术学院”争取罗马大奖，并且已显现出这方面的希望。但是，P. 克瑞已在大半年前(1902 年 10 月)就决定接受美国宾夕法尼亚大学提供的教师职务。这是由他在 J. L. 帕斯卡事务所的同伴，宾大艺术学院的毕业生 P. 戴维(Paul Davis)为 P. 克瑞和该校的当任院长 W. 赖尔德(Warren P. Laird)之间牵的线。院长所允的薪金(15 000 法郎，合 3 000 美元)比一般年轻教师要高得多，同时还承诺让他在设计教学上有最大自由度，并希望他参与美国的设计实践。

① Paul Philippe Cretb//Elizabeth Greenwell Grossman. The Civic Architecture of Paul Cret，1996：8.

② Paul Philippe Cret. //Elizabeth Greenwell Grossman. The Civic Architecture of Paul Cret，1996：11.

对于这一机会，P. 克瑞极为满意。在给姨父 F. 贝尔纳的信中，他的兴奋之情溢于言表："我喜欢尝试美国式的生活。我找不到比这再好的条件了。"但是这一决定却使他的导师 J. L. 帕斯卡失望至极："我很遗憾你接受这职位，因为我看到最值得注意的罗马大奖参赛者之一已来到了门前。"①

1903 年，P. 克瑞结束了他前后 10 年的建筑学习，毅然离开"美术学院"、巴黎和法国，去了美国宾夕法尼亚大学。他到了美国后，除了 1914—1919 年曾因第一次世界大战期间回到法国之外，P. 克瑞一直在美国从事建筑教学与实践，直至 1945 年 9 月 8 日去世。

D. V. 赞顿(David Van Zanten)曾经评价过："鲍扎代表的并非一种风格，而是一种技艺(technique)。"②以笔者看来，"鲍扎"在本质上是一种理解、描述和创造建筑的思维与操作系统。19 世纪末左右，这套系统趋于成熟：理论上完成了以《建筑要素与理论》为标志的系统化，教学上以行之有效的"构图"法结束了长期以来方法上的混乱。从学术的完整与科学性上讲：形式上的风格、比例与尺等问题有了突破性进展，技术上的结构与材料理论亦均有开创性的探索。此外，还开拓了城市规划设计等新领域。应该讲，鲍扎历史上的这一时期是个集大成的丰收期。但从反面看，由于鲍扎处于顶峰时期，学术上已渐形成高度的程式化，这就意味着不可避免地出现学术及其教学上的僵化局面，它的衰败也就随之将至了。

① Paul Philippe Cret. //Elizabeth Greenwell Grossman. The Civic Architecture of Paul Cret，1996：19.

② David Van Zanten. Architectural Composition at the Ecole des Beaux-Arts//Arthur Drexler. The Architecture Of The Ecole Des Beaux-Arts，1977：117.

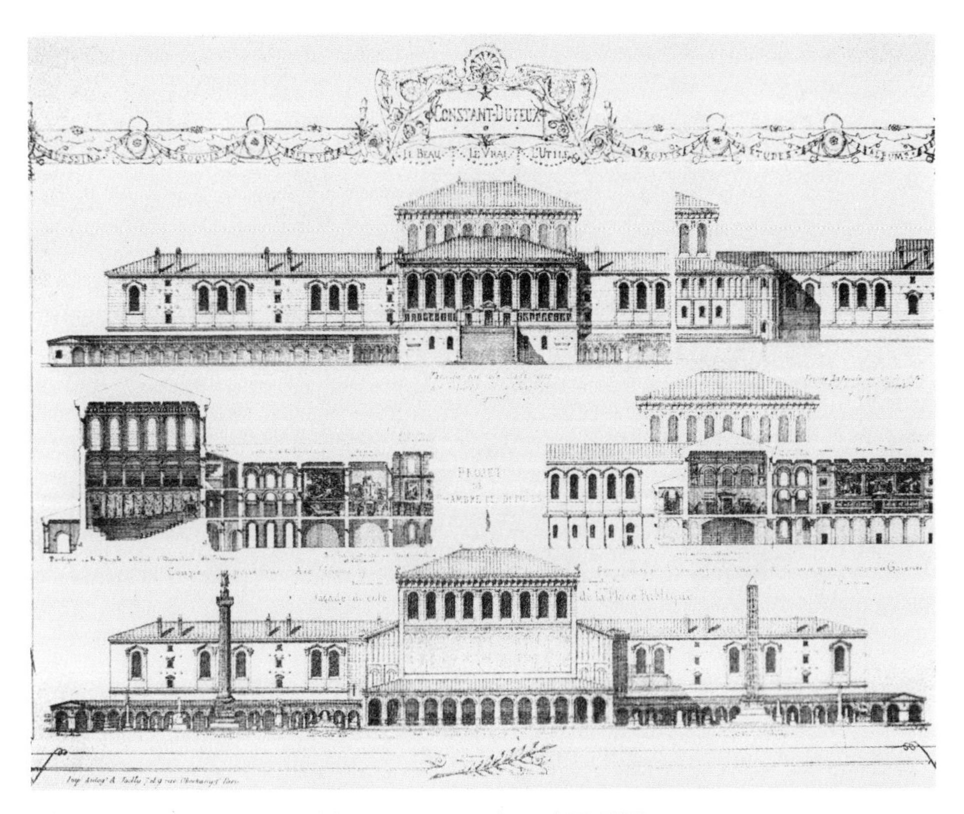

图 4-1 S. C. C. Dufeux：法国下议院

图 4-2 C. G. Huillard：火车站桥

图 4-3 E. Brune：公园咖啡馆

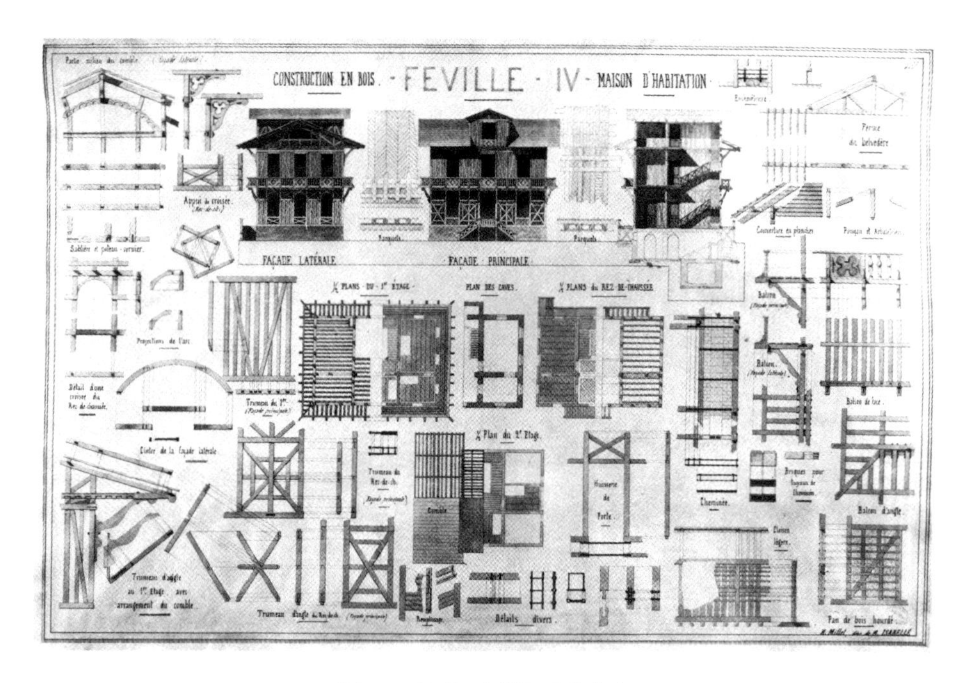

图 4-4　R. R. 米列特：木构住宅

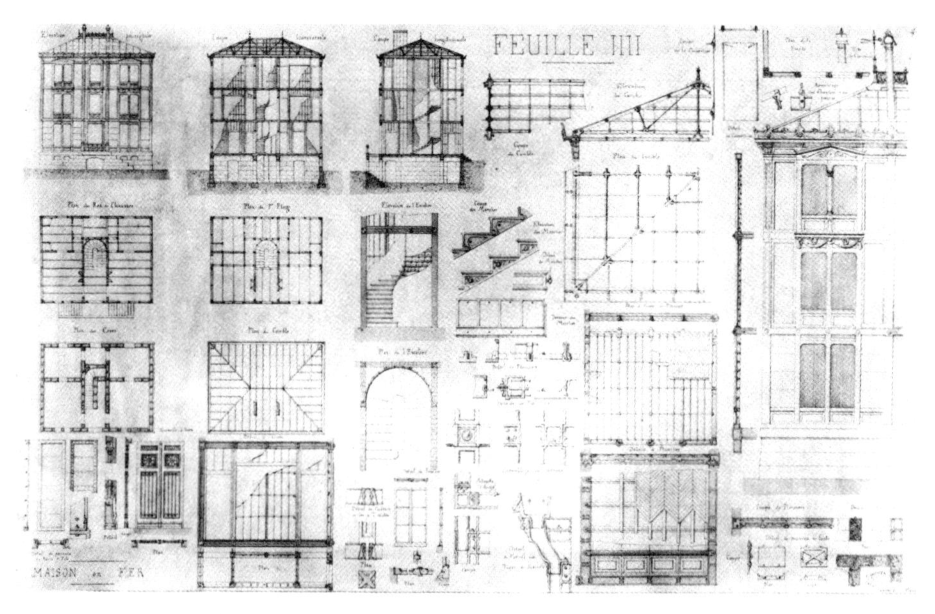

图 4-5　L. C. Bruyère：铁构住宅

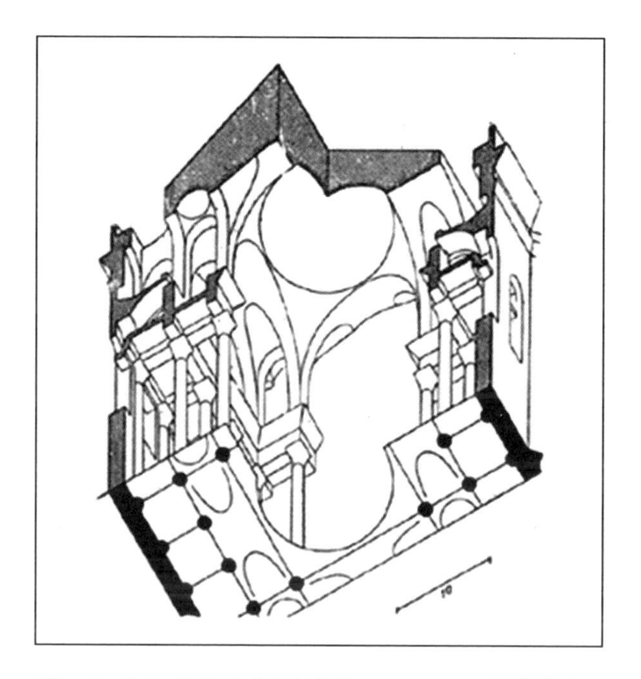

图 4-6　C. A. 舒瓦西:独具创意的 Ste. Geneviève 教堂轴测图

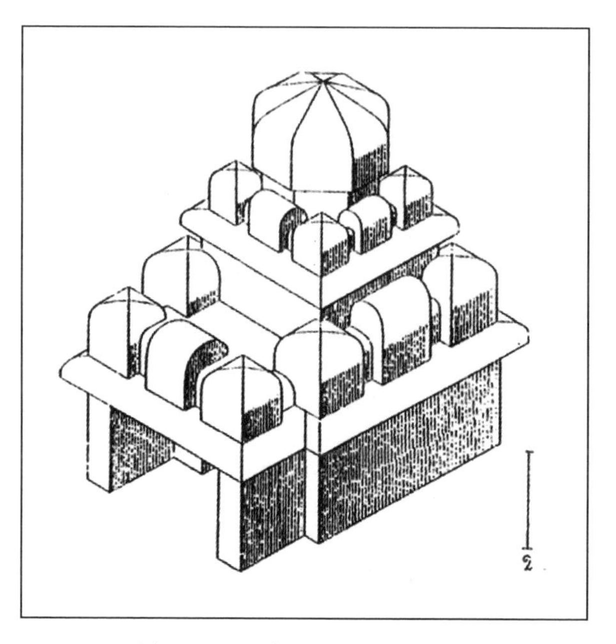

图 4-7　C. A. 舒瓦西:巨石式印度塔

图 4-8　A. 佩雷：巴黎 Franklin 大街 25 号住宅一

图 4-9　A. 佩雷：巴黎 Franklin 大街 25 号住宅二

图 4-10　A. 佩雷：Riancy 圣母院内景

图 4-11　A. 佩雷：Esders 制衣厂

图 4-12 T.加尼耶:工业城居住区

图 4-13 T.加尼耶:工业城火车站

图 4-14 T.加尼耶:里昂 Mouche 屠宰场交易大厅

图 4-15 T.加尼耶:里昂奥林匹克运动场

图 4-16 T.加尼耶:里昂 Edouard Herriot 医院

图 4-17 P.克瑞

图 4-18　里昂美术学院

图 4-19　P. 克瑞：喷泉设计作业

图 4-20　E. 于盖:市府展览与会议宫

图 4-21　J. L. 帕斯卡:波尔多医药系馆外观

图 4-22　J. L. 帕斯卡:波尔多医药系馆内景

图 4-23　P. 克瑞:竞赛作业“教皇宝座”

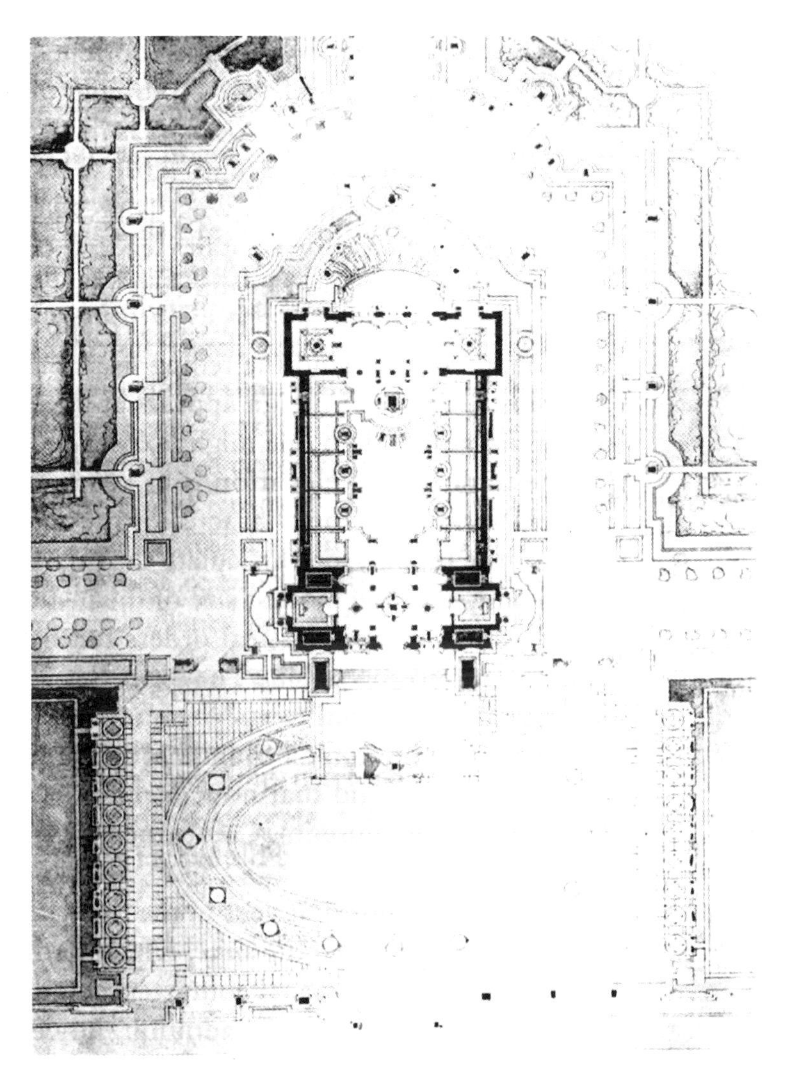

图4-24　P.克瑞:长作业"区首府博物馆"平面

图4-25　P.克瑞:长作业"区首府博物馆"立面

下篇　美国的学院式建筑教育与宾夕法尼亚大学建筑系

年轻的美国在独立之后对原宗主国的心态是双重的：一方面，竭力要在政治上摆脱其控制，走自己的路；另一方面，国家的发展又离不开其科学与文化上的支持。为建设新家园，学子们涉洋赴欧，学成归国后，在开设事务所的同时也纷纷办画室、设建筑院系；欧洲学生毕业后也陆续来到这片文化贫瘠的土地，介入美国的设计实践或在大学建筑院系里挑起了担课或主系的大梁……就这样，随着国家建设的发展，美国的建筑教育也蹒跚着迈起了步子。

自 1860 年代至 1890 年代后期的 30 余年，是美国建筑教育史上的第一阶段，美国建筑史学者称之为“早期(The Early Period)”①。在此期间，美国以发展最早的东北部为起点，先后在 9 所大学(学院)中建成了建筑系(院)，并初步尝试着建立起了各自的教育机制。它们无一例外地多少带有欧洲某一种或几种建筑教育体系的痕迹，更无一例外地带有对本土国情的思考。来自欧洲的影响中，法、英、德各得其宜，法国略占优。本土制约因素里则一是大学机制，二是职业需求。

① Arthur Clason Weatherhead. The History of Collegiate Education in Architecture in the United States. Manhattan: Columbia University, 1941:5-7.

5 美国大学建筑教育的兴起

5.1 国内战争后的建筑业及学术状况

社会与市场

1783 年独立后不久，美国便存有了扩张土地之心。1803 年从法国人手中购回了路易斯安那，国土面积扩了近一倍；1810—1819 年逐步占领佛罗里达；1845 年并入了得克萨斯；1846 年俄勒冈划归；1848 年并入了从新墨西哥到加利福尼亚的广袤土地。至此，美国的领土已从密西西比河扩展到了太平洋海岸。同时，美国的工商业、农业也随之发展起来。1860 年代的国内战争又确立了资产阶级的统治地位，为美国资产阶级经济的迅速发展提供了更有利条件，也给了建筑业巨大的推动。其中科学技术和生活的新需求两个因素起了决定性作用。

由于日趋完善的工程科学的运用和建筑需求的大量增加，建筑产业分工也发生了变化：一方面，建筑师于 1840 年左右逐渐脱离兼任营造商的角色，向专司图纸设计方向转变，并且在数量上迅速增长。据美国国家统计局统计，1850—1900 年间，建筑师人数自 591 人增至 10 581 人，增长了近 20 倍①。另一方面，由于当时在美开业的资格要求低，除少数在英国受教育者外，凡在建筑师事务所当过学徒者也可开业。他们在市场的吸引下自行开设事务所，工作中各行其是，职业水平难免不齐，纠纷时常发生，建筑市场状况颇为混乱。

鉴于上述局面，政府在市政工程中陆续颁布实行各种标准，以控制工程质量。如纽约市政当局就于 1867 年颁布"集合住宅最低标准"②。建筑业方面则自行组织起来，试图改善以上状况。1837 年起一批受过建筑训练的人开始筹办以"促进美国的建筑科学"为目的的组织——"建筑师协会"。1857 年"美国建筑师协会(American Institute of Architects，即 AIA.)"正式组建。来自各地的建筑师们一道建构了章程，R. 厄普约翰(Richard Upjohn)当选首任主席并领导了该会 19 年之久。而 1837 年的"建筑师协会"组织并不成熟，10 年后便告败。1857 年，AIA 首次会议在纽约 R. 厄普约翰事务所召开时的 21 名与会者无一属于前一"建筑师协会"③，因此这是个新的组织。AIA 于 1869 年发展了费城和芝加哥分会，1870 年发展了波

① 王俊雄. 中国早期留美学生建筑教育过程之研究——以宾州大学毕业生为例，1999.

② 王俊雄. 中国早期留美学生建筑教育过程之研究——以宾州大学毕业生为例，1999.

③ Arthur Clason Weatherhead. The History of Collegiate Education in Architecture in the United States, 1941:14.

士顿分会。

在建筑实践领域趋于规范化的同时，正规建筑教育的机遇也随之来临。在颁发一系列标准时，美国国会于1862年通过了“摩利尔土地赠予法案(Morrill Land Grant Act)”，以公共土地的赠予为诱因，推动设立以产业类课程为主的新大学。率先成立建筑院系的麻省理学院、康奈尔大学和伊利诺大学就是官方这一鼓励教育的政策的产物①。“美国建筑师协会(AIA)”方面，在成立伊始便任命了一个教育委员会(Committee of Education)，该会作为协会组织内部的一个主要团体，是形成美国建筑教育政策的强大力量。1867年教委会曾提议过成立一个在“美国建筑师协会”指导下的大的“中心学校”。其位置定在纽约，学校分三部分：一、“预备部(Preparatory)”，设普通研习课程；二、“综合工科部(Polytechnic)”，开设各科技类课与营建课；三、“学术部(Academic)”，教建筑史、绘画和解决实践问题。该计划因实际条件不足而于筹划3年后终止。1867年会议上还提出由各AIA分会建立各地方学校……尽管在“美国建筑师协会”名下的建筑院系并未成立，但正规建筑教育的设想已从建筑的职业角度被提了出来。

殖民风格、古典复兴、浪漫主义和哥特复兴

从建筑的学术角度看，18世纪美国背景的殖民性十分明显，准确地讲是“乔治殖民式(Georgian Colonial)”建筑为主。这是英国文艺复兴的产物，由欧洲西北部的工匠所创，他们从地方性的材料出发，而艺术形式上取古典的文艺复兴。传至美国后，曾根据美国的社会特定气候状况和材料、建造技术进行过调整②。这一风格延续到18世纪中叶才逐渐让位给“古典复兴”。

美国大规模的“古典复兴(Classic Revival)”始于独立战争后。为反对英国殖民统治而进行的独立战争，实质上属美国资产阶级革命性质③。随之而来的是“法国的启蒙主义思想”与“它的文化艺术潮流”④。由于古罗马的共和思想和古希腊的民主自由意识与年轻的美国理想较一致，其建筑风格表现出的威严、权力象征或典雅、和谐均受到美国人的青睐，“乔治殖民式”自然便很快被抛弃了。在时间上，大致是罗马风格在前，希腊风格在后；地域上，希腊风格多集中在提倡自由与人权的北方⑤。

T.杰弗逊(Thomas Jefferson，1743—1826)是倾向罗马共和国建筑的主要建

① 王俊雄.中国早期留美学生建筑教育过程之研究——以宾州大学毕业生为例，1999.

② Arthur Clason Weatherhead. The History of Collegiate Education in Architecture in the United States，1941：5.

③ A.C.Weatherhead提及此时甚至用了“革命战争(the War of the Revolution)”一词——Arthur Clason Weatherhead. The History of Collegiate Education in Architecture in the United States，1941：7.

④ 陈志华.外国建筑史(十九世纪末以前).北京：中国建筑工业出版社，1979：215.

⑤ 陈志华.外国建筑史(十九世纪末以前).北京：中国建筑工业出版社，1979：215.

筑师。他曾任美国驻法公使5年，深受古典复兴运动鼓舞，为所见到的古罗马遗迹所激动，被称为"美国古典复兴的奠基人"①。他设计的古罗马别墅风格的蒙蒂赛洛别墅(Monticello，1771年开始创意，1809年建成)虽是平房，但饶有趣味，结构富于变化，在设计上与帕拉蒂奥的《建筑四书》思想吻合，因而受到众人特别是帕(拉蒂奥)氏英国弟子们的羡慕。T.杰弗逊作品中影响较大的是其代表作，位于满士里的弗吉尼亚州议会大厦(Virginia State Capitol，1785—1789年设计)，其巨大的爱奥尼式门廊据悉是受到了他在法国时的启发。T.杰弗逊的另一杰作是弗吉尼亚大学(Univ. of Virginia)校园。这一实例体现了他除建筑设计外，还是个颇具创造性的规划师。这座"学术村落(an academic village)"构思时间(1804—1809年)正是他的总统任期，该工程1817年才动工。10座楼馆分2组，由柱廊相连，大片草坪夹在其间，令人赏心悦目。每座楼含讲习堂和教授住宅，风格各异但都有古罗马爱奥尼或多立克柱。建筑群前还建了圆形大厅(1823—1827年)②。此外，T.杰弗逊还在其中设想了一所建筑学院。虽该院在十余年后才成立，但国内战争(1861年)前就在弗吉尼亚大学有规律地开出了建筑学类课程③。

B. H.拉特罗布(Benjamin Henry Latrobe，1764—1820)是古典复兴运动中另一要员，曾在英国学建筑。1796年回美国后，曾与法国、英国4位建筑师合作设计过类似巴黎万神庙的国会大厦(1792—1828)，他还设计了里士满市监狱(1797—1798年)、费城的宾夕法尼亚银行(1798年)、华盛顿特区的众参议院(1800年)、巴尔的摩罗马天主大教堂(1804—1818年)等。从其作品中，人们可隐约看出M. A.洛吉耶(Marc-Antoine Laugier，法国)、J.索思爵士(Sir John Soane，英国)等的古典(新古典)主义观念与手法的影响。此外，B. H.拉特罗布的学生，如以希腊复兴式建筑风格表现脱颖而出的R.米尔斯(Robert Mills，1781—1855)以及W. S.斯特里克兰(William Strickland，1788—1854)，都是美国建筑舞台上的后起之秀，在古典复兴中起到过重要作用。1867—1870年就学"巴黎美术学院"的C. F.麦金(Charles Follen McKim)为主的一组人，更创造出一系列罗马风的新古典作品，被称为"真正促成古典主义复兴于美国学术界的人物"④。[见图5-1～图5-3]

除了古希腊、罗马复兴的主流外，同时期还有"浪漫主义"和"哥特复兴"思潮相随产生。前者直接受英国浪漫主义运动影响；后者亦趋向欧陆背景。R.厄普约翰

① Arthur Clason Weatherhead. The History of Collegiate Education in Architecture in the United States，1941:8.

② 罗宾·米德尔顿，戴维·沃特金.新古典主义与19世纪建筑.邹晓玲，等，译.北京：中国建筑工业出版社，2000:316.

③ Arthur Clason Weatherhead. The History of Collegiate Education in Architecture in the United States，1941:9.

④ 罗宾·米德尔顿，戴维·沃特金.新古典主义与19世纪建筑.邹晓玲，等，译.北京：中国建筑工业出版社，2000:318.

(前面所提及的 AIA 主席)是美国哥特复兴的领头人,曾在英国受细木工训练,其作品以完善的技艺、简洁的体量以及哥特式的比例为特征,为保护建筑及营造上的优点、向前现代传统过渡起到了积极的作用。总的来说,浪漫主义与哥特复兴在美国影响远不及希腊、罗马复兴大,且时间也较短,内战后,古典复兴发展至折衷主义时它们便不再单独存在。

5.2 大学建筑教育的兴起

境外的影响与大学的背景

建筑学教育的职业性决定了其职业和社会基础。但作为教学机构,来自学校方面的背景则是教学体系机制建立与运作直接的重要成因。在此,有欧洲先进国家的建筑教学模式的影响与美国各大学自身的主动意识两个方面。

国外模式的影响中,法国"巴黎美术学院"无疑地首当其冲。据载,自第一个美国学生 1846 年入"巴黎美术学院"起至 1968 年"巴黎美术学院"改组,共有 500 个以上的美国人在此入册学习,此外还有数百人未被正式接受而在巴黎的各画室学习建筑①。美国早期建筑教育的先驱们大多就读于法国"巴黎美术学院"。事实证明,"巴黎美术学院"的影响对美国建筑教育来说无疑是巨大而持久的。时间上看,19 世纪中叶至 20 世纪初的"巴黎美术学院"处在大革命后发展期末和随教育改革而来的成熟期,教学上相对讲是成型和稳定阶段,学术思想上已进入新古典主义后期的折衷主义氛围之中。此时期该院的入学考试有建筑设计、素描、数学、画法几何和通史等;第二级课程除设计外,有数学、画法几何、切石术、透视、营造和建筑史;第一级课程有设计、绘画与模型制作、营造与实践等。在教学上,强调设计教师以开业建筑师为主、学生间互助与竞争相长、校外评判组评图等做法,均得到了美国早期建筑教育者们的赞同与效仿。

英国在 19 世纪末以前的建筑教育以"学生期(pupilage)"的方式为主。"学生期"方式的具体情况是学生选好事务所和建筑导师,并以不高的费用与其"订约(article)"学习建筑,该建筑师既开业又做其导师。尽管大多导师都很认真尽责,但教学进程一般无定规。学习大多包括勘测、测绘、铸件、监督(理)及绘施工图等,但一般都缺少营造学的训练,创造性的设计的机会也极少。学生的学习限于已建成的建筑和在建的建筑、限于事务所的日常性工作。因此"能产生出有英国设计传统背景与营建方法的好的事务所成员,而非杰出的设计师"②。

① Arthur Drexler. Beaux-Arts Buildings in France and America//The Architecture Of The Ecole Des Beaux-Arts:464.

② Arthur Clason Weatherhead. The History of Collegiate Education in Architecture in the United States, 1941:231.

直到利物浦大学成立英国第一个建筑系之前，英国的建筑教育还有另外一种形式，即非正式的建筑课程。开设者是个别学校（如南肯新顿的一所学校）和伦敦建筑协会，皇家研究院（Royal Academy）也于 1806 年设了几个班，英国 19 世纪许多大建筑师都参与过该学院的各课教学。19 世纪后半叶，“英国皇家建筑师协会（Royal Institute of British Architects，即 RIBA）”逐渐建立了一套日益严格的系列考试，以提高专业的实践标准。考试通过者可取得全国学会副会员资格，并挂出建筑师铜牌。由于考试者需为此备考，结构和营造技术方面培训的需求便随之上升，英国的专业学校才应运而生。“英国皇家建筑师协会（RIBA）”和“皇家研究院”还对“学生期”式的建筑教学给予支持，对其学生的英国佳例测绘作品予以评审、展览……①英国的职业化的建筑师教学模式在美国这个新兴国家有明显的参考价值，因而备受关注。其对美国的影响略早于法国，且范围颇为广泛。

德国的建筑学院与高等工程学院或综合技术学校（Technische Hochschulen or polytechnic schools）的土木学科联系紧密。入学要求是预科毕业或在事务所实习半年以上，需要学生有丰富的绘画、数学与物理等知识，以形成理科与营造学习的基础。入学后首先是 2 年期的系统先期课程，再由政府任命在政府工程中做监察或管理员 3 年，然后进入 2 年的高班课程，这是先期课程的延续。完成所有课程后才获得国家颁发的文凭。

德国建筑学院的绘画和建筑史课与“巴黎美术学院”类似；设计学习的开始则类似英国——拷贝本国建筑名作，然后作更多的原创性研究（original study），这大多是大师作品的改做。设计作业是施工图，其中结构计算，水、暖、电器设备说明等俱全，个性化与创造性成分不多。与英国体系相比，德国体系的建筑教育更强调营造的科学方法学习，更为严格而注重技术。这在工业迅速发展的美国自然受到一些有识者的喜爱。德国体系在美国的影响相对集中在中西部地区。

从美国 19 世纪上半叶的大学来看，办学上一直遵循其宗主国英国的“牛津—剑桥”模式，以文科教育为主，目的是培养“文化绅士（the gentleman of culture）”。之所以感兴趣于建筑教育，主要因为市场的需求俱增。尽管出国留学是条途径，但毕竟人数有限，而国内的职业团体又无力像英国那样提供建筑师教育，建筑师们也大多过于忙碌而无暇顾及；此外，一些有权、有识者（如 T. 杰弗逊等）的积极参与也是重要的促成因素。

内战之前，美国的一些大学里陆续开出了有关的建筑学类课程。其中费城富兰克林学院的建筑课程（1826 年）是仿德国工科制度，弗吉尼亚大学的建筑课程

① Arthur Clason Weatherhead. The History of Collegiate Education in Architecture in the United States，1941：22.

(1837年)重点在古代建筑历史与理论,1852年耶鲁大学也开了建筑科目①。而在大学里正式成立建筑系是在内战结束(1868年)前后才拉开帷幕,并且与私人开设的"画室"有直接关联。

R.M.亨特与美国第一个鲍扎式画室

R.M.亨特(Richard Morris Hunt)是第一个在"巴黎美术学院"注册入学的美国学生,他在法学习和工作的时间是1846—1855年。其间,R.M.亨特曾在法国建筑师H.M.勒菲埃尔(Hector-Marlin Lefuel,1810—1880,曾负责卢浮宫重建和枫丹白露宫剧院等重要工程)事务所工作,据说曾被H.M.勒菲埃尔委以卢浮宫图书室大厅的设计。1856年,R.M.亨特回国后在纽约第10大街开设了自己的事务所。次年,他就在事务所内开设了一间"巴黎美术学院"模式的画室,将他在法国所学到的建筑原理和从欧洲古代纪念建筑典范中汲取的精神,传播给他画室里的那些年轻学子们。这就是美国历史上建筑教育的策源地。R.M.亨特"这间朴实的画室,成了美国建筑教育的摇篮"②。美国许多著名的建筑师在此得到早期教育。由于他对美国建筑教育的开创性意义,1876年的AIA大会上,R.M.亨特被誉为美国"成功的建筑教育之父"③。后因主持1893年芝加哥哥伦比亚世界博览会设计,R.M.亨特获英国"皇家建筑师协会(RIBA)"颁发的金质奖章。W.R.威尔亦是R.M.亨特画室弟子之一,美国早期建筑院系的组织及特色的形成很大程度上要归功于W.R.威尔。

W.R.威尔与M.I.T.建筑系的创建

W.R.威尔(William Robert Ware)1852年毕业于哈佛学院(Harvard College),毕业后回到哈佛大学Lawrence自然科学院攻读工程学课程,其后又进了纽约的R.M.亨特画室学习。1860年,W.R.威尔在波士顿开设了自己的事务所,不久又加入H.V.布朗特(H.V.Brunt,R.M.亨特画室的另一弟子)的合作班子,从事建筑业务直至1881年离开麻省理工学院去哥伦比亚大学。

在W.R威尔与H.V.布朗特的事务所中,他们效仿其导师的方式也开设了间画室。W.R.威尔生性热爱教学,他为弟子们组织了一个2年的教程,将其事务所职责以外的全部时间都献给对学生们的教学。后来,这位有学识和热情的年轻导师及其画室引起了有意开设建筑系的麻省理工学院(M.I.T.)的注意,结果是1865年他受聘于麻省理工学院,负责筹建美国第一个建筑系,并继而成为该系的首位系主任。在受聘后的2年时间内,他做了大量调研准备工作,其中他用了近1年的时间研究教学法。他赴欧向伦敦和巴黎的建筑教育领头人们讨教,并向"巴黎

① 童寯.外国建筑教育//中国大百科全书:建筑、园林、城市规划卷,1985:444.

② Hamlin//Arthur Clason Weatherhead. The History of Collegiate Education in Architecture in the United States, 1941:24.

③ Daqing Gu. The Design Studio:Its Formation and Pedagogy, 1994:53.

美术学院"高班学生私下询问该校的教学;他还争取到美国的一些私人捐款和许多外国建筑师特别是与法国"巴黎美术学院"有关的建筑师们的捐赠,汇集成了有不少模型、照片和图片的参考资料中心。1868年秋,该系正式开张招生,4名学生首批注册入学。

5.3 早期建筑院系的建立(以成立先后为序)

麻省理工学院(Massachusetts Institute of Technology)建筑系

该院(即M.I.T.)建筑系位于麻省的剑桥城,建筑系成立于1865年,正式招生于1868年。首任系主任W.R.威尔自开办至1881年离开麻省去哥伦比亚大学,共在位15年。他早在1867年给英国皇家建筑协会写信谈办学问题时就阐明了其教学的重要观点①。W.R.威尔的观点在美国早期建筑教育中影响很大,其基本的原则大致有如下几点:

(1) 学校不提供"能在事务所学的知识",只安排其实践性内容的"系统理论讲授"。课程中应包括与建筑艺术相关的广博的文化知识和实用"工艺美术"。

(2) 设计课应延续全部的四年学程(并未实现);设计题不需太实际:真实和理性原则的高级形式是"富有诗意和充满感情",且在向历史原则学习时要从本质上提取、超越;设计的指导应由正式聘请的学校教师担任,因美国建筑师过于忙碌,法国式的画室安排不合适;设计作业予以展示,其评判由教师以外的成员组成评判组负责。

(3) 历史研究和营造学习实行"在必要的指导和控制下独自调研"。历史课中含古代先例的研习;而营造科学的知识为当时美国亟须,并且如英国教学体系一样强调纯建筑美学上的营造。

建系伊始,建筑系与土木系大部分同步,系里的建筑专业课程被紧缩在第四年。至6年后的1874年,柱式、建筑史等才提前至第二年,仅第一年与土木系同上。另外,该系还为绘图员们开设了短期的特别教程(special course)。

W.R.威尔所奠定的教学模式被认为是"以纲领性的英国风格铺陈,并隐喻法国学院式绘画和德国式技艺研习,从而开创了美国的建筑教育,是一个规范了下一代学校的多彩混合体。"②

设计教师E.莱唐(Eugene Létang)是"巴黎美术学院"毕业的法国人,由W.R.

---

① 该信题为"美国建筑学及建筑教育状况",刊于《RIBA会刊》,并于1867年1月28日RIBA大会上宣读——Arthur Clason Weatherhead. The History of Collegiate Education in Architecture in the United States, 1941:26-27.

② Ann L Strong and George E Thomas. The Book of the School—100 Years:The Graduate School of Fine Arts of the University of Pennsylvania,1990:6.

威尔于1870年初亲赴法国“巴黎美术学院”选聘至M. I. T.。E. 莱唐早年曾随父亲学过石工，他思维敏捷、热情中肯，是“美国第一个伟大的设计教师”①。

1881年，W. R. 威尔被召至哥伦比亚大学组建建筑系，由就学于H. H. 理查森（Henry Hobson Richardson，全美第二个“巴黎美术学院”学生，曾在P. F. H. 拉布鲁斯特手下干过活）画室并在其事务所工作多年的T. M. 克拉克（Theodore M. Clark）接任建筑系主任并讲授“营造课”。当年，系里开出了独特的“建筑实验课（Architectural Laboratory）”，其意在从材料、构造的实验和练习中学习营造理论。T. M. 克拉克的课程计划特点最重要的是：后三年的课程中设计课占了大部分课时数，设计题效仿“巴黎美术学院”。

1888年，T. M. 克拉克退职去全力投入自己的设计业务，F. W. 钦德勒（Frank W. Chandler）接替。F. W. 钦德勒曾在W. R. 威尔事务所工作学习3年，后又去“巴黎美术学院”学习过2年，M. I. T. 建系早年又是W. R. 威尔的助手，与他人合伙在波士顿开事务所。此次来M. I. T. 时放弃了事务所工作，是M. I. T. 第一个全职系主任。F. W. 钦德勒上任后，取消了原2年的特别教程。1891年E. 莱唐逝世后，F. W. 钦德勒也亲赴“巴黎美术学院”选人，D. 德普雷多（Desivé Despradelle）应召来系任建筑教授，该系的高年级设计课因此名声大振。

M. I. T. 在早期的9个建筑院系中是规模最大的，1898年时学生数达131人。

康奈尔大学（Cornell University）建筑系

康奈尔大学建筑系的建立是由深爱建筑学的康奈尔大学校长于1871年促成，建筑系与土木系合为一学院——土木建筑学院（College of Engineering and Architecture）。首任建筑教授C. 巴布科克（Charles Babcock）是个艺术学硕士毕业生，曾在AIA主席R. 厄普约翰的纽约事务所学习建筑，并在其后做了5年设计业务。该系早期的其他教师多为开业建筑师，受过典型的美国事务所的教育。因此，一开始该系的全部课程强调造就当时亟需的事务所绘图员。营造类课程在全美最强，设计训练被忽视。至19世纪末时，这一状况遭到众人的批评。

1896年，建筑系成为独立的建筑学院（College of Arch.），C. 巴布科克出任首任院长，重要的是“巴黎美术学院”毕业生J. V. 范·佩尔特（John V. Van Pelt）始负责设计课。由于J. V. 范·佩尔特坚持建筑的艺术性，使得该系产生了根本性的转变，一跃成为早期的美国建筑院系中“鲍扎风”最强有力的追随者。1897年，C. 巴布科克荣誉退休，康奈尔大学毕业生A. B. 特劳布瑞奇（Alexander Buel Trowbridge）继任院长。

至1898年，该院（系）学生数共48人，规模在早期9个建筑院系中位列第五。

① Arthur Clason Weatherhead. The History of Collegiate Education in Architecture in the United States，1941：26.

伊利诺大学(University of Illinois)建筑系

伊利诺大学建筑系的成立应按1873年计。尽管1867年伊利诺大学的课程委员会报告已在名义上提出了建筑教育,但6年后才设立了完整的专业课程,并首招了正式的5人班级。这套四年制专业课的组建者N.C.瑞克尔(Nathan Clifford Ricker)曾在芝加哥的某事务所实习,并于正式招生前就来该系学习,1873年初毕业后留系并去欧洲的建筑院系短期考察。由于经费紧张,该系的发展不快。但是,在N.C.瑞克尔的努力下,系里的教学设施逐渐完备起来,其中有不少是他本人翻译并手抄的建筑专著。1878年,N.C.瑞克尔始兼土木学院院长,并延任了27年之久。

伊利诺大学建筑系早期的教学组织大部分基于德国体系。这主要由于其建筑设计教师H.M.汉森(Harald M. Hansen,瑞典建筑师)曾在柏林建工学校(Bau Akademie)学习2年。H.M.汉森1871年来伊利诺大学,是N.C.瑞克尔在学时的老师;另外,当时当地的状况也促使该系向更实际的方面倾斜,法国在此的影响不大。1874—1875学年的公告阐明了该系的目标:

(1) 一套完整的用于各类建筑物的营造原理知识。

(2) 总图和详图的预备练习——单色的、有阴影的和彩色的,还配有说明、估价等,要形成一完整的设计。

(3) 通过工作室练习(shop practice)得到各种形式的实际营造知识。

营造在此受到重视,而设计仅以施工图形式放在第三年下和第四年,在课程计划中属次要地位。以N.C.瑞克尔的话说是出于"适应事务所或学校工作"之考虑①。

N.C.瑞克尔认为,学生可分两类,一类是数学好的,另一类是设计上熟练的,二者兼得者很少。因此,1890年伊利诺大学设立了"建筑工程学(Architectural engineering)"的四年制选修课程,这在全美同类专业课程中是第一例。建筑学方面,他说服了校领导取消解析几何和微积分,代之以简明的力学和材料力学,以增加建筑设计内容;建工选修方面,加强了高级的营造和设备课程,以备解决新的工程难题,这一安排也是全国最成功的。

至1898年,伊利诺大学在校生62人,规模在早期9个建筑院系中位列第四。

锡拉丘兹大学(Syracuse University)建筑系

锡拉丘兹大学建筑系创建于1873年,是美国的(大学设)美术学院(College of Fine Arts)中设建筑系的第一例。学院中当时只有绘画与建筑二系,后陆续增加了音乐和诗歌二系。H.N.怀特(H.N. White)、A.鲁赛尔(Archimedes Russell)等先

① Nathan Clifford Ricker致1881年AIA大会的信,转引自:Arthur Clason Weatherhead. The History of Collegiate Education in Architecture in the United States, 1941:39.

后任该系建筑教授。1881年，该系首届毕业生 E. M. 比尔(Edgar Morse Buell)出任第一个正式的系主任，3年后 A. B. 克拉克(Arther Bridgman Clark)继任。1893年，由纽约建筑师，“巴黎美术学院”的毕业生 A. I. 布罗克韦(Albert I. Brockway)来系任建筑教授并接替系主任。他带来了自己的藏书，并介绍了鲍扎的设计教学方法。自此，该系开始摆脱原来与其他校类似的重工程状态，设计受到重视，各种与美术学院相关的绘画类课程(如徒手画、写生画、水彩等)也得到了强调，该系的发展步伐这才开始加快起来。1896年后，该系毕业生 E. H. 加金(Edwin H. Gaggin，刚由“巴黎美术学院”返回)、F. W. 雷维尔斯(Frederick W. Revels)先后继任系主任，他们推进了 A. I. 布罗克韦的办学方式，促成了该系教学迅速向鲍扎传统的转变。

锡拉丘兹大学建筑系是早期9个建筑院系中规模最小的，1898年时在校人数仅17人。

哥伦比亚大学(Columbia University)建筑系

1880年，哥伦比亚大学的校董事们指出了建筑学日益增长的重要性，呼吁学校予以关注并抓住机会建立建筑系。当时任 M. I. T. 建筑系主任的 W. R. 威尔被认为是能担当此任的最佳人选。1881年，建筑系在学校的矿业学院(School of Mines)下成立，由 W. R. 威尔任系主任。

建系后，W. R. 威尔一方面网罗和培养教师，A. D. F. 哈姆林(A. D. F. Hamlin，艺术学硕士，W. R. 威尔在 M. I. T. 的助手，后去“巴黎美术学院”学建筑)、F. D. 谢尔曼(F. D. Sherman，第一届哥伦比亚大学毕业生)、C. A. 哈里曼(C. A. Harriman)、W. T. 帕特里奇(W. T. Partridge，曾获美国 Ratch 奖学金并曾去巴黎游学)等在十余年内先后来系；另一方面建立了藏书可观的(早期院系中最多)图书馆。很快，哥伦比亚大学建筑系便跃至9院系中办学规模的前列。

非常重要的是，W. R. 威尔为排除矿院对建筑课程的影响表现出了极大的耐心和毅力。在 W. R. 威尔年复一年的努力下，与建筑无大关联的课程被缩减，技术基础类课也被重新归类，如数学与力学合成一门“建筑工程学(Architectural Engineering)”，其他科技类课程均被并入“说明与建材”课内……至1900年，除了高等结构工程外，该系的所有课程均为建筑系自己控制。大量的课时使 W. R. 威尔得以完成他在 M. I. T. 所不能了却的心愿：安排了长短设计作业，并每题讲评；高年级开设了毕业设计；营造与结构内容重在为建筑师提供基本原理；历史课促使学生充分利用图书室资料每周写研习报告；制图技巧包括铅笔、单色、水彩等训练得到加强；事务所所需的估算、建筑师业务等职业性内容也被在高班加强。此外，W. R. 威尔大大加强了作为建筑师所需的人文类知识，以开阔学生眼界……

由于设计上缺乏优秀的设计教师，课时投入亦有限，学生间也缺少竞赛机制，因而与纷纷引进法国设计教师的其他院校相比，哥伦比亚大学在设计方面有些薄弱。校内外的不满情绪在上涨。

至1898年，哥伦比亚大学建筑系在校生90人，在早期9个建筑院系中位列第二。

宾夕法尼亚大学(University of Pennsylvania)建筑系

宾夕法尼亚大学历史悠久，1740年成立时是费城一所慈善性的职业学校，1791年成为宾夕法尼亚大学。在宾夕法尼亚大学Town理学院(Town Scientific School)中始设建筑课程是在仅次于M. I. T.的1869年，所有课程由T. W.理查兹(Thomas Webb Richards)独自一人教授直至建筑系正式成立。当时的课程是第一年徒手画、建筑图抄绘、透视，第二年建筑史、柱式法，第三年加入水彩，第四年设计及构图原理、建材、营造等。教学的思路以职业化为主要目的。1871年，建筑学生已从开始时的六七人发展至30人。1871年，建筑图房迁入学院新建成的"学院大厦(College Hall)"。多个年级合一个大空间共同学习的惯例自此开始。[见图5-4、图5-5]

1880年代，费城的一批年轻建筑师为振兴费城的建筑，成立了著名的"丁字尺俱乐部(T-Square Club)"。他们参与AIA的事务，并对建筑教育提出建议。在此情况下，AIA也做出了积极的反应：提议宾夕法尼亚大学重整建筑教案。1890年，AIA宾州分会的主席T. P.钦德勒(T. P. Chandler, Jr. 即小钦德勒)应聘至宾夕法尼亚大学兼任建筑系主任，负责教案调整和扩充师资。"巴黎美术学院"毕业生W.贝利(William Baily)、画家C.达那(Charles Dana)以及丁字尺俱乐部成员W.古博(Waltr Cope)、J.斯图尔森(John stewardson)、F. M.戴(Frank Miles Day)等到系任教。其中除W.贝利外，教师们均是免费上课的。设计被作为主课，建筑的艺术性被强调，一套富有职业化与艺术性双重特征的教学体系逐步建立了起来。该教学计划被专业界认为是当时"最兴盛的教学计划"①。尽管该系建筑教程已运行二十余年，但至此才在形制上有了结果，因此，人们公认的宾夕法尼亚大学建筑系正式成立时间是1890年。

1890年冬，校理事会决定聘任W. P.赖尔德(Warren Powers Laird)做系主任。W:赖尔德就学于康奈尔大学建筑系，毕业后曾赴欧旅游，并在"巴黎美术学院"学习过，是个既有务实的技术背景，又有艺术气质的系主任理想人选，被称为"理想主义但又务实的优秀组织者"②。

1891年上任以后，W. P.赖尔德精心挑选了各领域的杰出学者，正如一个学生所回忆的："T.诺兰(Thomas Nolan)，他的《结构手册》是圣经；G. W.道森(George

① Arthur Clason Weatherhead. The History of Collegiate Education in Architecture in the United States, 1941:51.

② Ann L Strong and George E. Thomas. The Book of the School—100 Years: The Graduate School of Fine Arts of the University of Pennsylvania, 1990:29.

Walter Dawson)是水彩画权威;H. E. 埃弗莱特(Herbert Edward Everett)是个雕塑家、历史题材装饰与染色玻璃的专家,A. 古迈尔(Alfred Gumaer)讲授建筑历史……”①此前,还有刚从“巴黎美术学院”返回的费城建筑师 E. V. 西勒(Edgar V. Seeler)教设计,1898 年“巴黎美术学院”另一毕业生 F. E. 帕金斯(franle Edson Perkins)接替 E. V. 西勒教设计。

除了确立专家教学的策略以外,W. P. 赖尔德的一系列政策中还有诸如将原普通理学士学位(B. S.)改为建筑理学士学位(B. S. in Arch.)、设旅游奖学金、将设计课作为首要课程等②。

教学上,“职业的(professional)”训练与“学术的(academic)”训练重新取得了平衡。设计课自此从一年级就开始,虽然古典主义建筑是表现的媒体,但在高年级设计中鼓励学生独创,表现形式不局限于古典主义;类似巴黎“画室”中的学生团体精神在宾夕法尼亚大学的设计图房中形成;素描与水彩训练也既有自身价值,也在建筑设计学习中发挥了重要作用,因此这两门也延续较长(分别占 3 年和 2 年);营造课则实用、精练,适合建筑学生之需要。

虽然建筑系仍隶属理学院,但相对于其他早期院系,宾夕法尼亚大学建筑系的教学最早独立于土木工程学科。至 1898 年,宾夕法尼亚大学建筑系学生在册数已达 64 人,在早期 9 个建筑院系中位列第三。

乔治·华盛顿大学(George Washington University)建筑系

乔治·华盛顿大学(原名哥伦比安大学——Columbian University)的建筑教育于 1884 年在 Corcoran 理学院中开始,由 2 个教授讲授:建筑学教授 W. M. 波因德克斯特(Willian M. Poindexter)和制图教授 H. 金(Harry king)。1893 年,建筑系成立,完整的四年制建筑专业课程才正式确定。此时 W. M. 波因德克斯特辞职,由 L. 阿马托伊斯(Louis Amatois)担任首任系主任。1894 年,大学成立美术学院,建筑系成为其中的一个系——实用建筑美术系(Department of Fine Arts as Applied to Architecture)。1895 年,J. C. 霍恩布洛尔(J. C. Hornblower)任系主任至 1901 年。到世纪之交时,系里有 8 名教师,另外还有几名华盛顿的建筑事务所来的特别讲师。

乔治华盛顿大学建筑系的教学计划中,第一年无建筑设计,第二年起有建筑设计,后三年里建筑设计、装饰绘画、实用营造和建筑史平行开出。其中营造的理论课与土木系合上。与其他几个建筑院系相比,该系较强调建筑装饰。

乔治华盛顿大学建筑系规模一直不大,1898 年仅 18 名在册学生,在早期 9 个建

① Ann L Strong and George E. Thomas. The Book of the School—100 Years: The Graduate School of Fine Arts of the University of Pennsylvania, 1990: 28.

② Ann L Strong and George E. Thomas. The Book of the School—100 Years: The Graduate School of Fine Arts of the University of Pennsylvania, 1990: 29.

筑院系中位列最后。AIA 教育委员会 1904 年的建筑院系报告中甚至未将其列入。

阿穆尔工学院(Armour Institute of Technology)建筑系

1889 年,芝加哥的建筑师 L. J. 米莱特(Louis J. Millet,前"巴黎美术学院"学生)和 W. A. 奥蒂斯(William A. Otis)在芝加哥艺术学院(Art Institute of Chicago)中组织了一个短期的建筑教程。芝加哥的另外几位知名建筑师也对此颇有兴致,前来出谋划策、评点教学。1895 年芝加哥艺术学院与阿穆尔工学院联系,以此为基础成功建立了四年制的建筑系。该系隶属阿穆尔工学院,但名称为芝加哥建筑学院(系)(Chicago School of Architecture)。阿穆尔工学院为其增添了科技、营造与公共基础各类课程,绘画与设计课仍旧在芝加哥艺术学院。该院(系)由 L. J. 米莱特任首任主任,因此设计与历史课程比例较大,有些仿鲍扎体系。

该院(系)除享有艺术学院的图书馆和此外的建筑图书、图片外,还拥有数量可观的法国政府赠予芝加哥博览会的古代建筑细部石膏模型。

该(系)是美国早期建筑院系中与艺术教程相联的第三例。该院(系)艺术氛围良好,同时得到阿穆尔工学院土木工程学方面的补充,此外,还一直受到芝加哥建筑大师们的关照。但毕竟该系成立较晚,因此,迟至 20 世纪初才对中西部产生影响。1898 年时,该院(系)注册生仅 21 人,在早期 9 个建筑院系中位列第七。

哈佛大学(Harvard University)建筑系

哈佛大学的建筑教育始于 H. L. 沃伦(H. Langford Warren)。此人受教于德国和英国,并随一位英国建筑师工作过。由于对建筑学的喜爱,来美后曾师从 M. I. T. 的 W. R. 威尔和 E. 莱唐 2 年,后入 H. H. 理查森事务所工作 4 年,继而赴欧洲旅行、学习,后于波士顿开业。1893 年,H. L. 沃伦应聘来哈佛大学教建筑课程。1895 年,建筑系正式成立,隶属 Lawrence 理学院,营造类课程由土木系开设。

哈佛大学建筑系十分重视建筑的文化艺术背景,注重开发学生美感与想象能力;同时将建筑历史知识作为技能训练的基础,提倡从古代典范中体味美,并以此作为精神原则去创造,去建立有生命的艺术传统,而非盲目拷贝……此外,还主张开业建筑师做高班设计的评阅人。

H. L. 沃伦在建系前讲授建筑史。建系后,他出任系主任并负责设计课。至 1897 年,除了由艺术系和土木系分担的课程外,系里的正式教员共有 6 人。

哈佛大学建筑系虽成立不早但发展很快,1898 年时,该系在册生为 57 人,在早期 9 个建筑院系中位列第五。

5.4 早期建筑教育综述

机构设置

美国早期即自 1860 年代至 1890 年代的三十余年中建立的 9 所建筑院系,在地理分布上最明显的特征就是集中在经济(工、商业)相对发达的州和城市。由于美国的东北部在此时期发展较早而迅速,因此这 9 所建筑院系有 7 所建于美国的东北部,其中有 3 所在纽约州,2 所在麻省(马萨诸塞州),宾夕法尼亚和华盛顿 D. C. 各 1 所。另外 2 所虽偏中西部,但分别位于全美机械制造业重镇伊利诺伊州的芝加哥市和该州东部的厄巴纳(Urbana)。

9 所院系大多设在综合性的大学(university),仅 2 所在工科院校(institute of technology),并且均是以一个系(school 或 department)的角色开始,而非独立学院(college)。行政隶属上大多归土木(engineering)部(院)或土木建筑学院(college of engineering and architecture),3 所归美术部(院)。这一状况的直接结果,首先是在教学上不但受制于大学的整体课程安排,建筑学的教学计划中土木结构类成分还普遍较大,这在总体上与法国的情况有差异,而与德国则有些接近。此外,9 所院系中半数以上是先开出非正式的建筑类课程,数年后才正式建系和专门招生。也就是说,建筑教育的发端与学科建设(包括师资、设施及机构)同步甚至在先,这或可预示始创者们的心情之迫切和坚定。

学制及学位

早期 9 所建筑院系的本科均为 4 年制,这与法、英、德诸国均不同。法国和英国并无年限的规定,而德国则间以 3 年实习。学位大多为建筑理学士(Bachelor of Science in Architecture),仅锡拉丘兹大学建筑系为建筑学士(Bachelor of Architecture)。建筑学士(B. A.)无疑属专业学位,而建筑理学士(B. S. in Arch.)则应属介乎一般理学士(B. S.)与建筑专业学士(B. A.)之间的学位。其确切涵义虽尚未清楚,但从不久后的另两份统计资料看①,设建筑理学士的 8 所院系中共有5 所先后改为专业学位(B. A.),这表明“B. S. in Arch.”与“B. A.”之间是有区别的,并且有理由认为前者的涵义有较多理工成分。

在 9 所院系中,至少前 4 所在建院(系)伊始就设有研究生课程,并颁发硕士学位(M. A. 或 M. S. in Arch.)。至 1911—1912 学年则除锡拉丘兹大学和阿穆尔工学院 2 所外,均设有研究生课程与学位,学制均为 1 年。其原因是科学与营建方面的需要增长,而 4 年的教学时间不够用②。不过,各院(系)的研究生教学在早期并未得到充分发展,课程教学或以施工图为主,或作为本科的简单延续,以高等设计方案(advanced project)的方式完成。各院(系)的研究生数与本科生之比一般为1/10左右。

① 1911—1912 学年和 1934—1935 学年的“全美建筑院系一览”——Arthur Clason Weatherhead. The History of Collegiate Education in Architecture in the United States, 1941:136-137,235-237.

② 1911—1912 学年和 1934—1935 学年的“全美建筑院系一览”——Arthur Clason Weatherhead. The History of Collegiate Education in Architecture in the United States, 1941:64.

特别课程(Special course)是各院(系)普遍采用,并长期保留下去的正常教学以外的另一种形式。这是一种短期的(一般 2 年)教程,原本主要是为培训已有基础的事务所绘图员们而设,后不少正式的学生应市场急需而在未完成本科学业时就离校工作,待日后再回来修此特别课程。特别课程的教学计划单列,招生也分开。学生数与本科在校生的总体比例为 3/10 左右。其中有些学校由于高班设计教师力量强,因此吸引了大量特别生,如 M. I. T.、宾夕法尼亚大学和哈佛大学。特别课程是美国早期(20 世纪前)一种应时性的特殊产物,进入 20 世纪后便渐渐消失了。

教师与学生

一般来说,系主任和设计主讲教师是决定一个系办学方向的主体。在美国早期院(系)的教师中,主持系务和设计课的有三类背景:一是有事务所经历并有相当声望的本国建筑师,他们在创建工作中的贡献最大,如 M. I. T.、伊利诺大学、宾夕法尼亚大学以及康奈尔的首任系主任均属此类,这是美国早期建筑教育创始人中的第一主体。二是从欧洲引进的人才,法国"巴黎美术学院"毕业者为 8 人(其中有 2 人为首任系主任),英国和德国毕业的各 1 人,他们在人数上不比第一类少,但只有 3 人参与建系并主持事务,其余大多是负责教设计。第三类是本国建筑院系培养的,人数亦颇众,其中不少主持过事务甚至任首任系主任,有少数还曾赴法国深造过,这类也是一支重要的年富力强的力量。总体来讲,这 3 类背景的人才大致势均力敌。这种美国早期特有的师资主体结构,对该时期建筑教育状况的形成起到了决定性作用:即"以美国本土的建筑职业需求为目的,参照欧洲成熟的教学体系,初步建立美国的建筑教育架构"。在大学的整体机制中,这一方面保证了教学的现实性,另一方面体现了教学的先进性与科学性,应该说是个理想的组合。此外,从机制的运转来看,由于美国经济发展迅速,建筑业务量较欧洲大,来自事务所并仍兼职开业的人员大多很繁忙,教学上的精力投入有限且进出流动频繁。与欧洲尤其是法国相比,在教学上无疑又是不利的。

学生方面,从数量上看,美国早期的发展速度很快。从建系时各系的 3～5 人,至 1898 年已为数十人,总数已达 519 人,平均每系 56 人。其中特别生达 124 人,占总数 31%;研究生有近 40 人(有二校未计),占总数的近 0.8%。由于入学考试无疑要受大学的统一布置,不能像"巴黎美术学院"那样"挑选有兴趣和准备充分的学生,并使保持课程的高质成为可能",这致使"许多关于美国建筑教育的批评都产生于这一系统间的差异"①。尽管学生们大多有事务所的经验,但肯定与巴黎画室的专业培养不可同日而语。

① Arthur Clason Weatherhead. The History of Collegiate Education in Architecture in the United States, 1941:18-19.

课程教学

在教程的整体安排上，由于机制所属（如本节“机构设置”中所述），学分、学位等制度所带来的必然制约外，来自大学及各学院的“公共课要求”和“土木学科的影响”是不可忽视的两大制约因素。1898年统计资料显示①，此二项课程时数之和（“公共课”和“数学＋营造类课”）约占总课时的35％强（平均数分别为16.29％ 和18.8％），有的学校甚至超过半数（M. I. T. 为31.75％、23％，伊利诺大学为19.25％、31.75％），这必然给专业课及相关理论与基础课的安排带来一定困难。为此，M. I. T. 系主任W. R. 威尔曾作过不懈努力，试图有所改变。到了哥伦比亚大学后，他更以极大的耐心与毅力，年复一年地努力排除掉课程中无关联的部分，将更多的时间用在绘图与设计上。具体地做出如将数学与力学合为“建筑工程学（Architectural Engineering）”等举措，致使哥伦比亚大学的“公共类”课与“技术类”课时之和仅为23.25％，是9院系中最低的。在平均65％左右的专业及其基础课时的分配上，“设计”“建筑史”与“绘画”3类各占43.3％、7.6％、13.93％，其间之比约为5.7∶1∶1.8。其中阿穆尔工学院、康奈尔的“设计课”投入较大；哈佛大学、宾夕法尼亚大学则更注重“建筑史”；哥伦比亚大学、锡拉丘兹大学的“绘画类”课程比重最大。

表5-1　1898年美国早期建筑院系课时分类统计表（占总课时百分比／横向比较排名）

门　类	麻省理工学院	康奈尔大学	伊利诺大学	哥伦比亚大学	锡拉丘兹大学	宾夕法尼亚大学	乔治·华盛顿大学	阿穆尔工学院	哈佛大学	平均
设　计	31.25％ —— 8	50.00％ —— 2	30.50％ —— 9	49.00％ —— 4	42.63％ —— 6	46.13％ —— 5	36.45％ —— 7	53.75％ —— 1	50.00％ —— 2	43.3％
数学与营　造	23.00％ —— 2	14.25％ —— 8	31.75％ —— 1	14.50％ —— 7	17.37％ —— 6	17.68％ —— 5	19.63％ —— 3	18.00％ —— 4	13.00％ —— 9	18.8％
建筑史	6.50％ —— 8	6.75％ —— 7	7.50％ —— 3	7.25％ —— 5	7.11％ —— 6	10.22％ —— 2	2.8％ —— 9	7.50％ —— 3	13.25％ —— 1	7.7％
徒手画	7.5％ —— 9	8.5％ —— 8	11.00％ —— 7	20.50％ —— 1	18.16％ —— 2	14.92％ —— 4	17.76％ —— 3	14.75％ —— 5	12.25％ —— 6	13.9％
公共课	31.75％ —— 1	20.50％ —— 3	19.25％ —— 4	8.75％ —— 7	14.74％ —— 5	11.05％ —— 8	23.36％ —— 2	6.00％ —— 9	11.25％ —— 6	16.3％

（笔者根据美国AIA 1898年会上教育委员会所做的课时数据报告②统计）

① ［表5-1］，见本书P.123——笔者注

② Arthur Clason Weatherhead. The History of Collegiate Education in Architecture in the United States，1941：63.

此外，还有来自职业上的需求、恋古情结和对图面化的鲍扎式方案的向往……这众多难以协调的因素促成的课程计划有些缺乏整体性，可以说在很大程度上还是实验性的，是当时美国职业及学术条件下的产物。

就 1898 年 AIA 教委会汇编所作的几类课程统计看，"设计类"课程尽管由于鲍扎的影响渐渐扩大而从仅在最后 1 年设置扩展到 4 年的全部，但各院系在教学中均尚未形成体系；"技术类"课程仍受到相当的重视，数学和基于美国现实的结构、材料和营造内容在各校都讲得较细，一般都延续 4 年；"建筑史"类课程伴随着图书馆藏的增加和设计逐渐向鲍扎式的折衷主义倾斜，而成为学生建筑思想上的宝库，各校(除了伊利诺大学外)的"建筑史"课均覆盖了 3～4 年；"绘画类"课程，以浪漫式的风景画和速写为主，目的是制作写实的拷贝并获得绘画技艺；大学"公共类"课程是适应美国大学的一大特色，其中有着大量的语言(英语和其他外语)课等要求。除宾夕法尼亚大学和阿穆尔工学院外的其他各校课程中，这部分分量仍然不小。

作为欧洲体系的派生，美国建筑教育总体上有着与之相同的学术渊源和相近的教学方式。然而，由于受特有的大学机制所囿和社会需求之使，美国的建筑教育在开始阶段就表现出了与法、英、德任何一国体制的巨大差异。相形之下，共性的部分就极为有限了。这或许是世界文化传播过程中的必然，抑或是美国这一年轻的个性国家发展所独有的现象。

首先，建筑办学的主体经过画室的短暂过渡，便很快纳入大学的运行轨道，真正意义上的学校独立办学才成为了可能。这为美国建筑教育带来的受益是欧洲体系所无可比拟的：

1. 自主性——极少受到行业学会甚至国家的过多牵制，可自行其是、各校不同，利于个性的探索和特色的形成；

2. 单纯性——"教学"是唯一目的，其他因素如政治、经济的干扰可以基本排除，益于实现教学与管理的一体化；

3. 科学性——由于建筑设计课被归入学校的教学管理之中，使得其教学在机制上摆脱了传统的师徒制，学位制才可能在一开始就得以实行，并且分为本科、硕士及专科几个层次展开，学分制也才会随之将至。

其次，急迫而大量的社会人才需求以及材料、结构技术上出现的新趋势，为建筑学与建筑教育提供了广阔的市场，也提出了紧迫的要求。这种机遇和挑战的并存，也是欧洲体系所不曾遭遇过的：

1. 速率——短短三十余年建了 9 所院系且规模迅速扩大，这几乎完成了以法国为例的 300 年办学历程；4 年一轮的学制，这也只是法国平均人才培养周期的一半，这是顺应建设之需的良性效应；

2. 范围——虽然办学地点与经济发展同步，这与以法国为例相似，但能很快扩展至中西部等数个州、市，这种覆盖率则是法国努力多年以后的结果；

3. 侧重——针对职业市场对结构、营造等事务所业务急需的知识，予以教学上的特别关注，这无疑是真正的“职业教育”的明智之举。

应该说，美国建筑教育开端所面临的条件在教育学上讲，是资源匮乏但前景广阔。能勇敢面对，抓住机遇，放手实践，走因时因地的发展之路，这是个良好的开端，它体现了这年轻国家的不可多得的活力。

图 5-1 麦金、米德和怀特：哥伦比亚大学图书馆

图 5-2 麦金：波士顿公共图书馆外观

图 5-3 麦金：波士顿公共图书馆内景

图 5-4　宾夕法尼亚大学建筑系所在的“学院大厦”一

图 5-5　宾夕法尼亚大学建筑系设计教室——“大图房”一

6 折衷主义时期的美国建筑教育

1890 年代后期至 1920 年代，是美国建筑教育史上的第二阶段。美国建筑史学者称之为“折衷主义时期(The Period of Eclecticism)”①。

这是个美国建筑教育稳步发展的重要时期。随着国家建设的需求剧增，人们的审美追求也在发生变化，美国的“新古典主义”渐渐让位于“折衷主义”。在此转变中，美国建筑界的“鲍扎人”是专业界的主角。他们成立协会(研究会)、举办竞赛、开设学堂、颁布教学计划……极力维护与传播鲍扎式的原则。高校建筑院系则积极策应，他们组织起来投入到宣传、推广鲍扎式建筑教育的行列。他们密切关注建筑教育上出现的各种问题，推出了一系列重要的办学举措。其中最为突出的是联合制定了建筑课程的“最低标准”，以指导各院系的教学计划设置，为建筑教学的规则化、统一化管理打开了局面，也为鲍扎式的教学模式在美国全面推行奠定了基础。

在这一时期里，早期的 9 所建筑院系逐渐成熟起来，教学上全部或大部分转向了由“鲍扎建筑师协会”(详见本章后文)主倡的法国式教学法。此外，至此时期末还先后新建了 31 所建筑院系，使得全美国建筑院系总数达到了 40 所。

6.1 相关的背景

内战结束至 20 世纪初，美国的经济生活变化是巨大的。至 1910 年代，主要自欧洲迁来的 2 000 余万移民向西部迁徙，开发了西部的农业用地，扩大了国内市场。他们既提供了必要的劳动力，又带来了技术与经验。战后的美国不但仍然是世界上农业产品的主要生产国，到了 1894 年，在工业上也已打破了英国的工业霸主地位而跃居世界首位。19 世纪晚期的几次经济危机(1873 年、1882 年、1893 年)加速了工业生产的集中与银行资本的积聚，垄断组织日益发展起来。石油、轻工、矿产和运输各行业于 1870 年代至 1910 年代陆续托拉斯化，银行资本与工业资本随之融合成金融资本②。随之而来的是这些富豪寡头们不但控制着国家的工业与财政，还逐渐左右了社会的风俗时尚。这在建筑上表现为：由原本的自由而有些浪漫的“新古典主义”转向了严肃而富纪念性的后期新古典——“折衷主义”。

在一般公众方面，世纪之交前后也普遍缺乏建筑艺术的理解与欣赏基础，这种

① Arthur Clason Weatherhead. The History of Collegiate Education in Architecture in the United States, 1941: 72-174.

② 李纯武，等. 简明世界通史，1983：185.

艺术意识的缺失也促成了不自然的(artificial)“折衷主义”艺术的风行[①]。

建筑师职业的特征

至19世纪末,建筑师在职业性质上已“完全专门化”了,他们与建筑业和社会的关系已彻底转变:与雇主的关系已仅限纯咨询(顾问)关系,与建筑工业许多环节均无直接联系,进一步从与房屋建造关系密切的商务与财政领域中脱离出来。建筑师的这一“专门化”转变与缺少与工程科学的直接联系,导致建筑师的工作对象被公众认为是“艺术的奢侈品”,甚至在行外人看来,建筑师似乎常常被开发商和结构师所取代[②]。

在这时期,建筑师职业上的另一特征是建筑师的操行方面。在AIA的引领下,新的、更高的职业道德标准为各大事务所公认。这一自律自强的举措意在“克服恶性竞争,以改善建筑师与雇主和营造业之间的关系。它保证了公众的权益,鼓励了专业人员之间心理上的信任”[③]。无可置疑的是,它还树立了自身的职业荣誉和尊严。

可以想见,这两大职业特征在客观上首先促成了建筑师在职业内部协同作战,为建筑学向折衷主义和艺术性的转变提供了有效的策应;其次对建筑教育产生了重要的导向性影响。

与有关学科的关系

与建筑学相关的学科中,艺术与科技是两大类。“同源艺术(allied arts)”——绘画与雕塑等和“土木学科(science of engineering)”——结构与营造,这是两类学科中与建筑学关联最紧的。在此时期内,美国建筑学界对二者的态度正在发生着与此前(即“早期”)相反的转变——重艺术,轻技术。而这一转变是与鲍扎教学体系及其“折衷主义”美学观相一致的。

年轻的美国发展至此,已拥有一些包括画家和雕塑家在内的大艺术家,然而对其艺术的欣赏普遍缺少与建筑的关联。绘画、雕塑与建筑的关联只是偶尔作为建筑的装饰而存在。1912年AIA的“同源艺术委员会(The Committee on Allied Arts of the AIA)”在46届AIA年会上的报告中对此颇有些忧虑:“……建筑、绘画、雕塑之间协同努力的成功迹象少得可怜,以至于对以事实上除名称外的艺术均

① Arthur Clason Weatherhead. The History of Collegiate Education in Architecture in the United States, 1941:74.

② Arthur Clason Weatherhead. The History of Collegiate Education in Architecture in the United States, 1941:72.

③ Arthur Clason Weatherhead. The History of Collegiate Education in Architecture in the United States, 1941:73.

相通为基础的继续努力变得有些犹豫不决了……”[1]该委员会认为问题在于缺少教育。有的教学机构(如后面将提及的鲍扎建筑师协会所办的学校)也已在课程中加了绘画、雕塑课程。尽管效果上与法国鲍扎还有差距,但这一努力的实施其意义是非凡的。

从技术科学角度,钢铁及钢筋混凝土在建筑工程中大量的运用,使得营造的科学日益复杂,建筑师们则无可选择地变得越来越依赖结构专家。建筑师与结构师的分工明确了,大学中的“建筑”与“土木”二学科也随之几乎完全分开。这一状况最终促成了这样的事实:“在建筑设计师思想中,建筑的真实性日趋含混,他渐渐背离了建筑中最充满活力的部分——营造,并且鼓励了开业者和学生的‘图面建筑学(Paper architecture)’心态。”[2]

美国的新古典主义及其后期的折衷主义趋势

如前节所述,欧洲的古典主义即前节所述“古典复兴”影响美国大致始于18、19世纪之交,与之相随而至的还有“浪漫主义”和“哥特复兴”。在其后的半个多世纪里,这一影响的结果其实是有些浪漫色彩的复古现象,建筑上常仅仅是复制一个曲解了的罗马或希腊古建筑外壳,而不管建筑的功能与类型。至1890年代,这一情况发生了转变。随着大量训练有素的鲍扎建筑学人来到美国,对古典范例的崇仰推向了新的高度。这些建筑师们追求更逻辑、更正统和更完善的古典传统。重要的是,尽管形式构图和精美的装饰仍是古典的,但平面(空间)是根据功能条件调整了的,因此总体上就不再是盲目拷贝历史上的纪念建筑了。而当时现代材料(如钢铁)与结构科学也似乎还不足以造成新的形式规则。在此意义上,应该说从复古到新古典的这一转变还是较积极的。

1893年,美国建筑史上发生的一件重要事件,将美国的复古运动推向了顶峰,“新古典主义”因此在美国被广为接受并发展到“折衷主义”阶段。1893年,芝加哥举办了哥伦比亚世界博览会。该博览会设于密歇根湖畔,是个众多白色宫殿建筑的集合。建筑物围绕着规则式的中心庭院和一侧的自由式花园布置,规模巨大,气势恢宏,极具纪念性。[见图6-1、图6-2]负责规划和设计的建筑师小组成员大部分是“巴黎美术学院”回来的东部学生,其中有R. M. 亨特(Richard Morris Hunt)、C. F. 麦金(Charles Follen Mckim)等。建筑风格几乎是清一色的“新古典主义”。他们意在要给美国人开开眼界:公共建筑和环境该是什么样。如R. M. 亨特所言:

① 《46届AIA会议记录》,1912年,P. 36,转引自:Arthur Clason Weatherhead. The History of Collegiate Education in Architecture in the United States, 1941:37.

② Arthur Clason Weatherhead. The History of Collegiate Education in Architecture in the United States, 1941:75.

“我们将此视作给美国——我们的政府的一次实物教学课。”①在其中，R. M. 亨特设计了主庭院端部的“行政大厦（Administration Building）”，C. F. 麦金（Charles F. Mckim）等设计了一侧的“农业馆（Agriculture Building）”……其中颇受赞誉的“美术大厦（Fine Arts Building）”设计者是芝加哥的建筑师 C. B. 阿特伍德（Charles B. Atwood）。他虽然未曾入“巴黎美术学院”学习过，但是由于他有出身于“巴黎美术学院”的助手，因此显然在设计上受到了“巴黎美术学院”罗马大奖赛作品的强烈影响。[见图 6-3、图 6-4]然而，同是在此世博会上，也同是“巴黎美术学院”的毕业生，芝加哥最才华横溢的建筑师 L. 沙利文（Louis Sullivan）却设计了很与众不同的“客运大厦（Transportation Building）”。因其多彩的立面和个性化的处理，而显得与众多白色的古典主义主调有些格格不入。[见图 6-5、图 6-6]但在总体上，整个博览会的绝大多数建筑都是“新古典主义”风格的。

尽管博览会并未令司空见惯了新古典建筑的法国建筑师们吃惊——他们似乎对芝加哥刚刚出现的高层建筑兴趣更大些，但确实让美国人大饱了眼福，R. M. 亨特本人也因此受到了嘉奖。开展一个月后，英国皇家建筑师协会（RIBA ）给他颁发了金质奖章。因博览会是临时性的，因此在用材上既非砖更非石，而是以结构骨架上覆以强力纤维灰浆（staff）“塑”出来的。但这令人耳目一新的形象，对美国的影响是巨大而持久的。新古典风格连同规划手法被 C. B. 阿特伍德用在了他后来的芝加哥、华盛顿市中心等城市规划设计中。

在形象上，“折衷主义”比“新古典主义”更自由、放松，也更精雕细作。从世博会建筑表象上，已可看出这种明显的折衷主义倾向——历史上的各种式样已被综合地揉在了一道。而事实上，在 1875 年后，“历史典范的照片对建筑师们开始有了价值。这日益增长的精确信息资源，特别是与建筑细部相关的信息，激励了设计上更理性的折衷主义方法”②。此外，造成折衷主义方法的另一因素是大萧条后建设的大发展，各事务所此时都忙得应接不暇，简直成了“设计工厂”。而从当时时尚的历史范例中找个摹本做些调整，显然比按具体条件自行推绎要容易得多。这种应急措施渐渐“成了一种癖好，甚至升格为一种善行（virtue）。每当一部欧洲新发掘的测绘细节的著作一刊行，美国建筑便会出现一次大喷发，就像沉迷草莓后人要出疹子一样不可避免”③。

---

① Arthur Drexler. Beaux-arts Buildings in France and America Arthur Drexler. The Architecture Of The Ecole Des Beaux-Arts，1977：470.

② Arthur Clason Weatherhead. The History of Collegiate Education in Architecture in the United States，1941：87.

③ HVB. Magonigle. Plagiarism as a Fine Art. American Architects，1924(125)：516.

6.2 鲍扎在美国的影响

在美国的“鲍扎人”，无疑是对美国早期建筑教育影响重大的专业人群。

在美国，与鲍扎有关联的建筑人不外两大类。一类是“巴黎美术学院”学成后来美的，其中有些是法国人（如宾夕法尼亚大学的 E. 莱唐和 P. 克瑞等），有些是学成后返回的美国人（如著名建筑师 R. M. 亨特和 H. H. 理查森等）。另一类是由美国自己培养，后又去“巴黎美术学院”受教回美的，其中有的仅是短期学习或访问（如 M. I. T. 创始人 W. R. 威尔等），有些则是经较长期学习并获得“巴黎美术学院”文凭的（如哈佛大学毕业后赴“巴黎美术学院”取得文凭，并曾于 1901 年任教康奈尔大学建筑系的教授 C. 纳什等）。

从时间上看，在美的鲍扎人中最早的是去“巴黎美术学院”留学的美国本土人，其中第一个是 R. M. 亨特（1846 年入“巴黎美术学院”），接下来是 H. H. 理查森和 C. F. 麦金。其次是专程赴法学习与访问的美国人（如 W. R. 威尔 1866 年去法国“巴黎美术学院”），后来还有若干系主任如法炮制。而 1872 年第一个来美的法国人 E. 莱唐（Eugene Létang）较 R. M. 亨特去法国留学晚 26 年，且是被 W. R. 威尔请来的。由此我们似可认为，在鲍扎的辐射影响中，美国人是主动在先的。

从人数上看，由“巴黎美术学院”培养的人总数至 1968 年“巴黎美术学院”改组时共有 500 人以上的正式注册生和数百名非正式（未注册）的画室学生①，人数之众当数全球之最。其中 1880 年后就有 12～15 个美国人在“巴黎美术学院”入学，1893 年时在美的鲍扎人至少已有 70 人以上，1900 年时又有一大批回国开业或从教②。

人员结构上，从笔者根据 Arthur Clason Weatherhead 1941 年所著 *The History of Collegiate Education in Architecture in te United States* 一书中各院系 1925 年前的介绍所作的分析、统计可知，1912 年时与美国建筑教育相关并影响较大的人（系主任或设计教授），除了出身不明者 28 人和留学英、德各 1 人外共有 69 人，其中 38 个“鲍扎人”（包括“巴黎美术学院”直接培养的 28 人与美国培养后又得“巴黎美术学院”文凭的 10 人），比美国本土的 30 人（包括本国建筑师 13 人与美国自己培养的 18 人）还多出 8 人，且 18 个自己培养者中大多受教于“鲍扎人”；此外，在系主任担任者中，鲍扎人 9 人，自培者 9 人，本国建筑师 10 人，可说是均分天下。由此，美国建筑教育的“在自主前提下步鲍扎后尘”或说“美国式的鲍扎教育”的大

① Arthur Drexler. Beaux-arts Buildings in France and America//Arthur Drexler. The Architecture Of The Ecole Des Beaux-Arts，1977：464.

② Arthur Drexler. Beaux-arts Buildings in France and America//Arthur Drexler. The Architecture Of The Ecole Des Beaux-Arts，1977：75-76.

局势(如后文所述)的现实就是十分自然的了。

表 6-1　美国早期建筑院系主要老师来源一览(1925 年以前)[①]

培养地 / 院系	本国建筑师			本国培养			鲍扎培养			英国培养			德国培养			本国毕业再由鲍扎培养			来历不详		
	首任主任	继任主任	主讲教师	首任主任	继任主任	主讲教师	首任主任	继任主任	主讲教师	首任主任	继任主任	主讲教师	首任主任	继任主任	主讲教师	首任主任	继任主任	主讲教师	首任主任	继任主任	主讲教师
麻省理工学院	1	6						1	4												
康奈尔大学				1	2	1		2	5									2			1
伊利诺大学				1		2									1					2	2
哥伦比亚大学	1	1			1	1		1	3									1			3
锡拉丘兹大学			2	1		2		1									1	1		2	2
宾夕法尼亚大学	1					1			6								2	2			1
乔治·华盛顿大学					1														1	5	1
阿穆尔工学院					2	1	1		1											1	4
哈佛大学			1			1			3	1								1		1	2
小计	3	7	3	3	6	9	1	5	22	1					1		3	7	1	11	16
合计(共 99 人)	13			18			28			1			1			10			28		

此外,以教学为主的法裔鲍扎人中,不少是先由当时在读的美国学生受国内建筑要人之托而物色,再由各校当局出面重金相聘(如 P. 克瑞),因此不乏杰出之人。其中大多都是学绩优秀,甚至还有 2 名罗马大奖获得者(1911 年和 1922 年应聘哈佛大学的 E. S. A. Duquesne 和 J. J. Haffner)。另外,著名的 P. 克瑞等亦是同期"巴黎美术学院"学生中出类拔萃的。

美国鲍扎建筑师协会与鲍扎设计研究会

"美国鲍扎建筑师协会(The Society of Beaux-Arts Architects in America)"是一个民间学术组织。1890 年,一群就读"巴黎美术学院"的美国学生满怀激情地盟誓要在回国后成立个鲍扎协会,以实现在美国推行法国鲍扎式教学法的梦想。该小组的成员之一,W. A. 博林(W. A. Boring,1915 年起到哥伦比亚大学并兼系

① 笔者根据 Arthur Clason Weatherhead 的论文 *The History of Collegiate Education in Architecture in the United States* 通篇所及者做的统计。

主任)一马当先,竭力促成。1893 年"美国鲍扎建筑师协会"成立,72 名前"巴黎美术学院"学生身份的会员由 W. A. 博林主持通过了协会的章程。协会认定的目标是:"……维护鲍扎审美准则;尽力在新生代建筑师和公众中传播这些原则……为渴望得到我们这样条件的年轻人提供建筑教育;尽快将这些年轻人招募进我们的行列,以形成鲍扎式的美国建筑学校为目的而共同工作。"①此后,"鲍扎建筑师协会"规则地组织设计竞赛、办画室展开教学……影响很快波及全国。除了建筑学外,"鲍扎建筑师协会"还于 1911 年创立了雕塑部。1914 年,"鲍扎建筑师协会"租下了纽约东七十五街 126 号,第一层用来展览与评图,上层用做画室。

"鲍扎设计研究会(The Beaux-Arts Institute of Design)"于 1916 年成立,目的是为将"鲍扎建筑师协会"的工作拓展到更广领域。"鲍扎建筑师协会"将其教育方面的事务连同协会的房屋一并交给了"鲍扎设计研究会"。二会的管委会成员及指导原则相同。"鲍扎设计研究会"的主席 L. E. 沃伦(Loyd Eliot Warren)就曾在"鲍扎建筑师协会"任过主任、司库,他为人热心、慷慨,曾向该组织捐过大量款项。

在并无官方评判、颁奖机构(如法国建研会)的美国,"鲍扎建筑师协会"与"鲍扎设计研究会"承担了全国建筑学教育方面的指导者角色。

美国的鲍扎式画室及其教学计划

"鲍扎建筑师协会"及"鲍扎设计研究会"的工作是有成效的,应该说达到了其目的:形成美国的鲍扎式教学。"鲍扎建筑师协会"及"鲍扎设计研究会"的成员们率先在其及事务所中开办了画室,到 1903 年有 16 个会员参与了画室教学。1905 年有 238 名学生在各鲍扎式画室注册。1912 年时,全国共有 102 个鲍扎式画室,994 个注册学生。1913 年有 1 100 个学生②。这些画室间共用"鲍扎建筑师协会"及"鲍扎设计研究会"的设计任务书,并且都是以巴黎画室导师类似的方式教学。

这一教学计划书渐渐受到其他建筑院系的关注,到 1928—1929 年,"鲍扎建筑师协会"及"鲍扎设计研究会"所颁的计划已被当时全国 51 所大学建筑院系中的 46 个采用。1929—1930 年,有 44 个建筑院系有 1 000 幅图送展"鲍扎建筑师协会"(参赛)。无疑,这一(对)民间的学术组织已在全美的建筑教育中起到了绝对的统帅地位,"成了二战前各学校设计教学的校外主宰者"③。此外,为指导这种鲍扎式

① Report of the Committee on Permanent Organization. Architecture and Building, 1895(18):167. 转引自:Arthur Clason Weatherhead. The History of Collegiate Education in Architecture in the United States, 1941:77.

② Arthur Clason Weatherhead. The History of Collegiate Education in Architecture in the United States, 1941:78-79.

③ Daqing Gu. The Design Studio: Its Formation and Pedagogy, 1994:57.

设计教学，1926 年曾出版了《建筑设计研习》(*The Study of Architectural Design*)(作者 John F. Harbeson)一书，并注明是专门与鲍扎式教学计划配套使用。

巴黎大奖赛与各类旅行奖学金

“鲍扎建筑师协会”在成立的第二年就开始举办规划的设计竞赛。首次竞赛于 1894 年 9 月由“鲍扎建筑师协会”发起，其范围包括了协会成员的学生，哥伦比亚大学、宾夕法尼亚大学、哈佛大学、康奈尔大学、锡拉丘兹大学、M. I. T. 的学生以及纽约、波士顿、费城的各(建筑)俱乐部(如丁字俱乐部等)成员。首次赛题是某小剧院设计，共收到设计图 40 份。1894 年 10 月 3 日，由“鲍扎建筑师协会”成员组成的小组评出各等级的奖，一等奖被 M. I. T. 的学生 F. M. 马恩(F. M. Mann)夺得。此后，这一竞赛每季度一次，并很快向全美所有建筑学学生开放。

与此同时，由于哥伦比亚大学毕业后赴法学习的“巴黎美术学院”毕业生、“鲍扎建筑师协会”主席、鲍扎方法的倡导者 L. E. 沃伦的努力，“巴黎大奖(The Paris Prize)”得以于 1894 年建立。该奖提供 2 年里每季度 250 美元奖学金及去“巴黎美术学院”留学的机会。到 1930 年时，该奖提高为 2. 5 年 3 600 美元(合每月 120 美元)。资金由包括 L. E. 沃伦在内的“鲍扎建筑师协会”成员们捐献。1904 年，“巴黎大奖”委员会成立。同年，L. E. 沃伦向法国政府提出请求承认该大奖。他与“巴黎美术学院”各级领导接触，以使获奖者能被该院直接纳入第一级学习。第一个受此殊荣的 G. A. 利希特(G. A. Licht，哥伦比亚大学后来的教授)在“巴黎美术学院”学习优秀，曾获过学院的大赛奖章(Grande Medaille)。毫不夸张地讲，“巴黎大奖是青年学子们心中的‘圣杯’”①。其重要性就如法国的“罗马大奖”。

随后，“鲍扎建筑师协会”这一鼓励学生从专业旅行中学习优秀建筑文化的做法，渐渐被全美国所认同。各校纷纷开出各类旅行奖学金。到 1930 年，全美各类旅行奖项目的数量已达 38 项。各奖的旅行目地均为欧洲，时间从数月到 2～3 年不等；奖金数额在几百到 3 600 美元之间，一般平均保证每月 100 美元以上，最高者达每月近 170 美元②。

6.3 其他重大事件

流产的“中心大学”运动

法国“巴黎美术学院”的影响继续扩大，必然导致的结果就是提倡中心化的法

① Ann L Strong and George E Thomas. The Book of the School—100 Years: The Graduate School of Fine Arts of the University of Pennsylvania, 1990: 34.

② 美国建筑学生旅行奖学金目录//Arthur Clason Weatherhead. The History of Collegiate Education in Architecture in the United States, 1941: 142-144.

国教学体制。在美国的鲍扎人们对美国建筑院系的总体状况很是不满，认为当时各院系力量强弱不均，各院系领头人有些过于强调个人喜好与口味……罗马的美国学院（见下文）的首任院长建筑师 A. W. 罗德（A. W. Lord），在 1903 年给 AIA 的书面发言中说道："实现一个中心的建筑、雕塑、绘画学校的建立，是国家专业上的希望所在……这儿除了著名的专家群体外，还要招募最强有力的开业建筑师团队，从而确立正确理论和专业实践影响之下的学院方略；那时，我们就有望从对外国学校的依赖中解脱出来了。"①从那时直到 1905 年，成立中心学院的讨论一直是建筑教育界的主要议题。这一年，中心建筑学院明确要设在纽约，当时的各院系均归其管理之下，是个地道的国立大学院。这一学院的母本显然是上面提到的要摆脱的那个"外国学校"——"巴黎美术学院"。

然而另一批建筑师与教育家认为，成立基于"巴黎美术学院"模式的中心学院将过分地把法国方法强加于美国的院系，这种单一的控制机构对地域广袤、差异明显的大国未免太过规整划一，美国的几个院系按各自的路子发展，有利于解决本国特有的许多问题……的确，美国的教育是以较独立的方式发展起来的。尽管大多数院系都渴望得到"鲍扎建筑师协会"的总体计划的指导，但完全置于某一共管之下是全无可能的。于是中心学院运动便无疾而终了。

这是继 1867 年 AIA 教委会"中心学校"提议后的又一次"中控"计划。二者共同之处在于集中化；不同之处是前者处于美国正规建筑教育的空白期，是想有利于 AIA 解决"有无问题"，且从其"预备""综合工科"和"学术"三部来看，并无明显的鲍扎迹象。因此二者在本质上是不相同的。

罗马的美国建筑学院

19 世纪末，哥伦比亚世博会时聚集在 C. F. 麦金领导下的建筑师、画家和雕塑家们萌发了愿望：让学生们在古典艺术源头的最佳环境中去发展其才干。罗马的法兰西院所创的实物教程（Object Lesson）典范已存在 200 年，他们是其效仿者。1894 年 6 月以 C. F. 麦金为首的委员会组成。11 月，以 A. W. 劳德（Austin W. Lord）为院长的"罗马美国建筑学院（The American School of Architecture in Rome）"便开始运行。第一年有 3 位学生入学。1895 年，设立了 1 500 美元的"罗马奖学金"，美国高校毕业生或在"巴黎美术学院"学习 2 年以上的美国人均可申请。该院完全由上层的建筑师及其朋友们所支持，故首先面向建筑学，后来才扩展至绘画、雕塑。

一开始，该院的目标仅是在罗马设个画室，为旅行到此的美国学生提供便利，并协助其参观和研究那里的古建筑。1897 年，该院被纽约州收编。1904 年，美国

① A W Lord. AIA 第 39 次年会会议记录：XXXIX 卷，1905：47. 转引自：Arthur Clason Weatherhead. The History of Collegiate Education in Architecture in the United States，1941：80.

政府授权驻罗马大使接受该院的托管，并设法争取意大利官方给予同类学校的权益。1905年，该学院正式归属国家政府。此后，每年选送建筑、绘画、雕塑学生各1名，每3年选送1名风景建筑学生。另外，该院除院长外，每年还聘有建筑师、画家、雕塑家各1名作为学生的辅导教师。

尽管如此，"罗马美国建筑学院"仍非一般意义上的学校。学生的基本练习是调查和研究，而不是设计。其是想通过长期的古罗马及文艺复兴建筑环境的熏陶来培养学生的品位，并通过他们回国后的影响达到改善和提高全国建筑学术水准的最终目的。

高等学校建筑院系联盟

在1912年AIA的46届年会上，到会的8个建筑院系教授经非正式讨论后，形成了成立一个高校组织的提案。该组织选举宾夕法尼亚大学的W. P. 赖尔德为主席，密歇根(1906年建系)的E. 洛奇(Emil. Lorch)为副主席，康奈尔大学的C. A. 马丁(Clarenca A. Martin，当时的系主任，"巴黎美术学院"毕业生)为秘书长。1913年AIA年会上，该组织成立的提案获准。这就是"高校建筑院系联盟(Association of Collegiate Schools of Architecture)"(以下简称为"高校联盟")。该联盟的组织成员"由提供高等建筑教育课程的院系中被该联盟接纳的院或系(Schools or Departments)组成"。其目的是"提高美国建筑教育之能效"①。每次会议由各成员院系派系主任或一代表。创盟时的10个成员院系是(以英文首字母为序)：

卡内基工学院(Carnegie Institute of Technology)
哥伦比亚大学(Columbia University)
康奈尔大学(Cornell University)
哈佛大学(Harvard University)
麻省理工学院(Massachusetts Institute of Technology)
加利佛尼亚大学(University of California)
伊利诺大学(University of Illinois)
密歇根大学(University of Michigan)
宾夕法尼亚大学(University of Pennsylvania)
华盛顿大学(Washington University)

相对于更多从职业实践角度出发的AIA教委会，这一联盟是由建筑教育界的首领们所组成的。他们讨论的问题都是各院系直接面对的问题。而且在联盟成立伊始就表现出了与前者紧密合作的姿态，该联盟其后的年会通常与AIA联合

① 《首次美国建筑院系代表会议记录》，P. 2，1912年12月19日。转引自：Arthur Clason Weatherhead. The History of Collegiate Education in Architecture in the United States，1941：145.

举行。

“高校联盟”在全国建筑教育上的贡献很快受到广泛认同，达到管理标准的院系渐渐加入了进来。1923 年，盟员院系已发展为 17 所，1928 年便有了 25 所。由于“高校联盟”的成立正当该时期（折衷主义时期）建筑教育发展的顶峰时期，“因此该组织应被视为这一发展的极致状态和标准化的动因……”①

最低标准

早在 1912 年“高校联盟”的首次会议上，明确的教学指导标准就被作为问题提出了。康奈尔大学的 C. A. 马丁受托，着手开始收集各院系课程标准。1913 年，C. A. 马丁提交了一份包括 25 个联盟成员或非成员院系的情况报告表格。1914 年，“高校联盟”便出台了四年制的建筑课程“最低标准（Standard Minima）”。经过 1916 年和 1924 年 2 次小的修订，该标准便基本定型。

这是一个针对正规大学四年制建筑专业课程的相关标准。内容中包括了从入学要求到总学分/学时和分项课程的科目、学分/学时的原则标准，以及相关的详细说明；此外还对教学设施、师资、管理和学位等做了建议或规定。其中不少量化的信息对我们了解当时美国建筑教育状况很有价值。在此标准中，首先对入学建筑学的高中学习最低要求很明确（教学单元即学年）：

科目	数量	单位
英语	3	教学单元
代数（学完二次方程）	1.5	教学单元
几何（平面、立体或球面）	1.5	教学单元
物理	1	教学单元
历史	1	教学单元
一门外语	2	教学单元
其他规定或选修科目	4	教学单元
总计	14	教学单元

在此标准中，大学学分的标准制定得更是具体：其中总学分不低于 120 学分，每学分 3 学时/周（1 学时讲课或 3 学时绘图、实验作业），每学期按 15 周计。4 年课程总学时则为 120×3×15＝5 400 学时。四年的所有课程分为“公共”“专业”及“附加”3 组，各组又分为若干类科目（课程），其具体课时及学分标准如下：［表 6-2］

① Arthur Clason Weatherhead. The History of Collegiate Education in Architecture in the United States，1941：147.

表 6-2　分类课时表①

	科　目	学　分	学　时
1. 公共课	英　语	4	180
	外　语	4	180
	数　学	4	180
	科　学	4	180
	其　他	8	360
	小　计	24	1 080
2. 专业课	设　计	30	1 350
	营　造	16	720
	历　史	8	360
	绘　图	16	720
	其　他	16	720
	小　计	86	3 870
	1、2 合计	110	4 950
3. 附加课		10	450
	总　计	120	5 400

表 6-3　分类统计表②

	1989 年平均值	最低标准值	最低标准增幅
公　共　课	16.3%	17.0%	+0.7%
技术及基础	18.8%	25.6%	+6.8%
建　筑　史	7.7%	8.5%	+0.8%
绘　　　画	13.9%	17.0%	+3.1%
设　　　计	43.3%	31.9%	−11.4%

如果将此课程按 1898 年的分类法——数、理课归入“营造类”重新统计，我们则可看出两者的差别。就“公共(其实是人文类)课”与“专业课”课时的比例来看，

① Arthur Clason Weatherhead. The History of Collegiate Education in Architecture in the United States，1941：148.

② 笔者统计。

此标准的“公共课”比1898年早期9院系的统计平均值增加了0.7%；再就“专业课”中前四类课的比例看，“设计类”课比重较1898年的平均值低了11.4%，而其他3类课则相应有所增加，其中“技术类”增加了6.8%。1898年统计结果与“最低标准”的课时比较如前(其中“最低标准值”内未计入“其他”)：[表6-3]

此外，“最低标准”中对专业课程中的设计、营造、历史、绘图等各类课程的具体教学内容都做了详细说明(略)。

6.4 建筑院系的基本情况

早期的9所院系

麻省理工学院并未如其他早期院系在这一时期前阶段经历了巨变，因为折衷主义时期的教学原则在该系已得到相当程度的发展了。F. W. 钦德勒主持系务，D. 戴斯普莱迪勒(Desiré Despradelle)负责设计，因此该系繁荣依旧，被公认为这一时期前阶段的领头系。F. W. 钦德勒1911年辞职后，系主任人选更换较频繁：D. 戴斯普莱迪勒(Desiré Despradelle)、W. H. 劳伦斯(William Henry Lawrence)、J. K. 泰勒(Jeams Knox Taylor)各继任过一年系主任。1914年，AIA教委会主任R. A. 克拉姆(Ralph Adams Cram)任系主任，1919年又由W. 艾莫森(William Emerson)执掌。设计教师继D. 戴斯普莱迪尔逝世后，又有A. 费伦(Albert Ferran，1921—1929年任系主任)和J. 卡卢(Jacques Carlu)2位“巴黎美术学院”毕业的法国人担当。尽管建筑观上一直是折衷主义的，但该系并未采用“鲍扎设计研究会”的教学计划，原因是D. 戴斯普莱迪尔已制定了该时期自己的计划。该系由美国建筑师做系主任，法国学院派人物负责设计主课，是当时典型的美国建筑院系的组织结构。

康奈尔大学建筑系，由于1896年J. V. 范·佩尔特(Jonh V. Van Pelt)任设计教授而完全转向鲍扎体系。J. V. 范·佩尔特欲步法国“巴黎美术学院”后尘建立个大的美术学院，曾在教程的一开始增设了一个2年期的绘画与模型课的教学计划，该课后因其离校而被取消了。1901年J. V. 范·佩尔特辞职，由哈佛大学毕业后赴“巴黎美术学院”留学回国的A. C. 纳什(Arthur Cleveland Nash)继任教设计。1904—1914年的10年间相继任设计教授的均是来自“巴黎美术学院”的法国人：M. J. 普雷沃特(Maurice J. Prevot)、J. 埃布拉德(Jeam Hebrard)和G. 曼克辛(George Manxion)。其中M. J. 普雷沃特能力很强，使得康奈尔大学在转向鲍扎的运动中处于全国领先地位。1904年，C. A. 马丁(Clarenca A. Martin，原教营造)继任院长一年。1919年，另一“巴黎美术学院”毕业生、纽约的建筑师F. H. 博斯沃思(Franke Huntington Bosworth，Jr.)任院长并兼设计教授。此外，康奈尔大学的建筑史课在当时也是全国闻名的。康奈尔大学建筑学院作为当时不多的独立学院，入学考试严格，设计课强调“巴黎美术学院”方法……在该时期的全国建筑教育事务中占据了主导地位。

伊利诺大学建筑系在此时期的发展较迅速，学生数自 1902 年至 1906 年便从 44 人发展到 130 人。本时期的后阶段，该系成为全美最大的学院（包括建工系在内）。1903 年及其后系里获国家不少拨款，因此而设备精良、图书丰富为全国之最…… 这无疑有 N. C. 瑞克尔（Nathan Clifford Ricker）身兼院系二职为系的发展带来的益处。1906 年他辞去了工学院院长之职，在系一直至 1916 年退休。1910 年继任系主任的是前华盛顿大学的系主任 F. M. 曼（Frederick M. Mann），2 年后又由 L. H. 普罗文（L. H. Provine）继任直至 1940 年代。在设计教学上，H. M. 汉森的继任者，哥伦比亚大学毕业生 S. J. 坦普尔（S. J. Temple）自 1896 年教至 1904 年。由于 H. M. 汉森是德国体系出身，S. J. 坦普尔也无鲍扎背景，因此伊利诺大学一直对设计强调不多。尽管后来设计开了 3 年，但题目均按需分组，而营造类课则很重……1920 年，L. C. 迪莱恩巴克（L. C. Dillenback）来系后，系里才开始鲍扎式的计划。

锡拉丘兹大学建筑系由于原属美术学院，又由前任的主持人们创下鲍扎式方法，因此在折衷主义时期的发展较平稳。1902 年 E. H. 加金（Edwin H. Gaggin）退休后，建筑师及建筑教师 F. W. 莱维尔（F. W. Revels）继任系主任。此外还有二名本系毕业生来系教书。这时，锡拉丘兹大学并无研究生课程，但有一种有指定阅读和独立设计作业练习的硕士学位。尽管锡拉丘兹大学经济上并不富裕，系的规模也小，但仍被列入全国高水平的建筑院系之一。

哥伦比亚大学建筑系于 1902 年脱离原矿院，成为大学的独立单位。同年，W. R. 威尔退休任名誉教授（在系直至 1915 年逝世）。他退休后，由他缔造的不同于欧洲的美国院系特征也随之离去。哥伦比亚大学的重组使之很快成为拥戴鲍扎思想与方法的领头者。校董事会任命了由 12 名纽约建筑师组成的委员会，该会于 1904 年提出了彻底整改措施：首先是取消严格的四年制课程和分班制，课程系列基本保持，但转换为学分制。其中绘画与设计课要求大大增加。第二是设计课采取画室制，1905 年开始的 3 个画室有 2 个在市中心、1 个在校内；市区的画室由 C. F. 麦金和 T. 黑斯廷思（Thomas Hastings）为导师，画室均邻近其各自的事务所，校内画室由 W. A. 德拉诺（W. A. Delano）负责，由此 3 人组成的委员会安排该校的设计课。第三是入学要求提高到有 2 年的学院训练（实为预科），同时对有能力的学生予以其他形式的认可，这在当时是唯一迈出这一步的学校。系主任由 A. D. F. 哈姆林（A. D. F. Hamlin）担任，他是个精通语言学和历史的学者。由于种种原因，校外画室后来还是转入校内，但仍保持了画室模式和开业建筑师执掌的方式。1907 年康奈尔大学的 M. M. J. 普雷沃特（Maurice J. Prevot）来哥伦比亚大学，这是该系的第一个法国教师。1912 年，A. D. F. 哈姆林辞去系主任，专职教建筑史，建筑师 A.

W. Lord 继任系主任至 1915 年，以后又由“巴黎美术学院”毕业生 W. A. 博林（William A. Boring）继任至 1934 年。

宾夕法尼亚大学是本时期后半在全美最为成功并在国内外影响最大的建筑系，本书下一章将做详述。

乔治·华盛顿大学从原名哥伦比安大学（Columbian Univ.）改至现名的时间实际上是在 1903 年。在这一新体制中，建筑系归艺术与科学综合部（the General Department of Arts and Science）。由宾夕法尼亚大学毕业生 P. 阿什（Percy Ash）任主任至 1910 年。1905 年建筑系成为学校的独立部分（独立系）。1910 年，该系由于财政问题而暂停。经过 AIA 华盛顿分会的努力，该系才于 1913 年恢复教学。新的系由原建筑史教授 A. B. 比博（Albert Burnly Bibb）担任，当时归新创的工程与机械学院，至 1928 年建筑系又回到原来的美术部。该系的机构变化频繁，建筑设计常由华盛顿 D. C. 的开业建筑师承担教学。该系规模不大，物资匮乏。1924 年在册生仅 15 人。N. I. 克兰多尔（Norris Ingersol Crandall）1924 年接任系主任，后来学生数才有所增加。该系建筑设计上虽然不强，但与美术部关联紧密的特征明显。

阿穆尔工学院建筑系分属工学院和（芝加哥）艺术学院双重管理，其与科学、美术的双重联系一直保留了下来。尽管由于是鲍扎人 L. J. 米莱特（Louis. J. Millet）执掌系务，在建系之始有效仿鲍扎之举，但至 20 世纪初时，由于中西部强盛的伊利诺大学建筑系的影响，阿穆尔采取了两套教程并行的策略：一、四年制建筑理学士课程；二、鲍扎式课程。后者的技术类课程与前者相同，而设计、考古、制图、模型和渲染等都按鲍扎式方法教学与评判，并以学分制计。然而，毕竟鲍扎课程与中西部思想不符，并且不适用于这小系。因此，第二套教案于 1907 年正式终止了。尽管后来还有留学“巴黎美术学院”的 A. N. 里博里（Andrew Nicolas Rebori）应召来教设计，但这一局面并未有多少改变。该系或许由于靠伊利诺大学太近而发展缓慢，但它与同源艺术的关联还是很具特征性的。1940 年，该学院与刘易斯工学院（Lewis Institute of Technology）合并成伊利诺工学院（Illinois Institute of Technology，即 I. I. T.）。阿穆尔工学院建筑系便成为了伊利诺工学院建筑系①。

哈佛大学建筑系由于 H. L. 沃伦（H. Langford Warren）的出色领导以及一笔 21 000 美元的赞助（某巨商于 1898 年捐），这所 9 建筑院系中最年轻的系发展迅速。至 1902 年，该系增加了一个由设计、历史及写生画组成的高等计划。这专门的计划导致了较其他院系似乎更为正式的硕士学位课程。该计划加之该校建筑奖学金，每年都吸引了本校及来自其他学校的大量建筑学毕业生。这一局面

① 根据 I. I. T. 学校的网上有关材料整理。——笔者注

发展到 1906 年，该系已成为专门的建筑学硕士研究生培养单位，是当时及以后较长一段时间内全美唯一的一所只培养硕士生的建筑院系。经过 1908 年受聘的结构教授 C. W. 基拉姆(C. W. Killam)对该系材料与营造类课程的不断改进，该系在工程学方面公认的薄弱情况得到了根本扭转。尽管英、德体系出身的 H. L. 沃伦反对过分的法国影响，但在 1910 年设计教学鲍扎化的大趋势下，他也做出了相应的策略调整。“巴黎美术学院”毕业生 E. S. A. 迪凯纳(E. S. A. Duquesne)和 J. J. 哈夫纳(Sean Jacques Haffner)二位法国人先后来系任教设计课。值得注意的是，这二位都是罗马大奖的获得者，这在美国院系的鲍扎人中是仅有的二人。1912 年，该系成为大学的应用科学研究生院(Graduate Schools of Applied Science)下的独立一支。1914 年，建筑学院另又成立了景园建筑系(Landscape Architecture)。H. L. 沃伦是该院首任院长。1917 年 H. L. 沃伦逝世后，C. W. 基拉姆和美术系来的 G. H. 埃杰尔(George Edgell)先后继任。

1912 年前新建的 11 所院系

1898—1911 年是美国建筑教育发展速度明显加快的 14 年。在数量上，建筑院系以平均 0.85 所/年的速度增加，这比早期的 30 年平均 0.3 所/年的速度增加了近 2 倍。至 1911 年，新建立的建筑院系有 11 所，使得美国的建筑院系数量达到了 20 个。学生在册数也比 1898 年原 9 所院系的总数 406 人增加了 2.5 倍，达到 1 450 人。其中新建院系学生数为 519 人，占 1/3 以上。新建院系中密歇根大学的规模最大，学生达 123 人，在全部 20 所院系名列中第三。

就院系所处地域讲，此期间新建的院系分布于美国的 11 个州(区)，使总体的建筑院系覆盖面从早期的 5 个州(区)增加到 14 个。其中除 2 所分别在华盛顿 D. C. 和宾州外，有 4 所在中西、中北部(印第安纳、俄亥俄、密歇根和密苏里)，5 所在东南、中南和西南部(乔治亚、亚拉巴马、路易斯安那、得克萨斯和加利福尼亚)。这一批院系的建立，填补了 9 个州建筑院系的空白，这无疑是对建筑教育的普及与发展极有意义的。

从所在学校看，新建的 11 所院系仍如早期院系，以综合性大学(university)为主，工程技术类学院仅 3 所。这 11 所学校中，不少学校的历史悠久。其中密歇根大学最为古老，始建于 1817 年，华盛顿大学(Washington University)和图兰大学(Tulane University)均始建于 19 世纪中叶；且这 11 所大多是颇负盛名的学校，如加利福尼亚大学(University of California)伯克利分校是加州也是全美最好的学校，得克萨斯大学(University of Texas)奥斯汀分校则是得州大学系统中最出名的学校，并且与俄亥俄州立大学(Ohio State University)列全美的大学人数排名第一和第二名(2000 年)；11 所学校中有的是著名人物私人所建，如卡内基工学院(Carnegie Institute of Technology，现卡内基—梅隆大学），更多的是公立大学①。

11 所院系在行政上有 9 所属理工类学院或部（college or division），其中绝大多又归土木工程（engineering）学院或部，仅有 2 所归（文学）艺术学院；同时普遍另设建筑工程（architectural engineering）选科（如前述的伊利诺大学），并有近半数的院系开设短期（2 年）的特别课程。

另外，在新建的院系主要教师（系主任和设计教师）中又有 10 名鲍扎人，他们分布在 6 所院系中（0～3 人/系不等），其中以华盛顿大学最多（3 人）。然而，这似乎并未使鲍扎体系在 11 院系中成为绝对主宰。教学上侧重职业和技术科学的院系所占比例近半（5 所），强调文史、艺术（即受鲍扎影响的）院系略多（6 所）。应该说产生这一结果，除了鲍扎人数量有限外，还与 1911—1912 年时鲍扎影响尚集中在东北部很有关系。

1925 年前新建的 20 所院系

在 1912—1924 年的 13 年里，美国建筑教育发展速度又翻了一番：新建的院系达 20 所，与原有的建筑院系数量相等，平均增长率为 1.54 所/年。至 1924 年，全国建筑院系的总数已达 40 所。这一时期新建的 20 所院系分布于全国 17 个州（区），其中有 11 个州突破了建筑院系数为零的历史。尤为可贵的是，西北部的华盛顿、俄勒冈、爱达荷 3 个州各建立了 1 所建筑系。从整体分布来看，此时总共 40 个院系覆盖了全国 51 个州（区）中的 26 个，超过一半。它们的位置为东北部 15 所，中西部 7 所，中北、中南部各 5 所，东南和西北部 3 所、西南部 2 所，形成了较合理的均势格局。[见图 6-7]

新建院系的所在学校除原先的综合大学、技术工科类学院外，还有 5 所农、机类院校，如得克萨斯农机学院等。这或许反映了建筑与机械科学的关联日益受到关注。在新建建筑院系的学校中有后来被列为美国大学前三名的耶鲁大学（Yale University，始建于 1701 年）和普林斯顿大学（Princeton University），有 T. 杰弗逊总统 1819 年创办的弗吉尼亚大学（University of Virginia，2000 年已排名全美第 22 名，公立大学第 2 名）等。

在学科归属上，新建的院系中归文科或美术类（文学艺术、艺术与考古、美术和实用美术）学院的已占 9 所，独立系 1 所，其余的 10 所属土木学院（部）或理学院；此外，设建筑工程选修科的仅 3 所，开设短期特别课程的仅 1 所。尽管这 20 所院系中任教的鲍扎人不过 3 个，但教学上仍呈现较明显的鲍扎倾向，重文史、艺术的院系有 12 所。这应与院系的归属有关，同时更与 1910 年代末鲍扎影响的扩展有关。[表 6-4]

① 美国各学校的历史参见林亚杰等《美国 TOP80 所大学研究生院指南》2000 年版，刘学婷《美国 MIDDLE60 所大学研究生院指南》1999 年版二书中的有关介绍。——笔者注

表 6-4 美国建筑院系概况一览

时期	序	学校名称	性质	建系	所在城市/州	隶属	学生数 1898	学生数 1911—1912	学生数 1934—1935
早期	01	麻省理工学院(Massachusetts Institute of Technology)	私立	1865	剑桥/马萨诸塞	土木学院	93	80	86
	02	康奈尔大学(Cornell University)	私立	1871	伊萨卡/纽约	土木学院	45	123	130
	03	伊利诺大学(University of Illinois)	公立	1873	厄巴纳/伊利诺	土木学院	53	203	239
	04	锡拉丘兹大学(Syracuse University)	私立	1873	锡拉丘兹/纽约	艺术学院	11	53	51
	05	哥伦比亚大学(Columbia University)	私立	1881	纽约/纽约	矿业学院	78	113	71
	06	宾夕法尼亚大学(University of Pennsylvania)	私立	1890	费城/宾夕法尼亚	理学院	41	216	111
	07	乔治·华盛顿大学(George Washington University)	私立	1893	华盛顿 D. C.	理学院	8	9	64
	08	阿穆尔工学院(Amour Institute of Technology)	私立	1895	芝加哥/伊利诺	艺术学院	19	98	89
	09	哈佛大学(Harvard University)	私立	1895	剑桥/马萨诸塞	理学院	36	36	35
折衷主义时期	10	圣母大学(University of Notre Dame)	私立	1898	圣母城/印地安纳	土木学院		25	45
	11	俄亥俄州立大学(Ohio State University)	公立	1899	哥伦布/俄亥俄	土木学院		39	74
	12	华盛顿大学(Washington University)	私立	1902	圣路易斯/密苏里	土木学院		44	64
	13	加利福尼亚大学(University of California)	公立	1904	伯克利/加利福尼亚	艺术学院		50	51
	14	卡内基工学院(Carnegie Institute of Technology)	私立	1905	匹兹堡/宾夕法尼亚	艺术学院		97	115
	15	密歇根大学(University of Michigan)	公立	1906	安拉伯/密歇根	土木学院		123	133
	16	亚拉巴马综合工科学院(Alabama Polytechnic Institute)	公立	1907	奥本/亚拉巴马	土木学院		22	64
	17	乔治亚技术学院(Georgia School of Technology)	公立	1908	亚特兰大/乔治亚	土木学院		42	66
	18	图兰大学(Tulane University)	私立	1908	新奥尔良/路易斯安那	土木学院		12	36
	19	得克萨斯大学(University of Texas)	公立	1909	奥斯汀/得克萨斯	土木学院		56	135
	20	美国公教大学(Catholic University of America)	私立	1911	华盛顿 D. C.	理学院		9	28
现代时期	21	得克萨斯农机学院(Agricultural and Mechanical College of Texas)	公立	1912	学院站/得克萨斯	土木学院			85
	22	莱斯大学(Rice Institute)	私立	1912	休斯敦/得克萨斯	独立系			43
	23	明尼苏达大学(University of Minnesota)	公立	1913	M.-圣保罗/明尼苏达	土木学院			125
	24	耶鲁大学(Yale University)	私立	1913	纽黑文/康涅狄格	艺术学院			96
	25	俄勒冈大学(University of Oregon)	公立	1914	尤金/俄勒冈	建筑与实用艺术学院			62
	26	华盛顿大学(University of Washington)	公立	1914	西雅图/华盛顿	艺术学院			84
	27	北达科他州立农机艺术学院(North Dakota State College of Agricultural and Mechanical Arts)	公立	1914	法戈/北达科他	土木学院			35

（续 表）

时期	序	学校名称	性质	建系	所在城市/州	隶属	学生数		
							1898	1911—1912	1934—1935
现代时期	28	俄克拉荷马农机学院(Oklahoma Agricultural and Mechanical College)	公立	1916	Stillwater/俄克拉荷马	土木学院			59
	29	克莱姆森农学院(Clemson Agricultural College)	公立	1917	克莱姆森/南卡罗来纳	土木学院			44
	30	弗吉尼亚大学(University of Virginia)	公立	1918	夏洛茨维尔/弗吉尼亚	艺术学院			34
	31	堪萨斯州立农学院(Kansas State Agricultural College)	公立	1918	曼哈顿/堪萨斯	土木学院			101
	32	堪萨斯大学(University of Kansas)	公立	1919	劳伦斯/堪萨斯	土木学院			60
	33	南加州大学(University of Southern California)	私立	1919	洛杉矶/加利福尼亚	文艺学院			100
	34	新罕布什尔大学(University of New Hampshire)	公立	1919	达勒姆/新罕布什尔	艺术学院			22
	35	霍华德大学(Howard University)	私立	1919	华盛顿D.C.	理学院			15
	36	普林斯顿大学(Princeton University)	私立	1920	普林斯顿/新泽西	艺术与考古			16
	37	宾夕法尼亚州立学院(Pennsylvania State College)	公立	1921	大学园/宾夕法尼亚	土木学院			46
	38	西部保留地大学克利夫兰建筑学院(Cleveland School of Architecture of Western Reserve University)	公立	1921	克利夫兰/俄亥俄	艺术学院			39
	39	辛辛那提大学(University of Cincinnati)	公立	1922	辛辛那提/俄亥俄	工商学院			75
	40	爱达荷大学(University of Idaho)	公立	1924	莫斯科/爱达荷	艺术学院			14

（根据 Arthur Clason Weatherhead. The History of Collegiate Education in Architecture in the United States，1941：63，136-137，235-237 三份表格的数据等资料统计——笔者注）

不难看出，“折衷主义”时期事实上是个鲍扎建筑学说在美国大行其道、鲍扎教学法全面占领美国大学建筑院系的时期。鲍扎风的来势之猛、蔓延之广、传播之迅速足以令世人咋舌。在这一时期里，美国的建筑教育无疑得到了长足的进步；同时还应该说，“学院派”建筑教育体系从法国易地美国后，也发展到了其巅峰状态。学院派体系的教育功能在得到大大强化的同时更趋完善，并无可置疑地烙上了地域与时代的印迹。在这其中，美国的“鲍扎人”和他们的团体——“美国鲍扎建筑师协会”及“鲍扎设计研究会”可说是功德齐天。他们出人力、捐资金……其精神感人至深。

在这一时期，美国建筑教育运作方面的众多举措中，有的与法国如出一辙，如“巴黎大奖赛”“罗马美国建筑学院”等与“罗马大奖赛”“罗马法兰西学院”简直并无二致；还有的是美国所特有，其中仅民间的协会、研究会、俱乐部一项就足可让法国人瞠目了，更别说美国的建筑院系大多归属工程类院或部，却又能按鲍扎体系运作自如……

图 6-1　芝加哥哥伦比亚世界博览会主展区一

图 6-2　芝加哥哥伦比亚世界博览会主展区二

图 6-3 C. B. 阿特伍德:芝加哥哥伦比亚世界博览会美术馆

图 6-4 E. Bènard:美术展览馆(1867 年“罗马大奖赛”一等奖)

图 6-5　L.沙利文:芝加哥哥伦比亚世界博览会客运大厦一

图 6-6　L.沙利文:芝加哥哥伦比亚世界博览会客运大厦二

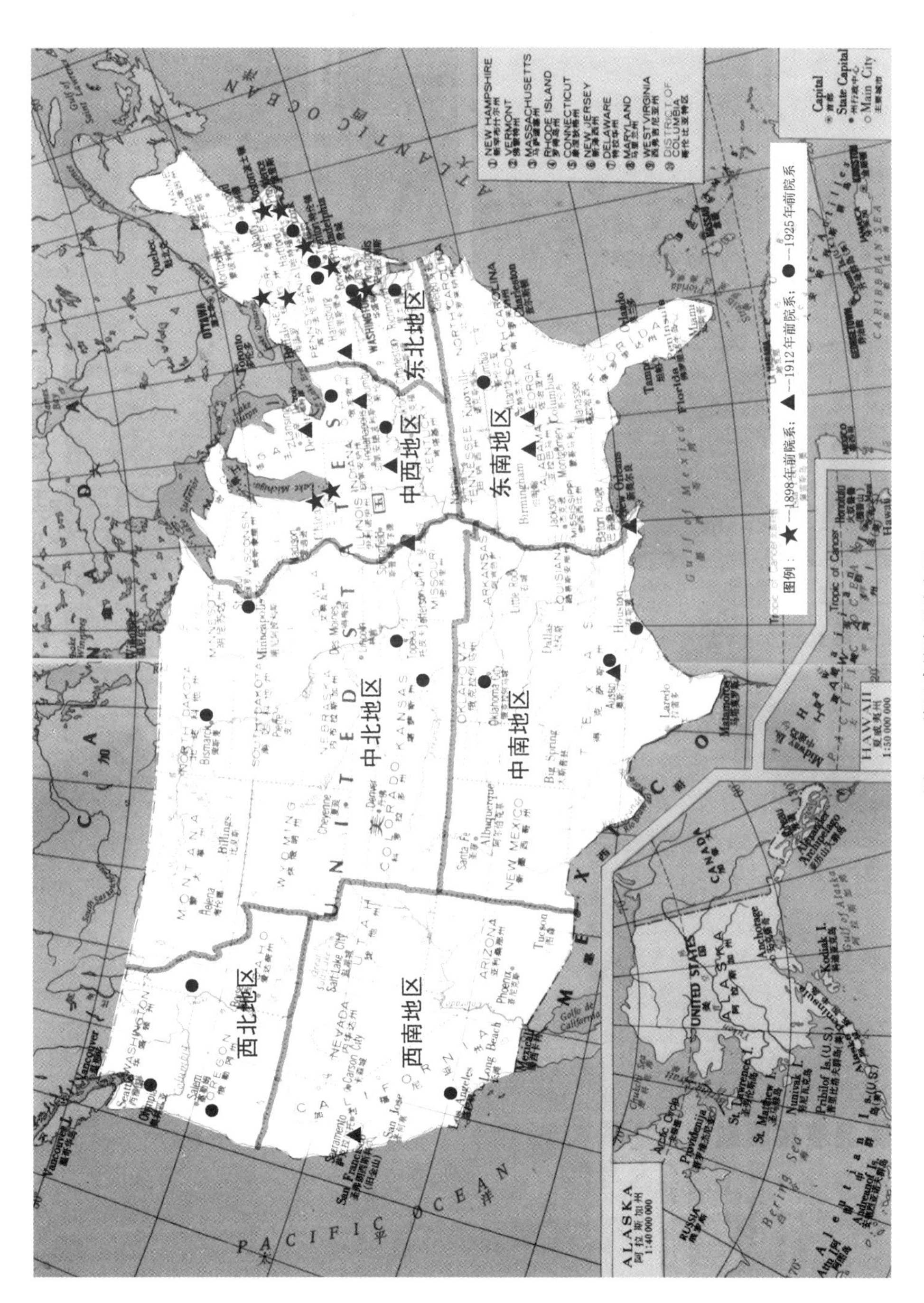

图6-7 美国建筑院系分布图

7 盛期的宾夕法尼亚大学建筑系

20世纪初至1920年代末，是宾夕法尼亚大学建筑系的黄金时期。它的规模迅速扩大，声誉剧升，一跃成为了全美众多建筑院系中的佼佼者。对于宾夕法尼亚大学的成功，费城的建筑师及建协锲而不舍，是其有力的后盾；系主任W. P. 赖尔德睿智果敢，是其当然的核心；教授们的精英组合是其坚强的砥柱；而才华横溢的P. 克瑞则是其当之无愧的栋梁。

在美国的高等建筑教育进程中，宾夕法尼亚大学作为全国这一时期的领头羊，其学术背景、办学思想及教学方式等方面均极有典型意义。就此作较详细的剖析，对我们了解美国式的鲍扎体系无疑是有益的。

7.1 整体情况

学术基础

“职业需求”是美国在内战前后各行业的大趋势，满足这一需求自然成了大学教育的中心任务。拿宾夕法尼亚大学来说，其前身就是所职业学校，“实业教育(Practical education)”是其创始人、慈善家B. 富兰克林(Benjamin Franklin)提出的口号，建筑学课程的建立因此而不可能不带有明显的“职业”印迹：这所原以法学和医学为主的学校在1850年便有意成立旨在建筑艺术等美国工业化技艺的系，1952年董事们批准的却是个“矿山、艺术与制造加工系”，只在其课程中包含了“素描”和“平面绘图”(Sketch and Plan Drawing)，1857年大萧条时该系停办；1867年初，教务长C. 斯蒂尔(Charles Still)博士又宣布成立“艺术系”(Dep. of Arts)，但在1868年成立时，系名又改为“科学系”(Dep. of Science)，这才第一次列入了建筑教程。

G. E. 托马斯(George E. Thomas)甚至说过：“建筑学要想在这个以枯燥的职业定向著称的校园里立足并出类拔萃是不可思议的。”①由此看来，宾夕法尼亚大学的首位建筑学教授W. T. 理查兹在土木系的大量工程课之外开设出绘画、建筑史及柱式构图等课程已是颇不易的了；T. P. 钦德勒(Theophilus Parsons Chandler, Jr. 即小钦德勒)1890年出任系主任时所实行的体系也不得不考虑这整个大学及社会的背景，采用职业化、艺术化双重特征的策略；而小钦德勒的继任者、折衷

① Ann L Strong and George E Thomas. The Book of the School—100 Years: The Graduate School of Fine Arts of the University of Pennsylvania, 1990: 3.

时期宾夕法尼亚大学的建筑系掌门人 W. P. 赖尔德(Warren Powers Laird)在上任之初的 5 年里,也是"萧规曹随",课程设置、师资安排的变化也有限。这体现了对"职业需求"大环境及建筑系基础的尊重,同时也是为日后发展所必需的"卧薪尝胆"之铺陈。

W. P. 赖尔德的办学思想

宾夕法尼亚大学的"赖尔德时期(The Laird Years)"是指自赖氏到任的 1891 年至其退休的 1932 年间的四十余年,其大部分是在美国建筑教育上的"折衷主义时期"。宾夕法尼亚大学建筑系史上最为辉煌的一段正是在 W. P. 赖尔德任上完成的。

1880 年代末,AIA 费城分会成员们对"建筑学的无序状态"表示了深切的不安,希望代之以"由鉴赏力所规范的风格秩序"。用分会主席小钦德勒的话说就是要选择一种模式,"它如果不是巴黎林荫大道的,也至少该是纽约第五大道的"①。他们把完成这一使命的希望一大部分放在了学校,因为在他们眼中,"办学是改善专业,并为公众设定新的鉴赏标准的合适方式"②。经过短期过渡,小钦德勒为宾夕法尼亚大学建筑系选择了 W. P. 赖尔德作为主持系务并把握建筑系未来方向的教授。显然,能被选中担当此任,意味着赖氏与费城年轻建筑师们的观点有共通之处。

W. P. 赖尔德毕业于早期重视实际建造技术的康尔乃大学建筑系,毕业后曾赴欧考察,去过"巴黎美术学院"。应该讲,他兼备了职业与学术双重素养,在上任 5 年后便提出了 10 条教学举措:

1. 建立专家治教策略;
2. 提高入学要求;
3. 变普通理学士学位(B. S.)为建筑理学士(B. S. in Architecture);
4. 四次颁发数额 1 000 美元的旅行奖学金;
5. 职业的与学术的研习再度取得平衡;
6. 设计成为首要课程;
7. 夏季要求学生去事务所实习或画速写;
8. 入学人数增加六倍;
9. 图书室从一个 30 英寸(约 0.762 米)的书架增加到 1 000 册藏书;
10. 建筑系在建筑师的评价中立稳脚跟。

① Theophilus Parsons Chandler,Jr. 于 1889 年 12 月 AIA 年会上的演讲题,转引自:Ann L Strong and George E Thomas. The Book of the School—100 Years:The Graduate School of Fine Arts of the University of Pennsylvania,1990:10.

② Theophilus Parsons Chandler,Jr. 于 1889 年 12 月 AIA 年会上的演讲题,转引自:Ann L Strong and George E Thomas. The Book of the School—100 Years:The Graduate School of Fine Arts of the University of Pennsylvania,1990:10.

1909年，在题为“建筑教育论”(*Notes on Architectural Training*)的文中，W. P. 赖尔德进一步阐述了他的建筑教育观。首先，他认为学校建筑教育的兴起，是因为工业化时代的建筑物兴建已成为“一种属于专门范围的复杂过程”；建筑师的角色也由“受人赞赏的艺术家”成为一种与律师、医师一般的“职业(profession)”；而建筑师事务所又因过于忙碌而不能为初学者提供学习机会；并且因建筑师工作内容“太多元化和太专门”了，个人也无法全部教授。建筑师的培养需要系统的教学，这只有学校才能提供。在美国，只有学校建筑教育才是促成“专业设立”的基本要素。

其次，W. P. 赖尔德认为，在建筑产业过程与建筑师角色都发生了变化的工业化时代，建筑师作为“专业人”比过去作为“艺术家”时多了些“工程师”与“业务经营者(business administrator)”成分。但即便如此，“艺术家”的角色扮演还是应放在首位：“……现代科学带来的各种特性建筑师都该知道，但对于他的最高职责来说，这些是次要的。他的建筑当然必须在建造上周全，而且适用于实际目的，但也一定必须是美的。因为建筑师终究是富有创造的艺术家……如果他的作品并未超越营造和适用，他的失败将是绝对的。……它甚至不是一件建筑作品，而且其作者是在将自己贬损降格为工程师或营造者。”

最后，在对这个“专业”建筑师的认知下，W. P. 赖尔德认为，完整的建筑师教育应由学校与事务所共同完成。学校是教授理论之处，而事务所则为运用理论之所：“建筑就如同其他伟大的人类活动一般，在于实践伟大而基础的真理。因为学校的功能在于对这些真理的谆谆教诲，且清楚地证明这些真理，以使这些真理能为未来的建筑师提供事业的基础，给他综合性的知识与深入理性的洞见，一种信念，一种被唤醒的对美的感知，与被激发出的想象力”①。

可以看出，至迟在20世纪10年代，W. P. 赖尔德的观念中已将建筑定位在了“艺术”上。进而，在W. P. 赖尔德的观念中，学校教育的目的绝非仅仅培养适宜于事务所中使唤的“绘图匠”，其最高职责在于训练将建筑视为己任的“建筑师”。这建筑师必须是个“有修养的人(a man of education)”——“胸中拥有的文化越多，其建筑作品将会越高贵”；他还应是个通晓其艺术本质的艺术家。因此，其办学重点自然地逐步放在设计的教授上，放在学生认识与想象力、创造力的发展上，放在对美的欣赏上，放在对建筑杰作的熟悉上……②

师　资

在所有W. P. 赖尔德的办学策略中，教师的选择是他首先关注的事。正如他

① Warren Powers Laird. 转引自：王俊雄. 中国早期留美学生建筑教育过程之研究——以宾州大学毕业生为例，1999.

② Warren Powers Laird. 转引自：Ann L Strong and George E Thomas. The Book of the School—100 Years: The Graduate School of Fine Arts of the University of Pennsylvania，1990：29.

所说的:“政策提供的只是一个基础局面,人才是给予它生气活力的因素”①。虽然,W. P. 赖尔德初期就有这样的想法:“教师必须由已有卓著声誉的专家担任”,但在宾夕法尼亚大学早期的条件下,一时还难以吸引已有丰富经验者。W. P. 赖尔德便本着这样的原则挑选有热情与潜力的教师:“……整体的受教育程度以及必要的专业实践知识,还有一些生活经验和良好的判别能力;作为天赋的创造才能的开端,还有一种对学科的热爱与向别人谈论它的欲望。”②在教学中将他们培养成他谓之的“明星表演者(Star Performer)”,作为各科目的主讲教师,再辅以年资更浅的教师以形成部门教师群。这种金字塔式的师资结构,既能使该部门协调一致,又保证了主讲教师退下时能有长期配合默契的后继者维持教学传统的一贯性。

W. P. 赖尔德将专业课分为设计、绘画、营造、历史与制图五个部分。各部分的主讲教师均是学识非凡的大师,他们的组合是宾夕法尼亚大学教学取得成功不可缺少的“团队精神”的核心。绘画课继创系之初的水彩画家 C. 达那(Charles Dana)之后,毕业于麻省艺术师范学校(Massachusetts Normal Art School)(另说是波士顿艺术师范学校)的 G. W. 道森(George Walter Dawson)于 1904 年成为主讲教师。他水彩画造诣精深,23 岁时(1893 年)便被 W. P. 赖尔德请来系里任教,不久便在教学上获得很高赞誉。

营造课原先由 W. P. 赖尔德亲自讲授。1898 年,T. 诺兰(Thomas Nolan, 1857—1926)来系。T. 诺兰毕业于 W. R. 威尔主持下的哥伦比亚大学建筑系,主修建筑工程(Architectural Engineering),后曾于“巴黎美术学院”短期学习,并有过几年的建筑实践。1899 年,T. 诺兰曾赴刚成立的密苏里大学建筑系任系主任,一年后因计划取消而回宾夕法尼亚大学任营造课教授。T. 诺兰接替 W. P. 赖尔德主讲营造课概始于 1900 年以后。他著有《结构手册》(*Handbook on Structure*),并刊发过许多建筑营造佳作。1904 年宾夕法尼亚大学建筑系的建筑工程学选科(详见本节后文)就是由 T. 诺兰开创、主持的。

历史类课程分为建筑史和艺术史两部分。小钦德勒时受聘讲授建筑史的 W. 科普(Walter Cope)和 J. 斯图尔森(John Stewardson)于 1895 年由哥伦比亚人 L. F. 皮尔彻(L. F. Pilcher)接替,讲授建筑史课至 1896 年前康奈尔大学教师 C. F. 奥斯本(Charles Francis Osborne)来系接替 L. F. 皮尔彻任建筑史主讲教师兼系图书馆馆长。W. P. 赖尔德曾盛赞 C. F. 奥斯本“给这门课以活力与醉人的吸引力”③。

---

① Warren Powers Laird. 转引自:王俊雄. 中国早期留美学生建筑教育过程之研究——以宾州大学毕业生为例,1999.

② Warren Powers Laird. 转引自:Ann L Strong and George E Thomas. The Book of the School—100 Years: The Graduate School of Fine Arts of the University of Pennsylvania,1990:28.

③ Warren Powers Laird. 转引自:王俊雄. 中国早期留美学生建筑教育过程之研究——以宾州大学毕业生为例,1999.

在图书馆的管理和经营上，C. F. 奥斯本也很尽职。他引进了科学的目录卡片系统，使得万余张图片与上千册书刊井井有条，查找便利。1913 年 C. F. 奥斯本退休(并于该年 10 月逝世)后，建筑史由 A. 古玛尔(Alfred Gumaer)接任。A. 古玛尔原为哥伦比亚大学的教师，曾协助哥伦比亚大学另一教师负责校园内画室的设计教学。1903 年来宾夕法尼亚大学后，A. 古玛尔先是教设计，1913 年起接任建筑史直至 1940 年代。艺术史部分由 1892 年入系的 H. E. 埃弗雷特(Herbert Edward Everett)负责，讲授绘画史、雕塑史与装饰史诸课，其中以装饰史最为出名，被称为“宾夕法尼亚大学建筑系中最有趣的课程之一”①。

制图课(包括徒手画)自 1901 年起由 H. C. 古德温(Henry C. McGoodwin)负责。此人毕业于 M. I. T.，著有《阴与影》专著，是个单臂的图学大师。1904 年，H. C. 古德温离职去了华盛顿大学(1902 年成立)，1906 年又转去卡内基工学院(1905 年成立)。1904 年起宾夕法尼亚大学制图课由 M. I. T 毕业的 P. R. 惠特尼(Pilip R. Whitney)接替，任主讲教授直到 1940 年以后。

设计课是所有课程的核心，但宾夕法尼亚大学设计主讲教授稳定下来却是各部课程中最后的。小钦德勒在任时聘下的鲍扎毕业生 W. 贝利(William Baily)于 1893 年易位于另一位鲍扎毕业生 E. V. 西勒(Edgar V. Seeler)。1898 年，同是毕业于鲍扎的 F. E. 珀金斯(Frank Edson Perkins)接任设计教师，4 后的 1902 年他也离开了宾夕法尼亚大学。这三位任职时间都很短，分别只有 3、5、4 年。为此，W. P. 赖尔德曾试过聘请有名望的建筑师担任“客座讲评(Visiting Critic)”的方式，但结果不尽理想②。终于，W. P. 赖尔德将目光直接投向了巴黎。通过宾夕法尼亚大学建筑系校友会会长、当时“巴黎美术学院”的学生 P. 戴维斯(Paul Davis)寻觅到与他在 J. L. 帕斯卡(J. L. Pascal)事务所的同伴 P. 克瑞(Paul Philippe Cret)。1903 年 P. 克瑞来到宾夕法尼亚大学后，设计课的教师问题便得以解决，并一直维持稳定了 25 年之久。宾夕法尼亚大学的辉煌自 1903 年才真正开了头。

值得一提的是，宾夕法尼亚大学的教师中自己系的毕业生人数有限，尤其是各课的主讲教授大多来自法国“巴黎美术学院”或康奈尔、哥伦比亚等国内其他大学。“哥伦比亚大学及其他谱系嫁接到宾夕法尼亚大学的建筑知识之树上，自然会有显而易见的另样果实。”③

---

① Arthur Clason Weatherhead. The History of Collegiate Education in Architecture in the United States, 1941:54.

② Warren Powers Laird. 转引自：王俊雄. 中国早期留美学生建筑教育过程之研究——以宾州大学毕业生为例，1999.

③ Percy C Stuart. School of Architecture of the University of Pennsylvania. The Architectural Record, 1901, 10(3):329

馆址、建制与规模

宾夕法尼亚大学建筑系自建系起在体制上隶属“城市科学学院”(Town Scientific School)①的土木工程部(division of engineering)。其系址随着宾夕法尼亚大学校园的调整曾几经迁移:1800 年时,学校因原位于市中心第四大街和拱廊街处夸克尔城(Quaker City)地段的老校舍已不敷使用,而又置下第九大街和市场街之间的基地扩充校舍,在经过对基地上原有建筑扩建之后,1829 年又新建了砖砌的联邦式(federal)学院楼。T. W. 理查兹早期的若干年内,建筑课程就在此楼的二层教学。1870 年初,学校为进一步发展校园,于 1872 年卖掉了第九街的校址,迁至费城西区的新校园内。建筑系所在的“学院大厦(College Hall)”是座规模颇大的三层楼,其建筑设计由当时的建筑教授 T. W. 理查兹通过竞标获胜后完成。建筑设计教室位于该大厦三层的大报厅内,此时的学生已达 30 人,宾夕法尼亚大学自此开始了多个年级同堂学习的惯例。不久因面积不够,设计教室又迁入 200 英尺(约 61 米)长的 200#教室内,这是 Hayden 楼内一处原来的礼拜堂,宾夕法尼亚大学在此“建立了建筑系半个世纪的形象”②。至 1901 年时,建筑系除了图房(drafting room)外,至少还有图书馆、素描室(Freehand room)等,甚至还有为一年级特备的打样室(First year special draughting room)③。[见图 7-1~图 7-5]

1904 年,在营造课教授 T. 诺兰的主持下,宾夕法尼亚大学开设了四年制的建筑工程选修科(Option in Architectural Engineering)。该选修科的学生前三年随一般的建筑学课程学习,最后一年有独立的课程。

1906 年,传统的班级系统(Class Lines)被取消。由学生自选学习进程,设计课也自此改为记分法。学生完成了所要求的课程学分后即可授予学位。此时建筑系共有 114 名在校学生。

至于“专修科(Special Course)”在宾夕法尼亚大学似一直未曾中断过。这些学生来自全国半数以上的州,其中不乏优秀者,甚至还有后来获巴黎奖再赴“巴黎美术学院”学习毕业的。特别课程的计划仍是二年,一般第一年的内容是正规生前三年作业的拼盘。

1915 年,在庆祝建系第一个 1/4 世纪之时,建筑系进入了建筑系专用的楼内。这座原为牙科系而设的系馆虽然并不宽敞,但尚能适应系里的空间需求,重要的是

① Percy C Stuart. School of Architecture of the University of Pennsylvania. The Architectural Record,1901,10(3) 329;又译为“唐恩理学院”——童寯. 美国本雪文亚大学建筑系简述//童寯文集:第一卷,2000:222.

② Ann L Strong and George E Thomas. The Book of the School—100 Years: The Graduate School of Fine Arts of the University of Pennsylvania,1990:31.

③ Percy C Stuart. School of Architecture of the University of Pennsylvania. The Architectural Record,1901,10(3):318,326,332.

由建筑系专用。此时的学生数是 287 人。

1920 年，建筑系结束了隶属于理学院的历史。由校理事会提议，宾夕法尼亚大学专门成立了“美术学院(School of Fine Arts)”，建筑、音乐、绘画从此汇集一处，实现了较完整意义上的法国鲍扎式机制。美术学院的成立无疑是对建筑学教育成功的充分肯定。院长由 W. P. 赖尔德担任，建筑系由本系毕业生，P. 克瑞的高足 J. F. 哈伯森(John F. Harbeson)担任，P. 克瑞仍是设计主讲教授。

早在 1910 年代，建筑系的学科范围就已有了扩展的意向。1914—1915 学年和 1918—1919 学年，系里请来当时的社会学权威、社会研究所所长 C. 阿罗诺维希(Card Aronavici)博士做过 22 次城市规划方面的讲座；与此同时，美国国会的景园建筑师 G. 伯纳普(George Burnap)也开始了系里的景园建筑学(Landscape Architecture)讲座。1924 年，美术学院成立了景园建筑学系，由早期庄园设计方法的奠基人 R. 惠尔赖特(Robert Wheelwright)任系主任。

1921 年 4 月 4 日，宾夕法尼亚大学美术学院落户于以该大学赞助人命名的“哈里森馆”(Harrison Hall)。在迁馆仪式上，宾夕法尼亚大学代校长 J. 佩尼曼博士(Dr. Josiah Penniman)盛赞了该院的荣誉：“一个值得注意的殊荣已经上苍之意，赐予了这所旨在为培养年轻人服务的学院”①。也正是这一天，法国方面也认同了宾夕法尼亚大学在美国建筑教育中的首要地位，授予了第一枚“政府颁证书持有者建筑师协会(Society of Diplomaed Architects)”奖章。(据笔者查证，此协会的法文应是“Societe des Architectes Diplomes par le Gouvernement”②。)[见图 7-6、图 7-7]

宾夕法尼亚大学建筑系由于 W. P. 赖尔德与 P. 克瑞这一黄金组合，而于 1900 年代至 1920 年代处于“宾夕法尼亚大学的培里克利斯时期(Periclean Age of Pennsylvania)”③。该时期的重要表征就是宾夕法尼亚大学学生在全国性竞赛中的战绩：历年获奖总数超全国总数的一半，其中仅 1911 年这一届就产生了 4 位“巴黎大奖”得主和 1 位“罗马大奖”得主④。此外，宾夕法尼亚大学吸引了为数颇多的国外学生也是其成功的标志。有中国、日本、南美和澳大利亚等国多名学生来宾夕法尼亚大学建筑系留学，其中中国留学生就多达 20 人。

1924—1925 学年，宾夕法尼亚大学开始实行五年制计划。据笔者的理解，由

① Ann L Strong and George E Thomas. The Book of the School—100 Years: The Graduate School of Fine Arts of the University of Pennsylvania, 1990: 37.

② Ann L Strong and George E Thomas. The Book of the School—100 Years: The Graduate School of Fine Arts of the University of Pennsylvania, 1990: 37.

③ Arthur Clason Weatherhead. The History of Collegiate Education in Architecture in the United States, 1941: 103. (Pericles 是雅典的大政治家，在其领导下，古希腊文化与国势达巅峰状态——笔者注)

④ Arthur Clason Weatherhead. The History of Collegiate Education in Architecture in the United States, 1941: 103. (Pericles 是雅典的大政治家，在其领导下，古希腊文化与国势达巅峰状态——笔者注)

于此时宾夕法尼亚大学已实行学分制方式近20年，修满规定学分即可升级、毕业。因此，学制规定很大程度上是学生学业进程的参照系，甚至有可能是对其学习年限的下限规定。

7.2 教学计划与课程的教学

主要特征

关于W. P. 赖尔德时期宾夕法尼亚大学教学计划的课程设置，A. L. 斯特朗(Ann L. Strong)与G. E. 托马斯(George E. Thomas)曾经评论为“源于M. I. T. 老的技术性讲座，经过他(W. P. 赖尔德)在康奈尔的经验的滤选(filtered)，并覆以(overlaid)他曾关注过的鲍扎课程”①。的确，M. I. T. 作为全美第一所建筑系而为当时职业化的社会需求所左右，并对其他后来几乎所有的院系产生示范效应这是不争的事实。而且在折衷主义时期，法国影响又的确势不可挡。宾夕法尼亚大学的教学计划所表现出的“美国背景”与“鲍扎理想”的结合足可代表全美此时期的主体状况。其实，这也就是“美国式(或版本)的鲍扎体系”或称“美国学院派体系”的根本特征。其中的“美国背景”首先是职业方面的需求及职业团体对教育的影响，其次是美国大学体制对教育的制约，表现在课程设置上就是技术类与人文类课程内容的安排；“鲍扎理想”则是图艺、建筑史和设计课程内容的安排，其中图艺类的绘画部分又是对美国大学入学考试及班级制所带来的“不足”的弥补，是真正的法国“巴黎美术学院”教学体系中属于校外或学前解决的内容。

当然，在此“背景＋理想”的大一统之下，全美各建筑院系之间还是有所区别的，不少都在原有基础或现有条件下各有侧重。如伊利诺大学仍注重营造技术等；也有些是对其原有基础的彻底否定，如哥伦比亚大学在W. R. 威尔之后彻底转向鲍扎式……宾夕法尼亚大学在其中应属考虑美国背景较少的一例，这不但反映在总体计划的安排上，还在具体的课程教学中有所体现。

宾夕法尼亚大学的教学计划(或说课程科目)可查的资料有宾夕法尼亚大学1891—1892学年、1901—1902学年和1928—1929学年三份计划书，以及1898年时AIA教委会所做“早期9院系课程科目分组课时汇编表”中有关宾夕法尼亚大学的内容。从W. P. 赖尔德时期教学计划的课程科目上看，由于“建筑教育的总体要求已为人们熟知了一个世纪，所以这个课程(Curriculum)与T. W. 理查兹(Thomas Webb Richards)时期或F. E. 珀金斯(Frank Edson Perkins)时的本科课

① Ann L Strong and George E Thomas. The Book of the School—100 Years: The Graduate School of Fine Arts of the University of Pennsylvania, 1990:30.

程计划并无迥异"①,但如果将各期的计划科目进行分类并做有关学时或学分的定量分析,再将结果与相关院系的课程和"最低标准(高校建筑院系联盟 1914 年颁——详见本书 6.3 节)"等进行比较,便可以清楚地从中觉察出宾夕法尼亚大学此时期的某些变化,以及不同于其他院系的特别之处。此外,对各课教学内容及方法的研究与分析,也对我们了解宾夕法尼亚大学作为美国式鲍扎教学的典范很有意义。

教学计划的总体安排

通过对上述资料的统计分析,我们可获得两方面的信息:一是各类课程在总体中所占的比重,二是各类课程在四年中的比例分配。1898 年美国高校建筑院系联盟对当时九所院系课程情况汇编时,将全部课程分为建筑画与设计(Architectural Drawing and Design)、数学与营造(Mathematics and Construction)、建筑史(History of Architecture)、徒手画(Freehand Drawing)和公共课(General Subjects)五类。为便于比较,本书的课程分类也以此为基准,只是略加调整,以使其更为明确:1)"设计"类——各类长短设计题,包括建筑装饰设计;2)"技术及基础"类——与营造相关的结构、设备等工程科目以及数、理、化等基础性科目,与建筑师职业有关的规范等也在此列;3)"建筑史"类——各时期的建筑历史以及相关的装饰、绘画、雕塑史等;4)"图艺"类——图形绘制及艺术表现类科目,包括几何作图与绘画等与艺术相关的各科目;5)"公共课"类——其实是除理科科目外的公共课,包括语言(英语、法语)、通史、社会和经济等文科科目。

首先,我们就宾夕法尼亚大学的教学计划做一个横向比较。从 1898 年全美早期 9 所建筑院系课时统计资料来看,宾夕法尼亚大学在其中基本属于"平稳中有倾向"。其具体表现在:"技术""图艺""设计"这三类课的比例均为 9 院系的中间位置——分别列第五、四、五。"公共课""建筑史"二类课为次低/高位置,其中"公共课"仅高于艺术院系类型的阿穆尔工学院——列第八,所用课时数比平均值低逾 5%;"建筑史"则略逊于以注重文化历史背景著称的哈佛大学——列第二,高出平均值2.5%。此外,"设计""图艺"二类均高出平均值(约 3%、1%);"技术"低于平均值 1%。也就是说,在五类课中,与设计及其艺术关系直接的课程均高于平均值,反之则低于平均值。这不能不说,宾夕法尼亚大学早期就已表现出对一般性文科、理工科类课程和设计及其艺术、历史类课程孰轻孰重的本质性倾向。[表 5-1]

其次,我们对宾夕法尼亚大学计划的逐年变化发展做竖向分析。从 1898 年(应为 1897—1898 学年)、1901—1902 学年和 1918—1919 学年三组计划的结果看,各类课学时(学分)的比值变化幅度较大。其中"公共""技术"呈先降低后升高——

① Ann L Strong and George E Thomas. The Book of the School—100 Years: The Graduate School of Fine Arts of the University of Pennsylvania, 1990: 29.

总体升高状，涨幅分别达 5.2%（最高 7.7%）、0.8%（最高 6.2%）；“图艺”为升高再稍回降——总体升高趋势，涨幅为 5.8%（最高 9.4%）；“设计”及“建筑史”二类却有所降低，降幅分别为 10.2%（最低 10.3%）和 1.5%（最低 2.5%）。总体的这一变化与上述的横向比较结果相对照后，似乎会得出前后不一致的结论。

表 7-1 宾大建筑系各期课程分类比较 ①（附：1898 年院系平均值、1914 年“最低标准”）

序	课程类别	1898 年统计值	1898 年院系平均值	1901—1902 学年计划	1914 年最低标准值	1918—1919 学年计划
1	设计	46.1%	43.3%	46.2%	31.9%	35.9%
2	技术及基础	17.7%	18.8%	12.6%	25.6%	18.5%
3	建筑史	10.2%	7.7%	9.3%	8.5%	8.7%
4	图艺	14.9%	13.9%	23.3%	17.0%	20.7%
5	公共课	11.1%	16.3%	8.6%	17.0%	16.3%
合计		100%	100%	100%	100%	100%

至此，我们不禁要产生疑问：这一矛盾现象的背后是否有重要的人事变动或外界影响等因素呢？从内部来看，无论哪一组计划事实上均是在 W. P. 赖尔德任上所定，主要的设计教师虽然不全是 P. 克瑞，但其他的也都是“鲍扎人”——E. V. 西勒（1893—1898 在任）和 F. E. 珀金斯（1898—1902 年在任）。这一时期，外界唯一能真正影响宾夕法尼亚大学的事件只有一个，那就是高校联盟所颁发的“最低标准”了。由于该标准公布的时间是 1914 年，正处在宾夕法尼亚大学 1901—1912 学年和 1918—1919 学年计划之间。因此，我们完全可以认为：宾夕法尼亚大学教学计划中削减“公共”“技术”两类课比重，着重增加“图艺”和“建筑史”“设计”课比重的意向仍是明确的。最后结果所表现的“回调”情况极有可能是因为“最低标准”的制约。尽管如此，1918—1919 学年计划与“最低标准”值相比，还是体现了宾夕法尼亚大学自主的意向：“图艺” 和“设计”“建筑史”三类课高出 3.7%、4%、0.2%；“技术”和“公共”二类课低了 7.1%和 0.7%。[表 7 - 1]此外，我们再将各类课程在四年学程中的分布做个分析，也可看出宾夕法尼亚大学决策者们的教育方略。“公共课”的分布在 1891—1892 学年计划中是全部的四年学程；1897—1898 学

① 本表资料来源：1898 年数据及 1914 年平均值——Arthur Clason Weatherhead. The History of Collegiate Education in Architecture in the United States，1941：68-69，148；1901—02 学年数据——THE School of Architecture of the University of Pennsylvania. A Biennial Review Illustrating the Work in Design and Drawing with a Statement of the Courses of Instruction，1901；1918—19 学年数据——Catalogue of the University of Pennsylvania，1918 - 19. The University of Pennsylvania，1919.

年计划出现突变——全部集中在第一年;后两个计划中就稳定在前两年,且大约是 2/3 在第一年,1/3 在第二年。“技术”类课在几套计划中均分布在四年,共同点是第四年最少,仅占 10%左右,其余的在前三年大致按 20%~40%分布。“建筑史”类课在前两套计划中开设早——自第一年起便开始并基本覆盖四年,后两套计划则相对迟些——分布在第二至第四年中。“图艺”类课的安排较一致——分布在四年中并以第一年最多,第二年最少。“设计”类课的安排均是越往后越多,不同之处是前两套计划中第一年就有考虑,后两套计划显然因为“图艺”课分量加重而从第二年才真正开始。[表 7-2]

综上所析,宾夕法尼亚大学的教学计划安排,总体上是更注重与设计及与其表达直接相关的各类课程,技术类和文科性的公共课相对分量较轻,且这种倾向呈越演越烈之势。各类课分布上大体形成“公共课”多集中在前半部,其他各类基本上全面覆盖的状况,其中“图艺”“技术”“建筑史”类前重后轻,“设计”类前轻后重。

各类课程内容设置与教学

毋庸置疑的是,对教学的整体研究除了教学计划所显示的课时、内容等外,我们还需要就教学有关细节,如课题的目的、方法及进程等进行分析。经多方努力,笔者得到了不同版本的宾夕法尼亚大学有关介绍、评述及其资料室保存的部分教学记录。虽不甚详尽,但能有百年前的资料可参,无疑已是万幸之至了。由于设计课是主课,其资料也相对多些,因此笔者拟在后两节做较详细的论述。在此,先就设计以外的其他四类课程的教学情况进行简述。从现有资料看,1901—1902 与 1918—1919 两学年的计划较为接近,这说明其间的教学较稳定,我们所掌握的资料也较丰富,因此我们以此为分析的主要依据。

“技术及其基础”类课程中的基础部分在早期(1891—1892)计划中科目众多:数学(包括代数、平面几何、三角、解析几何)、物理、化学均安排了两年,材料与图解力学、地质学安排在第三年,卫生学、测量、声学、营造、结构设计、建筑实务、规范等分布在一至四年(后两年为主);至后期(1918—1919)计划时,此类科目已大大减少——数学只保留了三角、解析几何并增设了微积分;物理、化学已予以取消;力学、营造实务基本未变,但结构设计已取消;卫生学已与新增的采光、通风、给排水成组安排在一道。总的来讲,基础部分略去或是由中学承担了较初级的代数等内容,技术部分则更适合建筑专业之需。因此,应该说这一变化还是合理的。在此类课程中,基础部分显然应是由学校的土木系(部)等学科承担,而技术部分的核心是营造,主讲教师 T. 诺兰的讲解是“压缩了的实用部分”,以适合建筑学生之需①。

① Arthur Clason Weatherhead. The History of Collegiate Education in Architecture in the United States:54.

表 7-2 宾大建筑系历年教学计划一览表

学年	课程门类	第一年 科目	门类小计	第二年 科目	门类小计	第三年 科目	门类小计	第四年 科目	门类小计	门类合计	总计
1891—1892	设计	建筑元素与设计		柱式与设计		设计(含测绘和设计理论)		高等设计			
	技术及基础	卫生学 化学 代数/几何/三角 实验(木构造)		卫生学 化学 物理 数学(解析几何)		物理 测量 材料地质学 材料力学 图解力学 建筑营造讲座		结构设计 建筑营造讲座与规范 卫生学与声学 建筑实务讲座			
	建筑史	建筑史				建筑史与历史上的装饰		建筑史 历史上的装饰			
	图艺	工具画 徒手画		机械制图与画法几何 徒手画		徒手画 速写/钢笔和铅笔 渲染 水彩画 雕塑		水彩			
	公共课	英语 法语		英语 法语		英语		经济与社会科学			
1897—1898(学时)	设计		16		22		50		79		362
	技术及基础		18		22		20		4	64	
	建筑史		11		10		12		4	37	
	图艺		15		8		18		13	54	
	公共课		40							40	
	年小计		100		62		100		100		
1901—1902(学时)	设计			渲染与设计 14	14	设计与快图设计 43	43	设计/快图与毕业设计 64 历史上的装饰设计 18	82	139	301
	技术及基础	代数 4 化学 8 平面与球面三角 4	16	物理 4 解析几何 4	8	材料力学—图解力学 6 房屋营造 2 建筑卫生工程 2	10	房屋营造 2 特别讲座 2	4	38	
	建筑史			古代建筑史 6 文艺复兴建筑史 6	12	古迹与历史上的装饰 8 中世纪建筑史 6	14	绘画史 2	2	28	
	图艺	工具画与徒手画 五柱式与元素 30 制图(投影等) 阴影—透视 6	36	徒手画 6	6	水彩画 6 钢笔与水墨渲染 4	10	写生 8 水彩渲染 6 钢笔与水墨渲染 4	18	7	
	公共课	英语写作 4 英语语言与分析 2 法语或德语 10	16	英语写作与文学 2 现代作家与小品文作家 4 法语或德语 4	10					26	
	年小计		68		50		77		106		

（续 表）

学年	课程门类	第一年		第二年		第三年		第四年		门类合计	总计
		科目	门类小计	科目	门类小计	科目	门类小计	科目	门类小计		
1918—1919（学时）	设计			设计Ⅱ 4 设计Ⅲ 4	8	设计Ⅳ 5 设计Ⅴ 5	10	设计Ⅵ 14 设计理论 1	15	33	92
	技术及基础	三角 2 解析几何 2	4	微积分 2 木工 2	4	建筑力学 2 静力学 2 材料与营造 2 卫生学/供暖与通风/给排水 1	7	专业实践 1 特别讲座 1	2	17	
	建筑史			古代历史 1.5 中世纪史 1.5	3	建筑史 2 历史上的装饰 1	3	绘画史 1 雕塑史 1	2	8	
	图艺	建筑画 1 徒手画 2 建筑要素 2 设计要素 1 画法几何 2 阴影 1	9	徒手画 2 透视 1	3	徒手画 1 水彩画 2	3	写生 2 水彩渲染 2	4	19	
	公共课	英语写作 2 英语语言 1 英语文学 1 法语阅读 2 法语写作 1 中世纪史 3	10	英语写作 1 英语文学 1 法语阅读 2 法语写作 1	5					15	
	年小计		23		23		23		23		

“建筑史”类课程在1918年时自第二年起开设至毕业，分古代（史前到罗马帝国灭亡）、中世纪（至15世纪）和文艺复兴及近代（到19世纪末）三段，以及绘画史、雕塑史和装饰史等。其作用是“给予过去建筑的文脉”，“为理解设计风格奠定理论基础”。① 建筑史部分的教材是C. 弗莱彻（Charles Fletcher）所著，教学中一大特色是学生每周3幅作业，徒手描绘一栋重要的历史建筑。装饰史课亦附有装饰设计，重点在于装饰图案中的体与线的韵律、平衡与和谐以及色彩练习，如教至哥特时期装饰时的作业是彩色玻璃设计，文艺复兴时的作业是有饰纹的附壁柱②。

“图艺”类课程的绘画部分由徒手画（freehand drawing）、水彩画和写生（life drawing）几个阶段组成。其中徒手画有徒手绘制及黑白（铅笔、钢笔）两层含义，既是绘画的基础，又起到在设计时准确表达想法的作用，在宾夕法尼亚大学受到极大的重视。G. W. 道森任教时，绘画系列教程以黑白体量描绘（即今日之素描）开始，

① Ann L Strong and George E Thomas. The Book of the School—100 Years: The Graduate School of Fine Arts of the University of Pennsylvania, 1990: 29.

② Wright Jr. Esherick 忆述，转引自：王俊雄. 中国早期留美学生建筑教育过程之研究——以宾州大学毕业生为例，1999.

接下来是光线条件下的静物，然后进入水彩画——自三原色的单色至多色练习；写生以徒手画（素描）方式描绘动态实物（尤其是人体）。此外，还有以建筑为题材的“建筑画”和“水墨（水彩）渲染”等课程，与徒手画、水彩、写生等共同分布在一至四年。制图部分的课程有画法几何、阴影、透视几门，集中在前一、二年开设，每年暑假还要求学生作风景写生画 24 幅。正是由于众多的图艺类尤其是绘画课程的存在与出色的运行，宾夕法尼亚大学建筑系形成了一种如艺术院校一般的艺术氛围。[见图 7-8～图 7-12]

“公共课”类的名称在几份资料中名称不一，有“Academic Subjects”、“General Subjects”等说法，原意该类似当今的“公共基础课”。但结合上述分类时的情况（即数、理、化列为技术基础）看，此处的“公共课”实质上只剩下语言、经济、社会学及通史等课，应属“人文类课程”的代称。从历年宾夕法尼亚大学计划，我们可看出其对语言类的关注，其中英语修辞、文学等作为英语国家是很自然的，但对法语投入几乎同样的比重，则显然是为从法文资料阅读中获得建筑学知识而设定的。

7.3 建筑设计的课程教学

宾夕法尼亚大学建筑系的建筑设计教程由若干深度不同的“级”构成。每一级是一组排列有序的系列习题。满足习题要求便可得到相应的学分值。待完成规定的学分后，则可晋升到更高一级。学生的设计学习即循着这既定的阶梯一步步进行，直至完成最高级的设计后拿满学分，这就算最终通过了设计课。这显然完全是沿袭法国鲍扎体系的做法。而具体的题目从类型、时间安排、图纸要求等也与法国鲍扎十分相似。由于宾夕法尼亚大学的教学资料相对较全些，所以对其的分析不仅可展现宾夕法尼亚大学教学体系的状况，也反过来有助于我们对法国鲍扎体系的理解。

分级与升级

从笔者掌握的两份资料来看，宾夕法尼亚大学设计课的分级有两种形式：一是分Ⅰ、Ⅱ、Ⅲ、Ⅳ、Ⅴ、Ⅵ六级[表 7-3]，习题难度是由低到高；二是分 A、B、C、D 四级[表 7-4][①]，习题难度是自高向低。从习题设置来看，两种分级方式似并无实质性差异，只是级数与高低排列有所不同而已。相对应的年级安排在 1919—1920 学年计划中是第二年修Ⅱ、Ⅲ级设计，相当于鲍扎的“第二级”；第三年修Ⅳ、Ⅴ级设计，第四年修Ⅵ级设计，相当于鲍扎的“第一级”。因笔者并无 1928—1929 学年教学计划资料，故只能推测是第二至五年分别对应 D、C、B、A 级设计。至于两种分级法的转换原因不得而知，但转换的时间似可以间接得到：童寯先生在其《美国本雪文

① 表 7-3 及表 7-4 见本书 P167-170——笔者根据宾夕法尼亚大学资料室所藏建筑设计日程及任务书整理。

尼亚大学(即宾夕法尼亚大学)建筑系简述》一文①. 中称该校设计课分Ⅰ、Ⅱ、Ⅲ、Ⅳ、Ⅴ五级,程度亦为由低到高。分级是否至此已由六级改五级这无法断定,但可以肯定的是至迟在童寯在学时仍按低至高并以Ⅰ、Ⅱ、III……标明。因为他的毕业时间是 1928 年 6 月,所以以上两种分级转换时间可以准确地讲是在 1928 年夏季。

关于各级习题的学分值,宾夕法尼亚大学 1919—1920 学年的设计题资料中有明确规定:

Ⅰ、Ⅱ级题	Mention Commended	—— 3 分
	Mention	—— 2 分
Ⅲ、Ⅳ级题	1st Mention	—— 3 分
	2nd Mention	—— 2.5 分
	3rd Mention	—— 2 分
	Hors de Concours	—— 0 分
	No Mention	—— 0 分

其中的"Mention"原是"提名表扬"之意,在此加上 1st、2nd 等字样应相当于"优、良、中"等当今的称法。而"Hors de concours"则完全套用法国鲍扎的用词,即"淘汰出局",这是对正图与原创草图想法过于不符的方案的惩罚。此外,宾夕法尼亚大学还对参加全国性"鲍扎设计研究会"组织的竞赛给予鼓励:

鲍扎题	1st Medal (一等奖)	—— 3.5 分
	2nd Medal(二等奖)	—— 3 分
	Mention	—— 2.5 分
	Mention medal on Sketch, Archeology or Measured Drawing (快图,考古或测绘的提名奖)	—— 1 分

升级是指从较低一级升至更高一级。以 1919—1920 学年为例,对此的学分要求是:Ⅰ至Ⅴ各级间的晋升要满足 6 学分,Ⅴ升Ⅵ、Ⅵ升研究生要满足 12 学分。各级所设的题目数量是:Ⅰ和Ⅱ级各 11 个,Ⅲ、Ⅴ级各 8 个,Ⅴ、Ⅵ级各 7 个长题、3 个快图。由于当时宾夕法尼亚大学已实施学分制十余年,因此前四次的升级如按每做一题得 3 分则只需做 2 题,按每题得 2 分则需做 3 题。因此,在前四级中完全可能以每半年读两级的速度进行,以加快设计学习的进程。而后两级想在一年内学完,从时间与学分计算上可知是绝无可能的。但是,在总体上加快学习的进程还是完全可能的。事实上,提前毕业(即 1924—1925 学年前用少于四年,其后用少于五年的时间)也确有人在,中国留学生范文照、赵深、杨廷宝、梁思成等都属此列。而各级题目的时间安排虽然前后衔接紧密,但内容之间似并无必然的递进关系,只是

① 童寯. 美国本雪文尼亚大学建筑系简述//童寯文集:第一卷,2000:222-226.

方案的规模与难度似有些梯度。这一安排不管是否刻意，但客观上为学生提供了跳选的可能性。几乎可以断定，没有人会按将每一级的所有题目做满后再升级的方式进行下去，因为每一级题目的总分数都会超出升级要求的若干倍。

设计题的时间安排

1919—1920 学年及 1928—1929 学年的两份设计课计划书分别是由 G. 比克利(George Bickley)和 P. 克瑞制定，两者之间明显有些差别。前者是 P. 克瑞以前的学生，他主持设计显然因为 P. 克瑞于第一次大战期间(1914—1918 年)返法参战。或许，因 P. 克瑞与 G. 比克利师生有别而影响了计划的制订。但笔者认为，正由于这层师生关系，其间也必然会有传承的联系。因此，前后两套之别也许是因 P. 克瑞自己的观念有所进展之故。从这两份表可知，宾夕法尼亚大学此时期学期安排大致是每学年 36 周。其中感恩节、圣诞节、复活节放假共约 4 周，年中、年末考试各 1 周，因此可用于设计课的时间约 30 周。可以看出，这两学年安排的区别在于：前者上课时间与放假(考试)时间划分明确，题目间除了节假(考试)外无另外的间歇；每级题目的数量较大——Ⅰ、Ⅱ各有 11 题，Ⅲ、Ⅳ级各有 8 题，Ⅴ、Ⅵ级有各 10 题(7 长 3 短)。后者则上课、节假(考试)时间划分不很明确，各级中都有题目跨节假(考试)设置的情况，但在题目之间多设有时间为 0.5 周至 1 周的间歇，A、B 级还在最后留空 2～4 周；每级题目的数量稍少，尤其是低级别的仅 8 题。另外，两个计划还在题目的开始时间上有别：前者为周一，而后者的 A、B 级是从周六开始。可以说，在总体策略上，第一套较刻板些；而第二套则张弛有致而更显灵活，适当占用些节假日，在时间利用上更为合理。

从长作业单个题目的时间来看，第一套计划的较短，以 2～3 周为主(Ⅴ、Ⅵ级也仅有一题是 5 周)；而第二套计划的反差较大，为 2～7 周不等。二套的共同点是高级别的设计题时间都是最长的。

快图题时间安排有两种情况。一种是一般性的，由系里设计主持人出题，时间均为一天(即当天完成)。另一种是各种竞赛题，有的时间就稍长些。以第二套计划为例，“艾莫森(Emerson)奖”1.5 周，“沃伦(Warren)奖”4 天，“巴黎大奖赛”第一轮 1 天、第二轮 2 天。其中“沃伦奖”竞赛由鲍扎设计研究会发起，“巴黎大奖”由鲍扎建协发起。快图题及竞赛的安排在两套计划中均属于最高二级(Ⅴ、Ⅵ和 A、B)。可以看出，宾夕法尼亚大学的决策者们认为快图题的重要性和可行性均是在高年级。

宾夕法尼亚大学设计课程的前一套计划中有时还附有评图时间，一般都在交图后的第三天。后一套计划中还对第一轮草图截止时间做了明确规定(快图除外)，时间一般在发题的第二或第三天上午，如周六发题则周一止，周一发题则次日止。也就是说，构思阶段的时间一般不超过 30 小时。显然，这一设定有与法国鲍扎的关联，同时也有对美国实情的考虑。因为宾夕法尼亚大学与其他美国院系一样并无严格的封闭式“小试室”；此外，很可能同时还有其他门类的课程安排。所以草图的构思时间比鲍扎惯例的 12 小时稍多一些，这是完全可以理解的。

题型与基本要求

宾夕法尼亚大学建筑设计题大致有几个类型：

1. 建筑局部设计——非独立的建筑片段。有的是较次要的部分，如联系两建筑的“柱廊”、建筑的“次入口”“凉廊”等；还有的是较重要的部分，如各类重要建筑的“主入口”、建筑的“正立面”等。这类题在两套计划中均大多设在低级别的设计中，约占总数的 1/4。

2. 小品及环境设计——相对独立而完整，但单体规模都不大。如“公园大门”“墓碑”“纪念碑”“喷泉”“灯塔”等；另外还有“城市公园”“露天剧场”等环境布置题。这类题一般用在中、低级别设计和快图中。这类题也占总数的 1/4 左右。

3. 建筑设计——完整的建筑物设计。规模小、中、大都有，按由低到高分布在不同级别中。小、中型的有“敞亭”“雕塑亭”“墓室”“花店”“小餐馆”“门诊部”“小学校”“俱乐部”“纪念馆”“银行”等；大型的有“教堂”“图书馆”“电影院”“市政厅”等。这类题在总数中占近 1/2。

4. 装饰设计——有室内装潢、书籍装饰两种。如“审判室背墙装饰”“宴会厅装饰”“剧院装饰”以及“扉页装帧”等。这类题比例很小，且均安排在高级别设计中。

5. 构图设计——仅在第一套计划中有。从任务书看，是并无功能只有元素片段的图面组合。题材是某一、二类柱式，再加若干古建细部如罗马祭坛、希腊石碑、瓶饰、浮雕残片、壁画等。这类题比例最小，仅有一题。[见图 7-13～图 7-18]

在笔者掌握的资料中，并未见有地形图等其他资料。而从任务书的字面看，第一套计划的各设计题所提供的条件一般较简单，最多有边界情况的描述，如基地平面尺寸、周边建筑高度、层高等概况；对设计内容的要求也较笼统，如平面长宽尺寸的上限(即不超过××英尺或××平方英尺)以及简明的使用情况；技术上的要求一般只规定建筑用材，如“全大理石”(墓碑，I—4 题)，而结构上则极少强行规定，常常只略提一下，如“钢或木屋架，但不必展露”(雕塑亭，III—5 题)；形式(风格)上大多有对柱式的要求。而第二套计划的任务书要求相对详尽些，如对基地所在区域(南方或北方)、周边建筑年代等会有交代；还有的对功能(如“土耳其浴室”的入浴情况)有必要的解释；有风格要求的不很多……因此，第二套计划的任务书相对讲文字多了不少。总地看，宾夕法尼亚大学设计题的设置为设计人留下的余地还是较大的。

设计的图纸每题都有要求。除指定平、立剖和大样哪些图要画以外，还有比例尺、纸型等要求。比例尺都是英制，常用的有 1′/4″=1′－0″(合 1/48)，1/8″=1′－0″(合 1/96)，1′/16″=1′－0″(合 1/192)等几种，大致相应于当今的 1/50、1/100、1/200，草图比例一般为正图的一半。值得注意的是，在同一设计题中常常各图比例要求不统一。如“公墓入口”(Ⅰ、Ⅱ—3 题)的立面为 1′/4″=1′－0″，而平、剖面为 1/8″=1′－0″，柱式细部则以柱径≥1″－1/2″。由此可知，宾夕法尼亚大学对立面的推敲与表现是有所侧重的。

表 7-3 宾夕法尼亚大学 1919—1920 学年建筑设计课题安排

<table>
<tr><th>周次</th><th>1919—1920
学年</th><th>Ⅰ 级</th><th>Ⅱ 级</th><th>Ⅲ 级</th><th>Ⅳ 级</th><th>Ⅴ 级</th><th>Ⅵ 级</th></tr>
<tr><td>1</td><td>09/29—10/04</td><td rowspan="3">(1) A COLONNADE
柱廊设计</td><td rowspan="3">(1) A COLONNADE
柱廊设计</td><td rowspan="4">(1) A MURAL TOMB
壁式墓碑设计</td><td rowspan="4">(1) A BOUNDARY MONUMENT ON A BRIDGE /大桥界碑设计</td><td rowspan="4">(1) THE DECORATION FOR A THEATER
剧院装饰设计</td><td rowspan="4">(1) A PRIVATE ENTERTAIMENT PAVILION
IN A GARDEN
私家花园娱乐馆设计</td></tr>
<tr><td>2</td><td>10/06—10/11</td></tr>
<tr><td>3</td><td>10/13—10/18</td></tr>
<tr><td>4</td><td>10/20—10/25</td><td rowspan="3">(2) A GARDEN ENTRANCE
花园围墙设计</td><td rowspan="3">(2) A GARDEN ENTRANCE
花园围墙设计</td></tr>
<tr><td>5</td><td>10/27—11/01</td><td rowspan="4">(2) A BANK
银行设计</td><td rowspan="4">(2) A MEMORIAL BUILDING
纪念馆设计</td><td rowspan="4">(2) A CLUB HOUSE
俱乐部设计
[1]A BEFRY ON ASMALL CHURCH/教堂钟塔设计</td><td rowspan="4">(2) A CHRISTAIAN SCIENCE CHURCH/基督教堂设计
[1] A BEFRY ON ASMALL CHURCH/教堂钟塔设计</td></tr>
<tr><td>6</td><td>11/03—11/08</td></tr>
<tr><td>7</td><td>11/10—11/15</td><td rowspan="2">(3) THE ENTRANCE TO A CEMETARY
公墓入口设计</td><td rowspan="2">(3) THE ENTRANCE TO A CEMETARY
公墓入口设计</td></tr>
<tr><td>8</td><td>11/17—11/22</td></tr>
<tr><td>9</td><td>11/24—11/29</td><td colspan="6">感 恩 节 放 假 (11/29—12/01)</td></tr>
<tr><td>10</td><td>12/01—12/06</td><td rowspan="3">(4) A TOMB
墓碑设计</td><td rowspan="3">(4) THE FACADE OF A BANK/银行立面设计</td><td rowspan="3">(3) A TOMB
墓室设计</td><td rowspan="3">(3) A BRIDGE
桥体设计</td><td rowspan="3">(2) A CLUB HOUSE
俱乐部设计</td><td rowspan="3">(2) A CHRISTAIAN SCIENCE CHURCH/基督教堂设计</td></tr>
<tr><td>11</td><td>12/08—12/13</td></tr>
<tr><td>12</td><td>12/15—12/20</td></tr>
<tr><td>13</td><td>12/22—12/27</td><td colspan="6" rowspan="2">圣 诞 节 放 假 (12/21—01/05)</td></tr>
<tr><td>14</td><td>12/29—01/03</td></tr>
<tr><td>15</td><td>01/05—01/10</td><td rowspan="3">(5) A FRONTISPIECE
山花设计</td><td rowspan="3">(5) A WALL FOUNTAIN
喷泉设计/电车站设计
A TROLLEY SHELTER</td><td rowspan="3">(4) A FLOWER STAND/花店设计</td><td rowspan="3">(4)(?)</td><td rowspan="3">(3) A STAIRWAY
楼梯设计</td><td rowspan="3">(3) A HOUSE FOR AGED MEN/老人之家设计</td></tr>
<tr><td>16</td><td>01/12—01/17</td></tr>
<tr><td>17</td><td>01/19—01/25</td></tr>
</table>

（续　表）

<table>
<tr><th>周次</th><th>1919—1920 学年</th><th>Ⅰ级</th><th>Ⅱ级</th><th>Ⅲ级</th><th>Ⅳ级</th><th>Ⅴ级</th><th>Ⅵ级</th></tr>
<tr><td>18</td><td>01/26—01/31</td><td colspan="6">中　期　考　试（01/28—02/02）</td></tr>
<tr><td>19</td><td>02/02—02/07</td><td rowspan="2">(6)(?)</td><td rowspan="2">(6)(?)</td><td rowspan="4">(5) A SHELTER FOR A STATUE
雕塑亭设计</td><td rowspan="4">(5) A PRIMARY SCHOOL BUILDING
小学校设计</td><td rowspan="4">(4) A RECREATION BUILDING
娱乐大厦设计
[2](?)</td><td rowspan="4">(4) AN ART LIBRARY
艺术图书馆设计
[2](?)</td></tr>
<tr><td>20</td><td>02/09—02/14</td></tr>
<tr><td>21</td><td>02/16—02/21</td><td rowspan="3">(7) A VESTIBLE
门厅设计</td><td rowspan="3">(7) A VESTIBLE
门厅设计</td></tr>
<tr><td>22</td><td>02/23—02/28</td></tr>
<tr><td>23</td><td>03/01—03/06</td><td rowspan="5">(6) A PAINTER'S STUDIO
画家工作室设计</td><td rowspan="5">(6) A SMALL RESTAURANT
小餐馆设计</td><td rowspan="5">(5) A GROOTO FOR A MINERAL SPRING
矿泉洞室设计</td><td rowspan="5">(5) A BANQUET HALL
宴会厅设计</td></tr>
<tr><td>24</td><td>03/08—03/13</td><td rowspan="4">(8) AN ENTRANCE TO A CITY HALL
市政厅入口设计</td><td rowspan="4">(8) AN ENTRANCE TO A CITY HALL
市政厅入口设计</td></tr>
<tr><td>25</td><td>03/15—03/20</td></tr>
<tr><td>26</td><td>03/22—03/27</td></tr>
<tr><td>27</td><td>03/29—04/03</td></tr>
<tr><td>28</td><td>04/05—04/10</td><td colspan="6">复　活　节　放　假（04/01—04/06）</td></tr>
<tr><td>29</td><td>04/12—04/17</td><td rowspan="2">(9) A FOUNTAIN
喷泉设计</td><td rowspan="2">(9) A FOUNTAIN
喷泉设计</td><td rowspan="3">(7)(?)</td><td rowspan="3">(7) A CREMATORI-UM
火葬场设计</td><td rowspan="3">(6) A MOVIING — PICTUER THEATER
电影院设计</td><td rowspan="3">(6) A LODGING HOUSE
寄宿楼设计</td></tr>
<tr><td>30</td><td>04.19—04/24</td></tr>
<tr><td>31</td><td>04/26—05/01</td><td rowspan="3">(10) A SHELTER
敞亭设计</td><td rowspan="3">(10) A SHELTER
敞亭设计</td></tr>
<tr><td>32</td><td>05/03—05/08</td><td rowspan="4">(8) THE ENTRANCE TO A PRISON
监狱入口设计</td><td rowspan="4">(8) A BANK
银行设计</td><td rowspan="4">(7) A DISPENSARY
门诊部设计
[3] A LIGHT HOUSE STATION / 灯塔设计</td><td rowspan="4">(7) A MUNICIPAL BUILDING /市政厅设计
[3] A LIGHT HOUSE STA-TION / 灯塔设计</td></tr>
<tr><td>33</td><td>05/10—05/15</td></tr>
<tr><td>34</td><td>05/17—05/22</td><td rowspan="2">(11) A FRONTISPIECE
山花设计</td><td rowspan="2">(11) A FRONTISPIECE
山花设计</td></tr>
<tr><td>35</td><td>05/24—05/29</td></tr>
<tr><td>36</td><td>05/31—06/05</td><td colspan="6">毕　业　典　礼（06/01）</td></tr>
</table>

表 7-4　宾夕法尼亚大学 1928—1929 学年建筑设计课题安排

<table>
<tr><th>周次</th><th>1928—1929 学年</th><th>A　级</th><th>B　级</th><th>C　级</th><th>D　级</th></tr>
<tr><td>1</td><td>10/01—10/06</td><td rowspan="2">(1)(?)
[1](?)</td><td rowspan="4">(1) BOTANICAL DEPARTMENT
植物系馆
[1] TWO FOUNTAINS IN A PUBLIC SQUARE
公共广场喷泉设计</td><td rowspan="3">(1) A CITY PARK
城市公园设计</td><td rowspan="3">(1) A SMALL BRIDGE ENTRANCE
桥头入口设计</td></tr>
<tr><td>2</td><td>10/08—10/13</td></tr>
<tr><td>3</td><td>10/15—10/20</td><td></td></tr>
<tr><td>4</td><td>10/22—10/27</td><td rowspan="5">(2)(?)
[2](?)
[11/17—11/27 Emerson
艾莫森奖设计竞赛]</td><td rowspan="3">(2) AN OPEN AIR THEATRE
露天剧场设计</td><td rowspan="3">(2) A LOGIA ON THE SECOND FLOOR OF A RECIDENCE
住宅凉廊设计</td></tr>
<tr><td>5</td><td>10/29—11/03</td><td></td></tr>
<tr><td>6</td><td>11/05—11/10</td><td rowspan="3">(2) (?)
[2] A FISH MAKET
水产市场设计</td></tr>
<tr><td>7</td><td>11/12—11/17</td><td rowspan="2">(3) THE MINOR ENTRANCE TO AN EXPOSITION / 展览会次入口设计</td><td rowspan="2">(3) A MONUMENT TO STAESMAN / 政治家纪念碑设计</td></tr>
<tr><td>8</td><td>11/19—11/24</td></tr>
<tr><td>9</td><td>11/26—12/01</td><td colspan="4">感　恩　节　放　假(11/28—12/02)</td></tr>
<tr><td>10</td><td>12/03—12/08</td><td></td><td>(2)(?)</td><td>(3)</td><td>(3)</td></tr>
<tr><td>11</td><td>12/10—12/15</td><td>(3)(?)
[3](?)</td><td></td><td></td><td></td></tr>
<tr><td>12</td><td>12/17—12/22</td><td colspan="4" rowspan="2">圣　诞　节　放　假(12/20—01/02)</td></tr>
<tr><td>13</td><td>12/24—12/29</td></tr>
<tr><td>14</td><td>12/31—01/06</td><td rowspan="4">(3)(?)
[01/05—1st Paris
第一轮巴黎大赛]
[01/18—01/21Warren
沃伦奖设计竞赛]</td><td></td><td></td><td></td></tr>
<tr><td>15</td><td>01/07—01/12</td><td rowspan="3">(3) A TURKISH BATH
土耳其浴室设计
[2] (?)</td><td rowspan="3">(4) THE ENTRANCE TO A SUPREME COURT
最高法院入口设计</td><td rowspan="3">(4) A UPPER PART OF A TOWER
塔顶设计</td></tr>
<tr><td>16</td><td>01/14—01/19</td></tr>
<tr><td>17</td><td>01/21—01/26</td></tr>
</table>

（续 表）

周次	1928—1929学年	A 级	B 级	C 级	D 级
18	01/28—02/02	学年中考试开始(01/28)			
19	02/04—02/09	(4)(?) [02/12—02/13—2nd Parise 第二轮巴黎大赛] [4](?)	(3)		
20	02/11—02/16			(5)A VESTIBLE-ENTRANCE TO A CENTRAL SUBWAY STATION 地铁站入口设计	(5) A WALL FOUNTAIN IN A COURTYARD 庭院喷泉设计
21	02/18—02/23				
22	02/25—03/02		(4)(?) [4] THE HEADING OF A CHAPTER 扉页装帧设计		
23	03/04—03/09			(6)(?)	(6)A ENTRANCE TO A PUBLC GARDEN 公园入口设计
24	03/11—03/16				
25	03/18—03/23	(5)(?)			
26	03/25—03—30	复活节放假(03/27—04/03)			
27	04/01—04/06				
28	04/08—04/13	(5)(?) [5](?)	(5)THE DECRATION OF THE ENDWALL IN A COURT ROOM / 审判室后墙装饰	(7) A MIMORIAL CHAPEL AND MUSEUM 纪念堂与博物馆设计	(7)A ENTRANCETO ACHRISTIAN SCIENCE CHURCH 教堂门廊设计
29	04/15—04/20				
30	04/22—04/27				
31	04/29—05/04				
32	05/06—05/11		(6)A PRIVATE CHAPEL 私家教堂设计 [5](?)	(8)(?)	(8)(?)
33	05/13—05/18				
34	05/20—05/25				
35	05/27—06/01				
36	06/03—06/08	学年末考试			
37	06/10—06/15	毕业典礼(06/12)			

画室教学

关于画室(Atelier)设计课的教学,资料中很少有详细的描述。除了各年级学生集于一堂做设计以外,学生可以选择导师这一点似乎可以肯定[①]。但第一年类似设计初步的课似是由另人负责(Habeson1921 年时任教此课)。而上面的各级设计则由一人主持(如 P. 克瑞或 G. 比克利),多人参与(如 Sternfield 等)。至于设计课的指导细节,如教师指导似不固定在某一级,因为会有不同级的学生选择同一导师(如杨廷宝只选过 P. 克瑞一人);学生的座位也应该不固定,因为做相同题的一般靠近些,以便导师指导……这些只是笔者根据惯例或常情所作的推测了。如是这样,"教师一人多题的"这一特征倒是与法国鲍扎的画室教学方式完全一致。另外,第一年的设计初步类的课虽因绘图训练为主而被归入"图艺"类,但事实上这一部分的内容多是与设计有关的基础训练,具体的是"五柱式与元素"(1901—1902 年)或"建筑要素""设计要素"(1918—1919 年)等,因此还是由设计教师教学,其地点照理可以在设计画室内。但因有过系里另设教室(即前章所提及的第一年的图房——drafting room)的记录,如该教室确为第一年基础训练之用,那么"画室"就更是纯粹的"设计教室"了。

设计课的上课次数并无资料正式描述,但从有关 P. 克瑞的回忆文章中可知,至少 P. 克瑞是每天(除星期日)下午在设计教室的:"(他)每天上午到事务所工作,下午到学校改图。"[②]"P. 克瑞每个工作日(Weekday)的下午 2 点,都衣着简朴地准时步入宾夕法尼亚大学的大图房,直至题目结束的星期日。"[③]由此判断,宾夕法尼亚大学设计课是安排在下午。不管是否天天上设计课,但每天的下午至少应未排其他课。

宾夕法尼亚大学设计作业的评图情况,因在资料中并无任何外请评委的记载,所以很可能由系内教师自评。

关于画室里平时的学习场景倒是有不少生动的记述,因为学生在此活动时间最多——"画室是宾夕法尼亚大学建筑学生生活的中心。"[④]仅"开夜车"的一幕,就足以让人领略画室那既紧张又欢愉的气氛了:"……房间里或许有 12～15 人,大家以最平实的方式将建筑与音乐结合起来。和声夹插着丁字尺三角板的伴奏,但工作仍在继续。……人们井然有序:外套脱在一边,衬衫的袖子高高捋起,红色或蓝色毛衣很是显眼。……学生们喜欢对其视野内他所关心的事予以苛求……他在图桌间徘徊着,有时会停下来并交换着看法……不仁慈但却是善意的玩笑中不少是

---

① 杨廷宝. 学生时代//杨廷宝建筑论述与作品选集,1997:169.

② 杨廷宝. 回忆我对建筑的认识//杨廷宝建筑论述与作品选集,1997:163.

③ Theo B White. The Teacher//Paul Philippe Cret, Architect and Teacher:28.

④ Ann L Strong and George E Thomas. The Book of the School—100 Years:The Graduate School of Fine Arts of the University of Pennsylvania,1990:31.

有益和有价值的评价，因为它直率而切中要点。图房里公开作图除了益于学生获取建筑学知识外，还有一个公认的优点就是可防止头脑膨胀，也就是学生像关爱宠物一样蒙头作设计……”“盗用的嗜好并不仅限建筑构思，有时还针对绘图工具。提着从图钉到全套工具是很令人尴尬的，受害者唯一的智略就是采纳《圣经》的劝导：你要忍耐并如法炮制。”“十一点前两分钟，图房的电灯熄灭一瞬，这是管理员关总电闸的信号。场景立刻大变：图板被匆匆堆上架子或立在墙角，工具被迅速拢在一起，抽屉砰的合上，房间即刻安静并暗了下来。长长的走道上响起众人的脚步声，宾夕法尼亚大学人熟悉的歌声在空阔的走廊里回荡：‘他的名字叫李·富兰克林，他是宾夕法尼亚大学的创立者……’”①[见图 7-7]

7.4 P. 克瑞

P. 克瑞(Paul Philippe Cret)自 1903 年至始其 1945 年逝世，除去 1914—1919 年间赴法参战的 5 年，共在美国生活了 38 个年头。其中大半时间(1937 年前)参与并主持了宾夕法尼亚大学的建筑设计教学，并自始至终参与了美国的建筑实践。受过他教诲的学生数以千计，他的设计作品也逾百项。P. 克瑞的一生在空间上跨越欧美两地，时间上纵贯折衷主义与现代主义两个时期，这特殊的经历造就了他性格上严谨又不乏幽默、诙谐，专业上稳健但并不僵化这样的特有品质。可以说，他是对宾夕法尼亚大学建筑系产生过重要影响的最关键人物，是“在美国的法国导师中最闪亮的人物”②，也是全美国近现代建筑舞台上意义非凡的人物。

在美国的生涯

P. 克瑞决定来美国宾夕法尼亚大学是在 1902 年 10 月，但他到任的时间是在一年以后，即 1903 年秋③。这个被称为是 W. P. 赖尔德的“黄金搭档”(Perfect Counterpart)④的人物留着法国式的胡须，身高仅 5 尺 3 寸(合 1.6 米)，刚到美国时才 27 岁。除了建筑上造诣精深外，他还是个兴趣广泛的人，读过许多文学与艺术巨著。1904 年，P. 克瑞返法国娶回了 M. Lahalle。P. 克瑞的太太(M. Lahalle)才貌出众，亦酷爱阅读文学艺术著作。他们一直住在费城西边的一幢意大利式的小别墅中，直至他们去世。[见图 7-19]

---

① Percy C Stuart. School of Architecture of the University of Pennsylvania. The Architectural Record, 1901, 10(3): 332-335.

② Harry Sternfeld. 转引自：Theo B White. The teacher//Paul Philippe Cret, Architect and Teacher: 25.

③ Arthur Clason Weatherhead. The History of Collegiate Education in Architecture in the United States, 1941: 102.

④ Ann L. Strong, George E. Thomas. The Book of the School—100 Years: The Graduate School of Fine Arts of the University of Pennsylvania, 1990: 33.

P. 克瑞以其在鲍扎所打下的深厚功底和到美国后的勤奋学习、工作，很快便融入美国的职业生活之中，在宾夕法尼亚大学和全国的建筑教育和建筑实践领域崭露头角，建立起了极高的威望。

到美国后，P. 克瑞的英语水平不断提高。1909 年时他已可用英文撰写论文，至第一次世界大战开始的 1914 年，他已能作为美军一部的翻译了。后来，他更能"以纯正的英语演讲"了①。1919 年，P. 克瑞以荣誉退役军官和十字勋章获得者的身份从法军退役并回到美国。由于受战争中的炮火影响，P. 克瑞的耳朵有些聋。人们与之交谈时必须大声说话，他自己的声调也变得有些粗亢。后来，他又由于肿瘤而影响说话，因此随身带着小纸簿和短铅笔作为助言物。然而，这并未影响他的个人魅力。他在严肃的教学和工程设计之余，喜听音乐会，爱交友，言谈举止中不乏幽默和诙谐，说话常常逗人发笑。他的朋友中有画家、雕塑家、音乐家和作家等费城知识名流。

P. 克瑞在美国的三十余年中，除了数量可观的设计奖项以外，还获得过若干荣誉嘉奖。其中有 1913 年的"宾夕法尼亚大学荣誉理学博士学位"、1940 年的"哈佛大学荣誉文学博士学位"和 1938 年的"AIA 金质奖章"等。此外，P. 克瑞在一战后被聘为"美国战争纪念委员会"顾问②。

1927 年，P. 克瑞正式加入美国国籍。1945 年 9 月 3 日，P. 克瑞在为北卡罗来纳州一个老兵医院基地做空中视察时，心脏病发作③。几天后的 9 月 8 日，P. 克瑞不幸逝世④，终年 69 岁。

建筑观

作为一名法国人，P. 克瑞的身上带有典型的"法国式"风范。对此，他的学生、宾夕法尼亚大学的另一位教授、全美二十年代最风行的鲍扎教学法指导书 *THE STUDY OF ARCHITECTURAL DESIGN* 的作者 J. F. 哈伯森(John F. Harbeson)有过描述：(他具有)"清晰逻辑的思维取向和追寻创造秩序与美的热望"⑤；而其在里昂的平民出身和早年生活又在 P. 克瑞的心底埋下了不可磨灭的"共和主义"理想的种子；美国社会宽松、平等的风尚则为 P. 克瑞毕生对美的理性追求提供了绝佳的氛围。

在 P. 克瑞的意识中，最为根本的即是认定"建筑是一种艺术(Fine Arts)"⑥。

---

① Theo B White. The teacher//Paul Philippe Cret, Architect and Teacher: 36.

② Theo B White. The Honors and Accomplished Work of Paul Philippe Cret//Paul Philippe Cret, Architect and Teacher. Philadelphia: The Art Alliance Press, 1973: 41.

③ Elizabeth Greenwell Grossman. The Civic Architecture of Paul Cret, 1996: 213.

④ Theo B White. Chronology//Paul Philippe Cret, Architect and Teacher: 17.

⑤ John F Harbeson. Foreword//Theo B White. Paul Philippe Cret, Architect and Teacher: 13.

⑥ Paul Philippe Cret. Style—Archaeology//Paul Philippe Cret, Architect and Teacher: 51.

“对他来讲，建筑学是个要做得比以前更好的持久之战，他对难以捉摸的美的苦苦尝试是如此至关重要的追求。”①在平时的言谈中，P. 克瑞也总是以“艺术”和“艺术家”(即 art 、artist)来指代建筑学和建筑师。P. 克瑞对不同材料及形式的美学表达有着深刻的理解，这在其论文(如《结构师的合作者建筑师》等)中均有精彩论述。在审美取向上，他倾向简洁而有创意，主张“必须不怕简化”“要有勇气删减再删减”……“必须敢于放弃墨守成规的老套”，认为“美是不受规则约束的……美只能由不受规则约束的人的不可言传的直觉获得，武断刻板地遵守美学规则的人与心不在焉、马马虎虎的人一样得不到美”。“创造性的直觉是永恒的力量……”②当然，诸如功能和结构等问题，在 P. 克瑞看来是应已解决了的，是开始追求美的前提，“他信奉功能和结构上的解答只是个开头……”③

其次，在产生美的源泉方面，J. F. 哈伯森说：P. 克瑞相信“传统是一种资源丰富的激励”。的确，P. 克瑞是曾说过“不提倡抛弃过去给我们的馈赠……建筑形式像语言一样，改变得很慢”。但是，他更提倡“为表达我们自己而非我们父辈的理想去运用它们”。认为“建筑师必须在其继承的传统与其心中的创意间取得一种良好的平衡”。他说道：“多谢那些图片、书籍和旅行让我们知道了过去各世纪的建筑是什么样的，还知道当用于我们现代课题时要做些什么样的变形。……(这些)形式是缺乏精神的，而给予它一个新的生命正是我们的任务。”“这一使其更具时代特征的生命只有明智地顺应时代才能获得，这涉及艺术的道德问题……(即)不盗用其他作品或违背现代需求来愉悦人心……这实验有失败的可能性……(但)只有错误与失败，新的艺术才能一点点形成。”④ P. 克瑞甚至早在作学生时，就对其导师强加某一式样感到不满；当自己作导师后，他曾就一学生为模仿希腊神庙而将学校的教室的窗户略去之事，予以严厉的批评。可以说，P. 克瑞或确实像人们说的有些“怀旧”，但他绝不是个一味守旧的人。P. 克瑞明确地肯定：“(教师)不该指定或排斥某种式样，而该始终不忘实际目标(Sight of the fact)，即他是在培养为我们时代的艺术作贡献的人。”⑤

对于廿年代后出现的“现代主义”，P. 克瑞的态度极为冷静、客观而且很显然是宽容、理解甚至支持为主的。在一篇名为“现代建筑”(*Modern Architecture*)的论文中，P. 克瑞首先引用法国哲学家 B. le B. 德·丰特内尔(Bernard le Bovie de Fon-

① John F Harbeson. Foreword//Theo B White. Paul Philippe Cret, Architect and Teacher: 14.

② Paul Philippe Cret. The Architect as Collaborator of the Engineer//Theo B White. Paul Philippe Cret, Architect and Teacher: 65.

③ John F Harbeson. Foreword//Theo B White. Paul Philippe Cret, Architect and Teacher: 14.

④ John F Harbeson. Foreword//Theo B White. Paul Philippe Cret, Architect and Teacher: 14.

⑤ Paul Philippe Cret. Style—Archaeology//Theo B White. Paul Philippe Cret, Architect and Teacher: 51.

tenelle，1657—1757）在《死亡对话》（*Dialogues des Morts*）一文中的话："地球好似巨大的石碑，每个人都想在其上刻自己的名字。当碑被刻满了后，就需擦去旧的换上新的。如果古老的纪念碑都依旧存在那会怎样呢？——现代的纪念碑就将无自己的立身空间。"这无疑是在肯定世界文明进化的必然性。随之，他对不知其所以然就否定现代运动的态度表示反对：现代建筑正在探索中前进，有时代性和个性，不易被领悟，因为它与其他流派寻旧的惯例不一致。因此不该武断地否定其价值而横加指责。此外，他还认为"现代主义"与我们过于逼近（指时间上），这导致了我们只能注意到其感人的细节。值得注意的是，P. 克瑞还反对持激进态度者过于否定 19 世纪的建筑成就，认为说 19 世纪建筑是"穿旧外套"这一批评不严密。——过去的一百年里，艺术极昌盛而唯独建筑佳作匮乏——这会令人费解。似乎在他的思想中，现代与过去并不是对立的。为此，他甚至借用史学家们将 15 世纪末"中世纪历史的衰落"作为"现代历史"的开端之说，做艺术史的类比："建筑上，各国或早或迟地以从古罗马遗作中借用形式或建造法的建筑的出现，来证实哥特风格的终结。"①也就是说，P. 克瑞有将包括新古典主义和折衷主义在内的"古典复兴"，也纳入"现代运动"之意。这或许有些让人难以理解，因为这种戏剧性的类比显然与当今的建筑历史分代相左。以笔者之见，这种分法无论在通史还是艺术史，都是从文艺复兴提倡人文精神这一现代意义出发的。P. 克瑞忽略了建筑上的科技因素而引用此法，一则说明他更注重建筑的人文因素，二则与他在专业生涯中不为表面的式样所惑、我行我素的一贯态度有关。

尽管 P. 克瑞的唯美倾向十分明显，但他并未排斥建筑的技术因素。认为建筑师与结构工程师的关系是合作者。二者原为一体，之所以分离是因为"钢材作为建造的因素之一得到了很大的发展"，由此"造成了数学计算复杂化和专业化，使其成为了一个独立的专业"。而"建筑师只得忘掉他所学到的数学知识，以专心解决美学问题了"。但是"这两个专业是互相补充""互相联系的"的。虽然这两个专业的高度专业化"难免有时缺乏统一，但远不会对美学理念产生威胁"，甚至还会"给现代建筑带来新的有力影响。（它）可能是新的美之源泉，使建筑比我们许多年前见到的更加纯洁有力"。不过，他也不赞成走向反面，因为"单纯的力学因素不能唤起潜在的情感价值"。所以，他告诫："必须反对盲目崇拜纯力学计算而产生僵硬形式的趋势"。认为"逻辑性、明晰性和力度"虽然是美的元素，但并非美的全部。P. 克瑞曾反复引用柯布西耶的话——"建筑开始于计算结束之时"，来说明结构师与建筑师工作性质的不同及工作程序上的关系，希望建筑师在结构师给定以耐久性为目的的限定后"控制并利用它们"……"从而使建筑与结构取得协调"。建筑师的工

① Paul Philippe Cret. Style—Archaeology//Theo B White. Paul Philippe Cret，Architect and Teacher：54.

作是在满足结构条件的“众多方案中”，以美学作为原则来选择。在合作中，建筑师“甚至可以对结构和建造施加影响”。……(但)“企图撇开结构的影响这是危险的一步，会导致整个美学目的落空”。他明确地指出：“建筑师的任务不是去掩饰，而是去诠释。”①

对于营造(即 Construction，在此综合表达了建筑材料、建造技术甚至建筑设备等概念，比当今译作“施工”或“构造”时的含义更大、更广——笔者注)，P. 克瑞的观点与对结构的看法类似。他首先承认营造是第一步，是基础，但认为这还不能认作是建筑本身(本质)。因为这只是个“胚胎状态”，我们需要的是“接下去将这功利性的装置转化为美的东西”。“有某种非功利的、难以得到的东西存在于建筑之中，而正是对此的追求使得建筑学有别于土木学。”在 P. 克瑞看来，营造与设计的区别在于思维方式。前者是理性、逻辑和科学的；而后者是在明白了哪些可以做到、哪些不可做到后，就由艺术特性起决定作用了：“想象力、品味、协调(能力)和造型感觉”，“这里，逻辑不再起效”。他认为“想为美学寻找科学基础是已失败了的”；而在设计中运用数字及几何研究成果，也只是“表明人们在设计中欣赏某种秩序而已”。营造包括经济和社会因素被他认为“不会创造出有价值的建筑”，而“只是有限制和矫正的价值……创造性因素是造形的理念……是源于美学的”。P. 克瑞肯定地说：与其“成为房产批销商、二流的经济学家、蹩脚的结构师和肤浅的社会学家”，还不如“像过去的设计师那样，以其建筑给人多彩的文明”②。

建筑设计教学

P. 克瑞的专业生涯是在美国开始的，而任建筑教师又是其开端。在建筑教育方面，他倾注了大量的心血，对建筑设计的“教”与“学”都有着很精到的见解，并在教学实践中形成了独特而有效的教学方法。P. 克瑞被认为“无疑是全美国所拥有的最富才华的设计教师，得到了宾夕法尼亚大学学生最高的尊崇”③。(他)“是在美的法国教师中最闪亮的人物……他对懈怠的不屑鞭策着我们——他的幽默振奋了我们——他的先见令我们敬畏。……实践已证明，他的理解是正确的，他的原则是永恒的”④。P. 克瑞于战后的 1919 年回到费城后，数百名“忠实而深情”的往届学

① Paul Philippe Cret. The Architect as Collaborator of the Engineer//Theo B. White. Paul Philippe Cret, Architect and Teacher: 61-65.

② Paul Philippe Cret. Design and Construction//Theo B White. Paul Philippe Cret, Architect and Teacher: 67-72.

③ Arthur Clason Weatherhead. The History of Collegiate Education in Architecture in the United States, 1941: 102.

④ Harry Sternfeld. (11 届巴黎大奖得主、巴黎美术学院毕业生、宾夕法尼亚大学教授)转引自：Theo B White. Paul Philippe Cret, Architect and Teacher: 25.

生从各地赶到丁字尺俱乐部举行聚会，向P. 克瑞致意，他被“奉若‘君王’”①。

关于设计，P. 克瑞的基本认识就是：“这并非一门可在25或100节课内教完的科学，而是学生潜在美感的开发，是其品味和识别美的形式的一种教育。”“为做到真正的深刻与有效，这一学会如何欣赏新事物而藐视其他的缓慢演进阶段，必须只能是个体的和理性的，而不是将会被触及和永久影响的感性。”因此，在谈及人们青睐艺术家靠灵感产生新作，说设计师是天生而非造就的时候，P. 克瑞的回答是否定的：“通常的事实大不相同，很少戏剧性……它暗示人自始至终的不懈努力，再有才华的人也必须和别人一样努力。……好的设计师和差的设计师之别在于前者比后者更有愿望与可能比后者要持久地学习。……学习是设计的基础，是以科学为基础的研究。”除了会学以外，好的设计师还“善于运用所学（知识）去发展与完善其设计”②。

对“教”一方的职责，P. 克瑞的态度很明确：“学校教育之目标是方法的输入。”③“学校只是教会（他们）如何使用艺术家将会需要的工具。”而教师的任务则是“在学生根据任务书规定做出概略的设想后，保留其中可用之处，指出不足，并建议纠正之更佳方法”。“施教者首先应是个设计师，具有区别不同类型学生的洞察力……他不能刻板地强加给他们太多自己的偏好与惯用手法。”“一个由强烈表现欲支配个性的人终究不是个好的艺术教师，因为他将使学生不由自主地成为其仿效者。”他应该“理解学生的意愿，并给予学生自己不能发现的（发展）方向”④。

对于教学体系，P. 克瑞在总体上是赞成1920年代形成的“美国式鲍扎”体系的。对否定它而主张转向纯“巴黎美术学院”体系或全新体系的倾向，他都曾发表过颇为中肯的看法。因为P. 克瑞受恩于“巴黎美术学院”，也深知其对美国建筑教育事业的贡献，所以曾撰写数篇有关该学院的文章为其辩解。然而，他相信，要成立集权式的全国性建筑大学，“整体输入其组织形式与精神则是错误的”。其原因一是“巴黎美术学院”已因为“固守17世纪官方的艺术信条，以反对当代的个性和自由精神”而遭到了法国国内的非难，而这种专制性的信条，事实上是“对曲解了的维特鲁威原则的盲从，并以此为标准设定美和高雅品味”，而“认定这种专制仍有生命力的观点是错误的”。原因二是“美国的院校相对独立，要想找到统一性很困难……这种特权在美国会遭到坚决反对。……在法国，数世纪的集权制已使得其臣民习惯于一种近乎中国清政府的管理；而美国的政府部门迄今还无意就美学问

① Theo B White. The Beaux-Arts System//Paul Philippe Cret, Architect and Teacher: 23.

② Paul Philippe Cret//Theo B. White. Paul Philippe Cret, Architect and Teacher: 25.-29.

③ Ann L Strong and George E Thomas. The Book of the School—100 Years: The Graduate School of Fine Arts of the University of Pennsylvania, 1990: 33.

④ Paul Philippe Cret. A Recent Aspect an Old Conflict//Theo B White. Paul Philippe Cret, Architect and Teacher: 83-87.

题参与意见，在我们考虑就自己珍爱的信念做出选择时，我们应该为此而感恩戴德才是……”“巴黎体系已在美国大量采用，这是以不与过去和现在都很重要的其他教育原则相冲突为限度的。”P. 克瑞认为法、美体系各有所长，都能培养出成功的建筑师。当然，对于当时的教学体系，P. 克瑞也认为是有弊端的，即建筑课程时间不够，且由于公共课夹杂在一道，专业课格外支离破碎。但他觉得关键不在于延长学制（如当时有些学校 4 年改为 5 年），更有意义的是合理安排。他说：“我倾向于学生应在入建筑院系前得到公共基础教育。”不过这类改变在他看来只属于调整性的，“我们需要的是改进而非革命”①。

1930 年起，由于现代主义运动的兴起，美国原有的建筑教育体系不可避免地受到了冲击。对此，P. 克瑞在理智上明晰地意识到，“这场争论本质上是反对古典传统，以取得‘现代主义’的胜利，教育改革仅是个结果”，并且客观、善意地认为“这种健康的质疑”……可以“帮助我们确定方向……对那些想当然的事物进行更仔细的探究”。在具体到新旧体系替换问题时，P. 克瑞又明确持保留态度。其原因大致是认为旧体系运转良好，而新体系尚不成熟。在 P. 克瑞看来，原有教育体系是“经多年试验发展而来”，“直到两三年前（指该文发表的 1938 年前两三年）这套建筑训练方法才被所有学校采用”。认为它并未失败，其证明就是“在 20 世纪，美国建筑师获得了世界范围的认同，并且它在时间上与学校影响的扩大是一致的”……“（它）显示出了明显的进步”；进一步的证明是“美国学生赴欧留学的人数在不断下降”。他评价这种“师生一起就同样的问题而工作的体系，仍然是我们所知的最好的方法。这是一种协作，通过尝试与失败，这个设计会逐渐最终成型。至少在不考虑所推荐的形式时，这种训练无疑有教学上的价值”。对谴责古典戒律抑制创造力，P. 克瑞的回答是：“如此易被抑制的创造力绝不是有生命力的。” P. 克瑞对“尚在怀疑状态下就会突然找到一个无疑提高了职业能力水平的体系”不能赞同。他引用柏拉图的话——“应该思考永恒之美”，告诫“必须避免把新颖比作美的价值混乱”。P. 克瑞抱怨在有些学校探索新方向时，承担指引方向的诸论文作者（即建议者）“大部分不熟悉教学……（新的方向）都未经试验”，所以“这种草率试验”的受害者是“担任了试验品角色的学生们”。对新探索的课程中引进社会学、居住及经济等问题的研究，P. 克瑞的看法是“不可能各方面都成为专家”，因此要做出选择，进行删减。在“做出改变的时候，必须确认新课程要比被抛弃的更有价值”。他引用 R. 布洛姆菲尔德（Reginald Blomfield）的话表达了他对增加课程的最终态度：“一个建筑师首先要具有的是他的设计知识与能力，这是他与其他人的区别所在”②。

① Paul Philippe Cret. The Question of Education：Evolution or Revolution//Theo B White. Paul Philippe Cret，Architect and Teacher：55-60.

② Paul Philippe Cret. A Recent Aspect an Old Conflict//Theo B White. Paul Philippe Cret，Architect and Teacher：83-87.

公平地讲,尽管P.克瑞并不守旧,但在面对“现代主义”大潮涌向学校之时,他的心理准备和承受力有些不够充分,多少还是有些旧情难舍。

据悉,作为宾夕法尼亚大学的设计图房主导教师,P.克瑞一直具体负责高年级的设计课教学。但宾夕法尼亚大学从1906年后便实行学分制,班级也已不存在,因此,以笔者之见,P.克瑞这种状态事实上维持的时间不长,很快就应转为除了设计初步以外的各级设计他都教。这一点,可由其学生杨廷宝就读期间一直选他做导师得以证实①。教学中,他在观念上坚持“初始草图(Preliminary Sketch)”的原则。即学生根据任务书独立做出的第一次构思草图,要作为方案始终的核心。在最终的设计中,基本构思不可改变。他认为这一做法有价值的理由:是(1)学生如无此草图便会花全设计过程中的大量时间在试验各种可能性上,但学校的目的并非寻找最佳解答,而是要学生研究一类问题;(2)(即便学生开始选择了欠佳的思路)他在尝试改善它时所花的努力要比一开始就给他正确解答时要大得多;(3)学生们在一道工作,如不强制要求保持基本构思,大家的设计方案便会渐渐趋同。

P.克瑞每天下午均准时到图房,以至于他的学生们“从不知道何时需要期待他”。“他是个献身于他学生们的和善的评图者。”“他在学生的图纸上铺上透明纸,用软铅笔画着,很少说话。”“他缓缓地从一桌移到另一桌”,不时地留下一句称赞或鼓励的话。“在学生的工作不令人满意时”,他便会平静而讽刺性地评论一下:“你把脑瓜留在家里的抽屉里啦?”“你真不晓得你在干什么!”……但并不会因此而积怨,因为“这从不带到第二天的评图中去”。在改图时,尽管学生做的都是同一题目,但P.克瑞“给他们的解答非常不同,因为每个人都要回到他的初始草图上去”。在他给某人改图时,“学生们多围在桌旁,都渴望能有星点收获”。“这是多么了不起的指导,就像干柴遇到了烈火:当他移至下一桌时,学生便感到一种狂喜的迸发。”当他“走过低班(应是一年级)学生桌前时,他们便温顺地站在一边,企盼着得到评判。他们完全像是在上帝的面前”②。

建筑创作实践

正如费城艺术馆馆长F.金布尔(Fiske Kimball)博士所说:“40年来,他(P.克瑞)用他的建筑赋予大地以美与功用,在建筑专业实践中出类拔萃。他教授建筑设计三十余年,但从未忘记大量的城市改造问题,并慷慨地献身公共服务事业。”H.R.谢普利(Henry R. Shepley)也评价“P.克瑞是个伟大的公共建筑设计师,是他同辈人中公认的领头人之一。他具有同辈建筑人中少有的个性。其作品的优异品质使其历史地位与日俱增”。

据笔者所掌握的资料,P.克瑞在美国的第一个工程是他到美后四年,1907年

① 杨廷宝.学生时代//杨廷宝建筑论述与作品选集,1997:169.

② Theo B White. The teacher//Paul Philippe Cret,Architect and Teacher:25-29.

时竞赛获奖作——泛美联盟(Pan American Union,原名 International Bureau of American Republics)大厦。当时参赛者有 87 人,P. 克瑞的方案由 A. 凯尔西(Albert Kelsey)协助完成。该大厦 1910 年建成后被公认为"是他作品是中最好的",也是"摩登时期最迷人的建筑物之一"①。还有人视他的这次获胜"为一个特殊的公民统一体特征的揭示与他从美术学院学到的设计方法之间的关系提供了教科书","他的泛美联盟设计也证实了他关注从业主常常矛盾的任务要求中找出有启发作用的公民关系的眼光"②。[见图 7-20～图 7-25]此后,他的创作便一发不可止。除第一次世界大战期间的 4 年左右以外,P. 克瑞每年都有作品问世,其中 1931 年和 1938 年最多,工程项目数分别为 14 项和 8 项。

在 P. 克瑞的作品中,建筑类型覆盖面极广。其中有纪念碑(馆)、办公楼、学校、银行、法院、博物馆、住宅、公园建筑、电厂等民用与工业建筑,有桥、坝等市政类工程,还有火车厢体内部装饰设计等。在 P. 克瑞的众多设计作品中,许多都意义重大,曾在美国产生过很大的影响。[见图 7-26～图 7-40]据笔者的不完全统计③,P. 克瑞自 1907—1945 年间的工程设计项目总计达 112 项,其中参赛而未获奖建成的仅有 11 项。如按总年数 39 年(1907—1945 年)计,平均每年有近 3 项(2.87)设计,如扣除 1914—1918 年赴法参战的 5 年,平均每年 3 项以上(3.3),这一频率即便是全职建筑师也应该算是相当高的。如按类型分析,P. 克瑞的作品中为数最多的是高校规划及其建筑设计,数量高达 20 项,占总数的 22%;其次是列车厢体内部装饰设计,数量是 14 项;再次就是纪念建筑类,数量是 12 项。另外,公路桥梁的设计在其作品中的比例也很大(占 11%)。可以看出,P. 克瑞是个"广谱"的建筑师,并在各类建筑的设计中都表现出了超凡的才华。在其作品中,首先是不乏对形式问题的关注,如纪念性建筑、市政厅、博物馆等显然形式的比重最大;而在桥梁等工程中,结构等技术问题就成了重点;住宅、医院等建筑中,功能的因素又上升为第一了……尽管或许由于他所处年代之故,在设计中他所取的多是"折衷主义"风格,但这并不影响他综合考虑建筑的各种因素。正如他的学生 T. B. 怀特(Theo B. White)所说:"尽管折衷主义者选择了历史的形式,但其中伟大的人是在以悉心关注建筑功能的态度去运用这些形式的",也"并未阻碍他使用现代特征的材料和形式"。在某大桥的工程中,P. 克瑞大胆地一反当时的风尚,设计了裸露式钢塔;在列车厢体内装修设计中,他的创意也是"革命性的":"新颖的家具设计和组合,色彩对比强烈的不锈钢墙面","令人爽心、振奋"④。……这些,都是其运用新材料、新

① Theo B White. The Architect//Paul Philippe Cret, Architect and Teacher: 31.

② Elizabeth Greenwell Grossman. The Civic Architecture of Paul Cret, 1996: 26.

③ Theo B White. The Honors and Accomplished Work of Paul Philippe Cret//Paul Philippe Cret, Architect and Teacher. Philadelphia: The Art Alliance Press, 1973: 43-45.

④ Theo B White. The Architect//Paul Philippe Cret, Architect and Teacher: 30-36.

形式的有力证明。

1938年，美国建筑师协会（A. I. A.）授予了P. 克瑞最高荣誉——金质奖章。P. 克瑞在他的答谢发言中谦逊地说道："……我在回顾我的专业生涯时并没有发现任何有别于我的开业伙伴们的东西。……我只不过是循着我的前辈们为我开辟的路径而已。从他们那里，我学会了形成建筑学专业的目标和准则。……因此，我所获得的认知使我所能够给予的实在是太少了。""建筑艺术中，在为时代的理想创造形式方面，集体的成就要比个人的多……能成为创造我们时代建筑的工匠（artisan）就足以欣慰了，即便这份贡献并没有被认可。"①

宾夕法尼亚大学的建筑系作为美国折衷主义时期的学院式建筑教育的代表，在"美国背景＋鲍扎理想"的大前提下，其整体运作中有诸多具体体现这一大前提的特点：

1. 整个建筑系是应职业之需而在以职业化为目的的院校中设立，并在办学的始终得到职业团体的关注。

2. 教学的目标定位明确——证明并教授理论，给学生以知识、信念与想象力，并且层次分明——本科、研究生与专科并行。

3. "设计""图艺"及"建筑历史"类课程的安排重于"技术"和"公共"类课程，建筑的艺术性倾向明确。

4. 教学管理井井有条。其中有硬性规定（如升级和毕业要求），也有灵活余地（如学分制）；有教学氛围（画室精神），也有激励机制（竞赛）。

作为宾夕法尼亚大学建筑系的灵魂人物，P. 克瑞深得鲍扎体系的真传，不仅在建筑设计方面炉火纯青，还在建筑教育及建筑学相关的诸如结构、施工等方面造诣精深；并且在教学、实践及理论三方面都硕果累累。为完善该系的学科和树立该系在全美的显赫地位立下了无人可比的功勋。更为可贵的是，身为一名"巴黎美术学院"嫡传的法国人，P. 克瑞并未墨守他自己所受教育的戒律，而是清醒地认识到美国国情的特点，毅然反对全盘照搬"巴黎美术学院"的教学方式，极力主张在鲍扎精神的指导下走美国自己的道路，为"学院派"建筑教育体系在美国立足、扎根与完善、壮大做出了巨大的贡献。

① Paul Philippe Cret. 转引自：Elizabeth Greenwell Grossman. The Civic Architecture of Paul Cret, 1996：212.

图 7-1　宾夕法尼亚大学建筑系所在的“学院大厦”二

图 7-2　宾夕法尼亚大学建筑系设计教室——“大图房”二

图 7-3　宾夕法尼亚大学建筑系“图书室”

图 7-4　宾夕法尼亚大学建筑系“素描室”

图 7-5　宾夕法尼亚大学建筑系“一年级打样间”

图 7-6 宾夕法尼亚大学校景

图 7-7 宾夕法尼亚大学“美术学院”

图 7-8 宾夕法尼亚大学建筑系学生素描作业一

图 7-9 宾夕法尼亚大学建筑系学生素描作业二

图 7-10 宾夕法尼亚大学建筑系学生素描作业三

图 7-11 宾夕法尼亚大学建筑系学生水彩作业一

图 7-12 宾夕法尼亚大学建筑系学生水彩作业二

图 7-13 宾夕法尼亚大学建筑系学生设计作业一——“门廊设计”(一年级)

图 7-14 宾夕法尼亚大学建筑系学生设计作业四——“纪念碑设计”(三年级)

图 7-15　宾夕法尼亚大学建筑系学生设计作业二——“博物馆设计”(二年级)

图 7-16 宾夕法尼亚大学建筑系学生设计作业三——“鸟屋设计”（三年级）

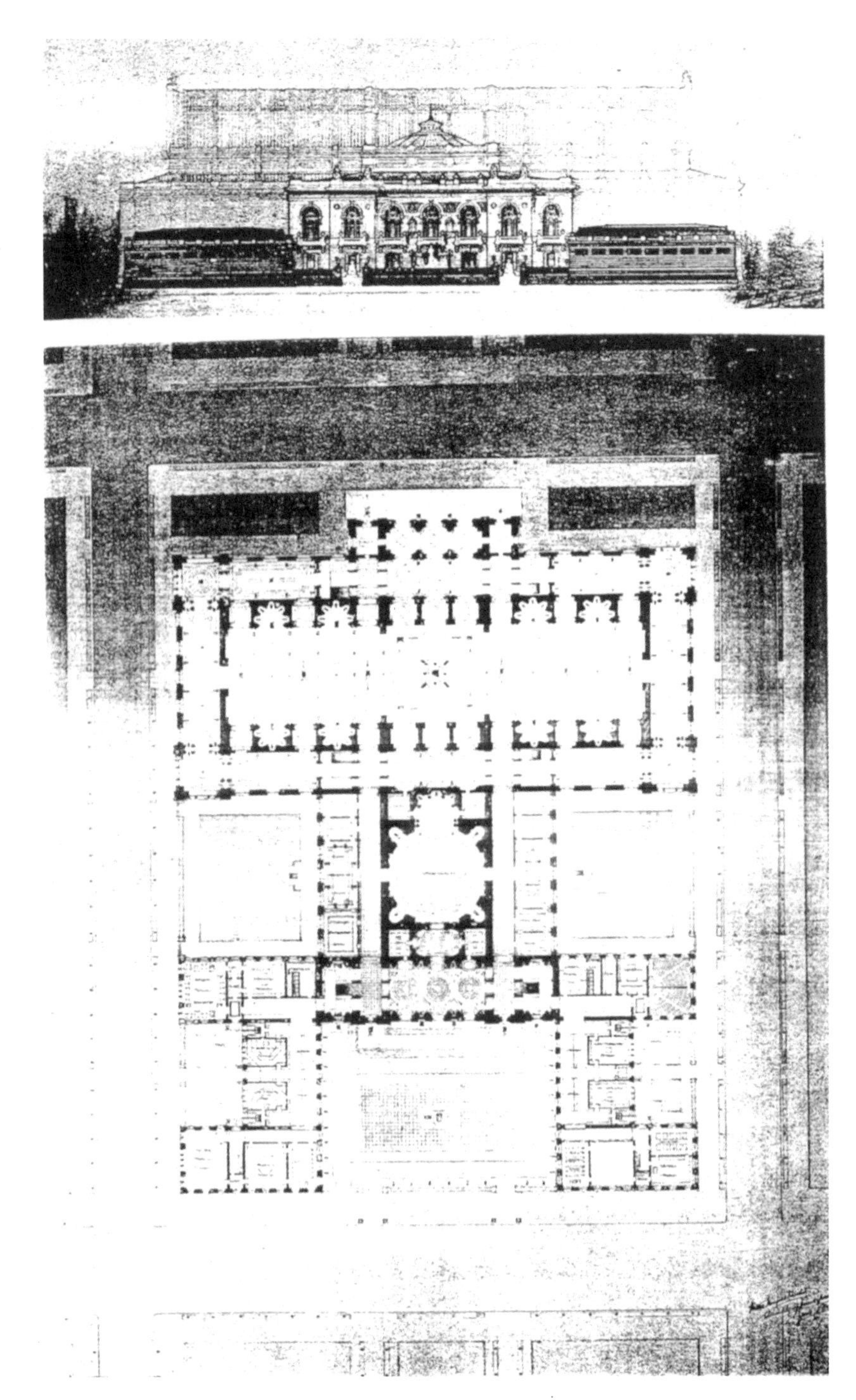

图 7-17　宾夕法尼亚大学建筑系学生设计作业五——“工艺学校设计”（四年级）

Figure 238. Class A Problem, Elevation, "A Municipal Market," T. P. Yang

图 7-18　宾夕法尼亚大学建筑系学生设计作业六——"市场设计"(杨廷宝 A 级作业,一等奖)

图 7-19　P. 克瑞

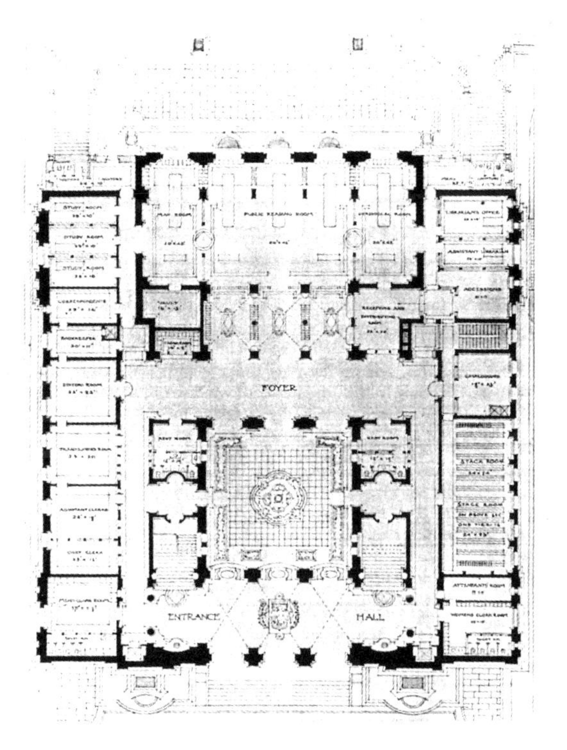

图 7-20　P. 克瑞:“泛美大厦”平面图

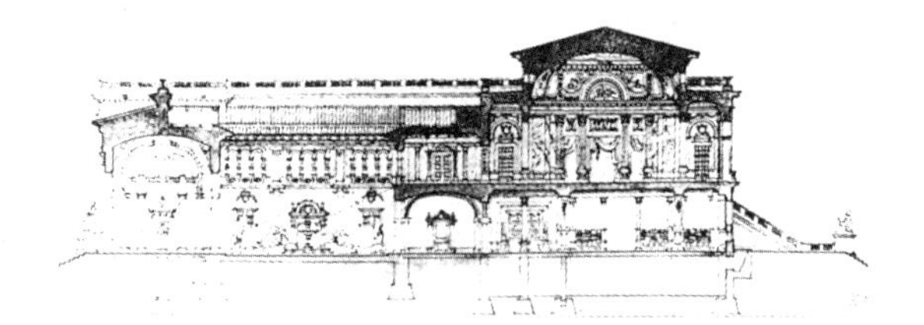

图 7-21　P. 克瑞:“泛美大厦”剖面图

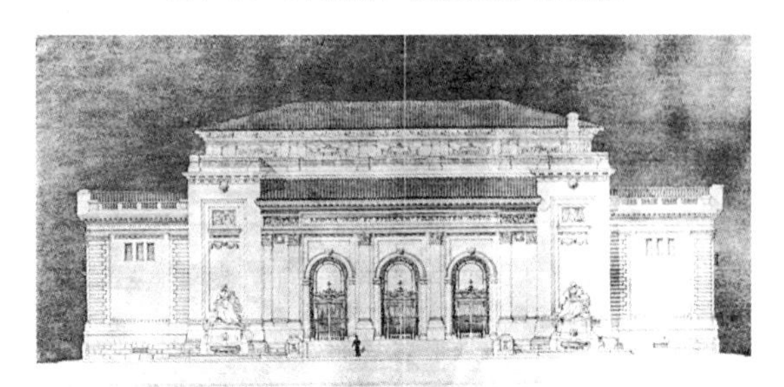

图 7-22　P. 克瑞:“泛美大厦”立面图

图 7-23 P. 克瑞:“泛美大厦”外观

图 7-24 P. 克瑞:“泛美大厦”庭院

图 7-25 P. 克瑞:“泛美大厦”内景

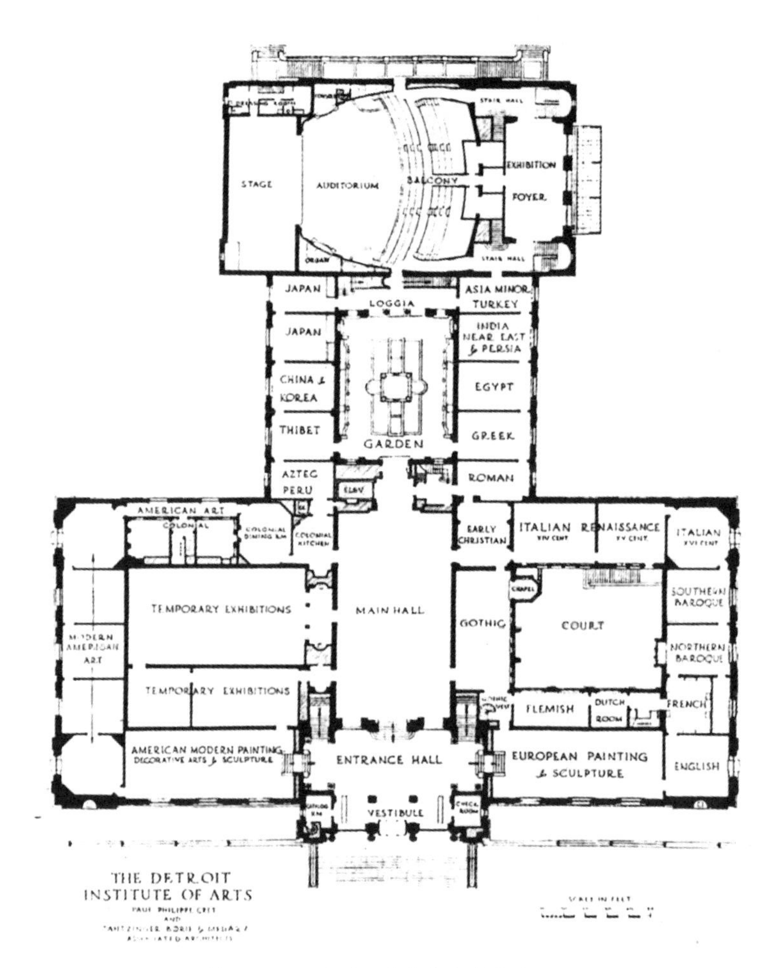

图 7-26　P. 克瑞:“底特律艺术学院”平面

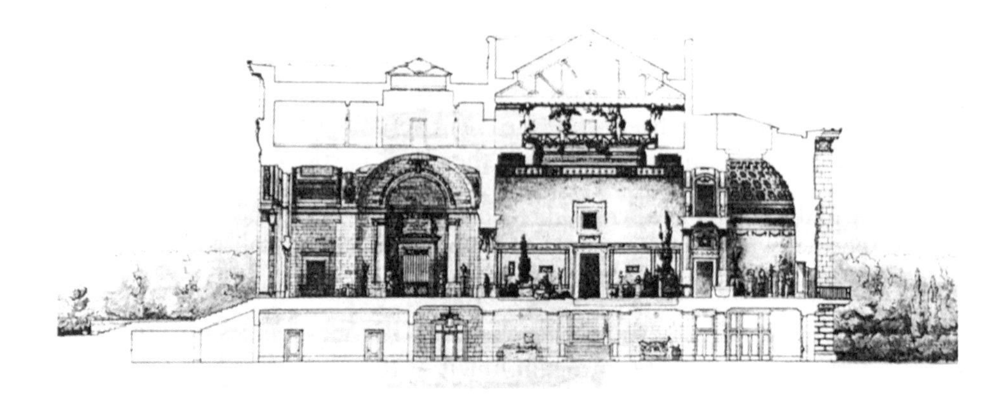

图 7-27　P. 克瑞:“底特律艺术学院”剖面

图 7-28 P. 克瑞:“底特律艺术学院”大厅一

图 7-29 P. 克瑞:“底特律艺术学院”大厅二

图 7-30 P. 克瑞:“底特律艺术学院”外观

图 7-31 P. 克瑞:“底特律艺术学院”庭院一

图 7-32 P. 克瑞:“底特律艺术学院”庭院二

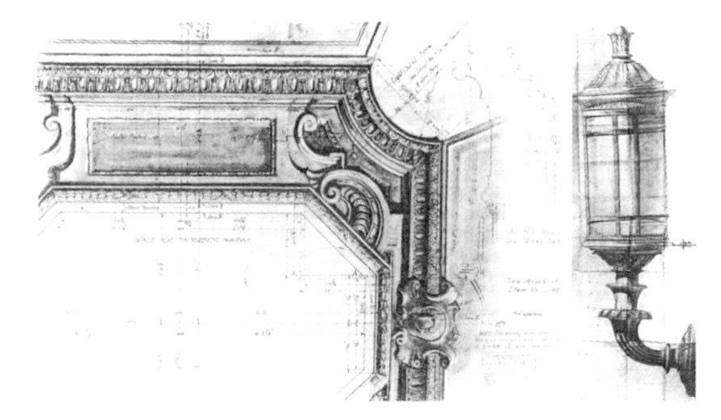
图 7-33 P. 克瑞:“底特律艺术学院”细部设计

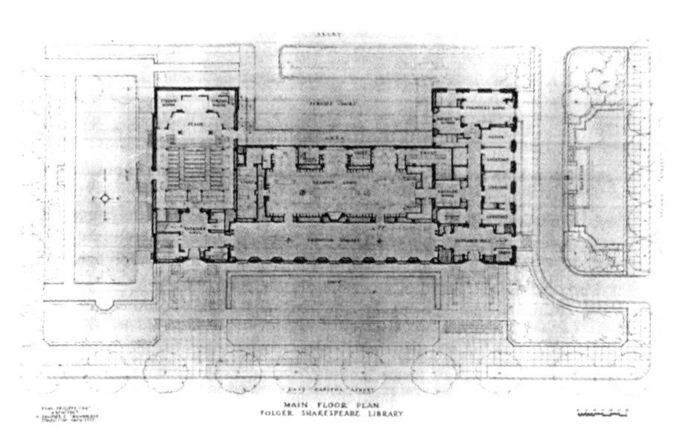

图 7-34　P. 克瑞："莎士比亚图书馆"平面图

图 7-35　P. 克瑞："莎士比亚图书馆" 细部

图 7-36　P. 克瑞："莎士比亚图书馆"立面图

图 7-37　P. 克瑞："莎士比亚图书馆"外观

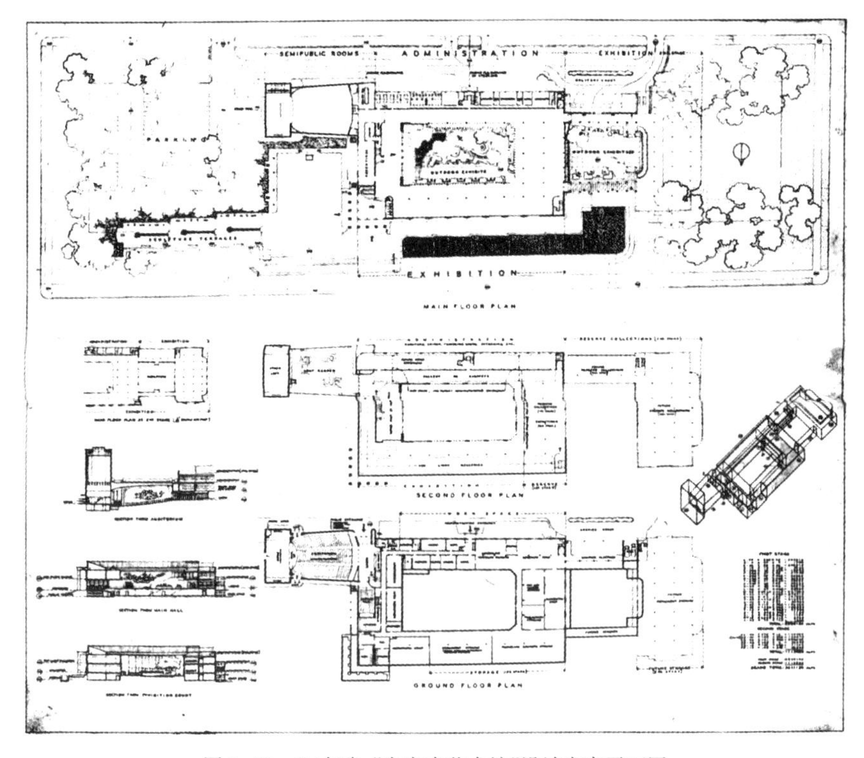

图 7-38 P. 克瑞:“史密森艺术馆”设计竞赛平面图

图 7-39 P. 克瑞:“史密森艺术馆”设计竞赛立面图

图7-40 P. 克瑞:“史密森艺术馆”设计竞赛立面细部

结语　学院派建筑教育体系特征评析

作为一种全球性的学术与实践系统，“学院派”建筑教育体系自成型发展至完善，经历了300年的风风雨雨，跨越了欧、美两大洲域。笔者之所以将其视为同脉相承且有所发展的整体，是由于它们在认识论和方法论上自始至终都既有着体系化的共性特征，又有着随不同时代与社会文化而呈现出的明显差异。而这些“同”与“异”，恰恰是其作为史无前例的学术流派的生命力之表现。如能历史地、公正地对其做一个整体的评析，我们便不难看出其意义与局限所在了。笔者以为，总的来讲，“学院派”建筑教育体系在法、美两国的运作结果是后者更为优异些。这抑或是因为年轻的美国更富于活力，又可能是由学派发展规律所决定的必然现象。

I　共性特征

1　学校与学会协同的办学方式

从建筑学专业教育的角度，“学院派”建筑教育体系首要的特征，就是建筑的行业学会(包括各种研究会、协会)的始终参与。尽管，这种参与并非全部是直接的，但都确是紧密而积极的。学会的建筑师们有的直接促成了某些建筑院系(如宾夕法尼亚大学建筑系)的建立，参与了教学的计划制订、课程设置与系务管理；有的直接介入设计教学和建筑竞赛的发起、评审等教学环节。他们无私地出钱、出力，不遗余力地扶持后学。笔者认为，从中世纪的学徒制传统来看，学会及其建筑师们这种近乎义举的做法，显然蕴涵了某种属于“行会”①的情结。尤其是大量的建筑师以类似师徒制的方式直接参与(建筑)“画室”的建筑设计的课程教学，这完全可以视为中世纪行会的遗风。行业学会的协力参与，带来了职业市场需求和实践界最前沿的信息，为学校建筑教育的办学目标制定和课程设置等项工作的进行提供了极为可贵的参照系。应该说，这种参与是既不同于中世纪作坊的“实践教学一体化”，也不同于现代的创作或实验室“实验性探索”的中间状态，是与当时建筑业实情最适宜的一种选择。因此，来自行业内的有力支持，是“学院派”建筑教育体系经久未衰的最重要因素之一。

2　大学体系与画室制结合的教学模式

大学(或学校、学院)之所以成其为高等学府，教学上有相对严格的管理要求是必然的，任一系科的开设与运行都无疑要受其制约，建筑学当然不会例外。但是，

① Guild，中世纪行会；同业公会；(互助性质的)协会——《新英汉词典》。

公允地讲，作为兼有文（艺）、理（工）性质的特殊一族，大学的建筑学教育在受到制约的同时，也得到了院校的公共及工程类系科的支持（尤其是在艺术类院校），因为这些课程都是开办建筑系所必备的。此外，在与专业直接相关的两类课程中，由建筑系科开设的“理论类”课程相对而言也带有学院特有的严谨；“设计类”课程由于画室教学所采用的师生面对面研讨方式，而具明显的师徒制色彩。这就造成了“理性、科学的”学院式与“经验型”传统师徒制结合的矛盾结构。结果是建筑理论与设计实践、工程技术与设计艺术等各类截然差异的课程因此而各得其所、相得益彰，但一体化的教学进程则难以形成了。这种矛盾的结构体传至美国后，画室制的形式虽然因大学班级制的实行而不复存在，但其实质性的教学方式却被完整地在建筑教学中保留了下来。以笔者之见，这种“校”“室”结合的矛盾结构，在当时的学科状况之下，有其不可否认的合理性与必然性。

3　尚古、折衷的学术倾向

“学院派”建筑教育体系在学术上始终遵循的主要是那些得到学界公认的、相对成熟的理论与实践体系。用“巴黎美术学院”晚期的学术带头人J.加代的话讲就是：“只讲授那些无可争辩的内容”[①]；美国宾夕法尼亚大学建筑系的设计课主帅P.克瑞更是明确地表白了对“‘草率实验’会使‘担任了实验品角色的学生们’受到伤害”的担忧[②]……的确，学校的教学不同于实践创作：如有闪失，损失的不只是一栋建筑，而是一代代建筑人！取此审慎的态度，实可谓用心良苦、无可厚非。但笔者认为，问题在于由此而导致的一系列后果：首先，所有的学说只有臻于完善之后才能在学院里登堂入室。以法国为例，“学院派”早期只讲授业已成熟的古罗马、文艺复兴建筑，而古希腊、哥特建筑被纳入建筑史教程也是在其价值为人们大体接受之后。虽然，历史典范的实用性也曾在学院内遭到过个别人的质疑，但对其自身的正确性，“学院派”教育家们绝大多数还是坚信不疑的。不过分地讲，“学院派”建筑教育体系在价值取向上是向后而不是向前看。这不仅造成建筑教学滞后于时世这样的局面，还因为只要为人们接受的就可上堂讲授而有媚俗之嫌。……接下来，既然其尊崇的典范已趋完美，那就除“照单全收”之外别无他法了；“集仿”古代典范精华的“折衷主义”盛行，就是很顺理成章的事了；设计上以“模仿”[③]为基本手段也就在所难免了。……人们对“学院派”所持的“保守”“墨守成规”“古典主义”等客观印象显然源出于此。虽然，在此体现的有对真理的笃信与追求，有海纳百川式的包容与大度，但于建筑这一设计类专业所必需的“创造性”特质而言，如果因此而畏首不

① Julien-Azais Guadet. 转引自：David Van Zanten. Architectural Composition at the Ecole des Beaux-Arts//Arthur Drexler. The Architecture Of The Ecole Des Beaux-Arts，1977：112.

② Paul Philippe Cret. A Recent Aspect an Old Conflict//Theo B White. Paul Philippe Cret，Architect and Teacher：84.

③ Imitative Approach//Daqing Gu. The Design Studio：Its Formation and Pedagogy，1994：76.

前、放弃探索则不能不说是一致命性缺憾；对整个建筑学科进程的良性推进无疑也是极为不利的。

4 唯美、严谨的治学风范

众所周知，欧洲文艺复兴运动的思想基础是“人文主义”。它在建筑上的表现就是将古典建筑元素及其组织与人文精神相对应，提出符合人体美的柱式原理和一系列学说，并以此作为其建筑学说的美学基础。“学院派”建筑学说从出现之时起，便以文艺复兴理论的捍卫与发扬者的姿态，对蕴涵于古代建筑（包括文艺复兴建筑）典范柱式中的美学原理，抱有极大兴趣。“学院派”建筑学者们更是投入了大量的精力潜心研究、乐此不疲；与此同时，他们还将其研究成果直接作为其教育体系的核心内容。至鲍扎的成熟期，“学院派”建筑教育体系已发展、演绎出较为完整的系统理论和与之相应的“构图”法则，其中以体味柱式的美学原则为目的，各理论类课程的讲授和以描绘柱式构图为基本内容的绘画类课程训练占据了鲍扎教学相当大的比重。美国的“学院派”建筑教育体系亦然：以柱式为内容的构图题、设计题是其建筑设计的重要组成；图艺类课程则作为设计课的先导，将绘画的艺术性训练作为首要任务。“画法几何”“透视”“阴影”“徒手画”“建筑要素”等以“绘图（Drawing）”为目的的课程之所以被视做基础性的训练，是因为“绘图”被认为是“建筑、雕塑和绘画这三门艺术之父”①。此外，“学院派”建筑教育体系的这种唯美式的追求，是以典型“学究式” 的认真态度进行的。不管是在法国还是在美国，将这一体系下的学生习作中所体现的严谨，冠以“登峰造极”一点也不过分。

5 适应国情的发展意识

总体而言，“学院派”建筑教育体系的基本原则与方法是相对固定的，但在法国和美国两个社会与文化背景有很大差异的国度里，实施过程中作出适应性调整是很自然的。联系“学院派”建筑教育体系的包容性特点看，我们不妨将这视为一种主动的迎取姿态，是由“学院派”建筑教育体系对办学环境的适应性意识所致的一种发展现象。也就是说，“学院派”建筑教育体系的运作也并非是教条的，正如“巴黎美术学院”的 J. L. 帕斯卡“允许（学生的）方案作出古典语言的合理变体”②一样，从法国方面看，“学院派”建筑教育体系经过“皇家建筑（研究会）学校”早期的“古典主义”过渡后，很快在其理念与实际运作中融入了法国思想传统的精华——理性主义。这既和法国人的思维定势相契合，也为“学院派”建筑教育学说增添了有力的思想武器。在美国，除了于管理严格的各大学中设立建筑系，将建筑设计也纳入学校的教学轨道以外，还有根据美国职业市场对人才量与质的需求规定学程、缩短周

① Donald Drew Egbert. The Beaux-Arts Tradition In French Architecture, 1980:114.

② Paul Philippe Cret. 转引自：Elizabeth Greenwell Grossman. The Civic Architecture of Paul Cret, 1996:8.

期、增加工程类课程比重等一系列重大变革……这又为“学院派”建筑教育体系适应社会开拓了途径，也为鲍扎思想的弘扬与发展作出了不可磨灭的贡献。正如J. P. 卡尔汉所言：“……虽然发明和实施鲍扎教学方法的是法国人，但是成功地证明了该方法之效用的是美国人……”①

Ⅱ　“学院派”体系在法、美两国的差异

1　教学运作中的自主程度

在法国，由于“美术学院”（包括巴黎及各地的分院）均是由国家开办，而“皇家建筑研究会”及后来的“美术研究会”也既属建筑的行业学会，又代表官方（皇家或国家）直接参与办学，因此，行业学会对学院的建筑教学的干预已远远超出了专业上协同的范畴，是学院教学事实上的主宰者。这使得学院一方面无须为办学的物质条件操心，而只需潜心教学；另一方面，因学院的课程设置、教学管理、成果评判甚至规章的制定、教师的任免等均不由自己决定，所以在教学的运作上受到相当的制约。而在美国，大学的开办者中私人占的比重极大，早期9个建筑院系所在学校中就有8所为私立。同时，行业学会的参与又完全属协助与支持性质，学会所推出的各种有关教学的举措（如举办竞赛、提出标准等）均非强制性的。因此，美国的“学院派”建筑教育体系推行的基础是自主办学，所受到的制约仅是来自市场方面的。这无疑就一方面使得其运作有一定的风险成分；另一方面也为其发展提供了充裕的空间，并使全美即便在普遍实行鲍扎教学计划的1920年代，也未完全丢失诸院系各自原有的特色。P. 克瑞就曾不无庆幸地说过：“在法国，数世纪的集权制已使得其臣民习惯于一种近乎中国清政府的管理；而美国的政府部门迄今还无意就美学问题参与意见，在我们考虑就自己珍爱的信念作出选择时，我们应该为此而感恩戴德才是……”②

2　“学院派”体系的延续时间

从实行“学院派”建筑教育法的时间延续来看，法、美两国间的差异也是巨大的。由于法国几乎自“皇家建筑（研究会）学校”成立之日起，便一如既往地奉行学院式的建筑教育方法直至“巴黎美术学院”结束，因此，可以说“学院派”建筑教育体系在法国是“全程性”的，其时间延续了近300年之久。虽然，其间也曾有过1860年代反叛性质的“教育改革”等插曲出现，但就其学术体系而言，这在消极意义上讲并未对“学院派”建筑教育体系产生根本性动摇；在积极意义上讲为“学院派”建筑

① J P Carlhian. Beaux-arts or“Bozarts”?. The Architectural Record，1976(1)：131-134. 转引自：Daqing Gu. The Design Studio：Its Formation and Pedagogy，1994：59.

② Paul Philippe Cret. The Question of Education：Evolution or Revolution//Theo B White. Paul Philippe Cret，Architect and Teacher：56.

教育体系增加了宝贵的养分。当然，所有这些并未能使其逃脱最终消亡的结局，并且其退出历史舞台的方式是被动而痛苦无奈的。在美国，从1890年代后期起至1920年代末的“折衷主义”，即是全美范围正式实行“学院派”建筑教育体系的时期，为时不过30年左右；即便以1850年代美国第一个鲍扎式画室建立之日起算，也不过60～70年。美国以其特有的快速、高效方式迅速将“学院派”建筑教育体系推向全国，并演绎出符合大学体制和美国国情的“学院派”建筑教育体系之“美国版本”，取得了令包括法国人在内的全世界同行们所瞩目的辉煌业绩。最为可贵的是，在1920年代后期“现代主义”初露端倪之时，美国的各大高校便纷纷开始了新的探索，仅几年之内就先后选择了“弃旧从新”，进入了新的“现代主义”时期……应该讲，在美国的建筑教育史上，“学院派”建筑教育体系的实行仅是极为有限的一个中间阶段，且其介入和退出虽较为快速但又都是渐变式的，即所谓“淡入淡出”，而不像“巴黎美术学院”终结时的“戛然而止”。二者相比，法国的执著很是感人，而其最后的结局却有些悲壮；但美国的姿态则显得更为主动、积极，对该国家整个建筑教育进程的良性推进更为有利。

3　教学管理的严整度

从教学管理的角度考察，尽管“学院派”建筑教育体系的运作事实上依附于高等学校是个前提，法、美两国均不例外，但由于法国“巴黎美术学院”的运作所因循的是较纯粹的艺术院校模式，以现今的标准衡量，其学科配置很不完备，教学管理也不甚严密。具体表现是：首先，缺少建筑学类课程以外的相关“人文”类和足够的“科技”类课程作为补充，知识结构显然不够完整，这不能不说是严重的“艺术偏向”之根源；其次，学生的各课程的修选自由度太大，年限上的限制也近乎虚设，管理上的松散明显无疑；此外，无法回避的“学院”“画室”并置结构在为设计教学提供了“百花齐放”可能性的同时，又给鲍扎的教学管理埋下了难以驾驭的“隐患”，尽管“私人画室”后来被陆续收为“官办”，但此时“学院派”建筑教育体系由于种种原因而渐渐式微已成了定局。相对而言，美国建筑教学之严密、科学就远非法国可比了。究其原因，首先在于大多建筑院系设于综合性大学或理工科学校（学院）之中，严谨的科学校风根本容不得任何过分的“松散”，为数不多的艺术院系，在全美建筑院系的整体氛围之下也不得不有所“克制”；其次，由于施教者们主动请缨，众多的“人文”类课程和必要的“科技”类课程很快进入建筑学教程，满足了社会的人才需求，也架构了“学院派”建筑教育体系所应有的合理知识结构，同时还为更新的现代建筑教育奠定了坚实的基础；此外，由于美国的“学院”和“画室”一体化运作，建筑设计课程的教学被收归校有，这更为科学、合理地进行教学管理提供了根本保障。……总的看来，法、美两国在各自的“学院派”建筑教育体系运作中，教学管理上严整程度的差别可谓“巨大”，几乎可用“不可同日而语”予以形容了。

I 建筑留学生回国任教情况一览表（中国早期八大建筑院校自建系至“文革”开始）（*——硕士或博士，◎——系主任）

出国留学生				回国后任教院校（相关院校及“文革”时用名）							
	留学院校	毕业时间	姓名	苏州工业专门学校 国立第四中山大学 江苏大学 国立中央大学 国立南京大学 南京工学院	北平大学 北京大学 清华大学	东北大学 沈阳工学院 东北工学院 苏南工业专科学校 西安建筑工程学院 西安冶金建筑学院	广东省工业专门学校 广东省立勷勤大学 中山大学 华南工学院	天津工商学院 津沽大学 国立唐山工学院 北方交通大学北京铁道学院 北洋大学 天津大学	国立杭州艺术专科学校 之江大学 圣约翰大学 同济大学	重庆大学 重庆土木建筑学院 重庆建工学院	哈尔滨高等工业学校 哈尔滨工业大学 哈尔滨建筑工程学院
日本	东京高等工业学校	1918	蒋骥（子展）			1947—1956◎苏南 1956—？ 西冶					
日本	东京高等工业学校	1919	朱士圭（叔侯）	1923—1927 苏工							
日本	东京高等工业学校	1919	盛承彦（宓祁）							1940—？ 重大	
日本	东京高等工业学校	1920	柳士英（飞雄）	1923—1927◎苏工							
日本	东京高等工业学校	1921	刘敦桢（士能）	1926—1927 苏工 1927—1968◎中大 ◎南大／◎南工						1943—？ 重大	
日本	东京高等工业学校	1925	黄祖淼（鹿淼）	1925—1927 苏工							
日本	东京高等工业学校	1928	扬金				1932—？ 勷勤				
日本	东京高等工业学校	1929	李鸿琪（天民）			1945—1947 东北					
日本	东京高等工业学校	1931	龙庆忠（非了）	1941—？ 中大			1943—1952◎中山 1952—1996 华南			1941—1943 重大	
日本	东京高等工业学校	1942	贾伯庸			1945—1959 西建 1959—？ 西冶					
日本	早稻田大学	1941	赵冬日		1942—1944 北大	1945—1949◎东大		1949—？◎北洋			
德国	柏林工业大学	1914	贝季眉（寿同）	1930—1932 中大							
德国	柏林工业大学	？	唐英						？—1975 同济		
德国	柏林工业大学	1939	陈伯齐				1946—1952◎中山 1952—1973 华南			1940—1943◎重大	
德国	卡尔斯普厄工大	1928*	夏昌世	1942—1945 中大			1946—1952◎中山 1952—1973／华南		1940—1941 艺专	1942—1945 重大	
德国	达姆斯塔特工大	1940	金经昌						1947—2000 同济		

（续　表）

出国留学生				回国后任教院校（相关院校及“文革”时用名）							
留学院校		毕业时间	姓名	苏州工业专门学校 国立第四中山大学 江苏大学 国立中央大学 国立南京大学 **南京工学院**	北平大学 北京大学 **清华大学**	东北大学 沈阳工学院 东北工学院 苏南工业专科学校 西安建筑工程学院 **西安冶金建筑学院**	广东省工业专门学校 广东省立勷勤大学 中山大学 **华南工学院**	天津工商学院 津沽大学 国立唐山工学院 北方交通大学北京铁道学院 北洋大学 **天津大学**	国立杭州艺术专科学校 之江大学 圣约学翰大学 **同济大学**	重庆大学 重庆土木建筑学院 **重庆建工学院**	哈尔滨高等工业学校 哈尔滨工业大学 **哈尔滨建筑工程学院**
英国	伦敦建筑学会建院	1931	陆谦受	1940—1945　中大					1945—1949　约翰		
	利物浦建筑学院	1944*	陈占祥	1947—1949　中大	1949—1953　清华				？—？　约翰		
奥	维也纳工业大学	1941	冯纪忠						1947—2009◎同济		
意	拿波里奥工业大学	1915	沈理源（琛）		1928—1934◎北平 1938—1951　北大			1938—1951◎工商/津沽			
美国	麻省理科工学院	1918*	罗邦杰		1928—1930　清华			1929—？　北洋 1931　交通	1938—1949　之江/同济		
		1927	黄家骅（道之）	1938—1948　中大					1949—1952　之江 1952—1988　/同济	1940—1945◎重大	
		1930*	过元熙				1933—？　勷勤				
	伊利诺大学	1932*	鲍　鼎（祝遐）	1933—1945◎中大							
		1937*	徐　中（时中）	1939—1951　中大				1951—1952◎北铁 1952—1985◎天大			
		1938*	汪定增						1942—1952　之江 1952—　/同济	重　大	
	康奈尔大学	1931*	陈裕华	1933—？　中大 1953—1960　南工							
	俄亥俄州立大学	1922	林炳賢					1947—1948◎唐工			
	密执根州立大学	1932	李惠伯	1943—1945　中大							
		1923	朱神康	1932—1939　中大							
		1924	陈荣枝				？—？　勷勤				
	哈佛大学	1940*	黄作燊						1942—1952◎约翰 1952—1975◎同济		
		1943*	王大闳						？—？　约翰		
		1930	郑观宣						？—？　约翰		

（续 表）

出国留学生				回国后任教院校（相关院校及"文革"时用名）							
	留学院校	毕业时间	姓名	苏州工业专门学校 国立第四中山大学 江苏大学 国立中央大学 国立南京大学 **南京工学院**	北平大学 北京大学 **清华大学**	东北大学 沈阳工学院 东北工学院 苏南工业专科学校 西安建筑工程学院 **西安冶金建筑学院**	广东省工业专门学校 广东省立勷勤大学 中山大学 **华南工学院**	天津工商学院 津沽大学 国立唐山工学院 北方交通大学北京铁道学院 北洋大学 **天津大学**	国立杭州艺术专科学校 之江大学 圣约学翰大学 **同济大学**	重庆大学 重庆土木建筑学院 **重庆建工学院**	哈尔滨高等工业学校 哈尔滨工业大学 **哈尔滨建筑工程学院**
美国	俄勒冈州立大学	1925*	刘福泰	1927—1940◎中大				1947—1948◎北洋 1948—1951◎唐工			
	哥伦比亚大学	1946*	刘光华	1947—1983 中大 南大/南工							
		1949*	周卜颐		1949— 清华						
	Pratt 学院	1920	李锦沛（世楼）						？—？ 约翰		
	宾夕法尼亚大学	1925*	杨廷宝（仁辉）	1940—1982 中大 ◎南大/◎南工					重大		
		1926	卢树森（奉璋）	1929—1938◎中大							
		1927	林徽因		1946—1955 清华	1929—1930 东大					
		1927*	梁思成		1946—1972◎清华	1928—1930◎东大					
		1928*	陈植（植生）			1929—1931 东大			1938—1943 之江 1949—1952◎之江		
		1928*	童寯（伯潜）	1944—1983 中大 南大/南工		1930—1931◎东大			1944—1945◎之江		
		1930*	谭垣	1931—1946 中大					1946—1952 之江 1952—1996 /同济		
		1932	王华彬						1939—1949◎之江		
		1932	哈雄文	？—？ 中大					1952—1958 同济		1958—1981◎哈建

（续 表）

出国留学生				回国后任教院校（相关院校及"文革"时用名）							
留学院校		毕业时间	姓名	苏州工业专门学校 国立第四中山大学 江苏大学 国立中央大学 国立南京大学 **南京工学院**	北平大学 北京大学 **清华大学**	东北大学 沈阳工学院 东北工学院 苏南工业专科学校 西安建筑工程学院 **西安冶金建筑学院**	广东省工业专门学校 广东省立勷勤大学 中山大学 **华南工学院**	天津工商学院 津沽大学 国立唐山工学院 北方交通大学北京铁道学院 北洋大学 **天津大学**	国立杭州艺术专科学校 之江大学 圣约学翰大学 **同济大学**	重庆大学 重庆土木建筑学院 **重庆建工学院**	哈尔滨高等工业学校 哈尔滨工业大学 **哈尔滨建筑工程学院**
法国	巴黎建筑专门学院	1925	汪申（申伯）		1928—1931◎北平						
		1933	吴景祥						1946—1952 之江 1952— /同济		
	巴黎公共工程大学	1929	卢毓骏	1931—？ 中大						？—？ 重大	
	里昂建筑专门学校	1929	虞炳烈（伟成）	1933—1937◎中大			1940—1941 中山				
	里昂建筑工程学院	1926	林克明				1932—1938◎工专/勷勤 1945—1950 中山				
	巴黎公益工程大学	1908	华南圭（通斋）		1928—？ 北平						
比	岗城大学	1927*	朱兆雪		1938—？ 北大						

Ⅱ 法国巴黎重要画室一览表(1789—1968 年)

序	时 间	年限	导 师(下加线者为罗马大奖获得者——G. P.)	G. P.	转官办	备 注
1	1789—1880	91	A. L. T. Vaudoyer, Lebas, Ginain	27		
2	1791—1823	32	Percier	17		
3	1798—1819	21	A. F. Peyre	2		
4	1800—1947	147	Delespine, Blouet, Gilbert, Questel, Pascal, Recoura	16		
5	1814—1854	40	Debret, Duran	2		
6	1815—1853	38	Leclère	3		
7	1816—1877	61	A. J. M. . Guénepin, F. -J. -B. Guénepin	3		
8	1822—1840	18	L. -P. Baltard	1		
9	1823—1840	17	Huyol	3		
10	1830—1956	26	Labroust			
11	1832—1850	18	Léon Vaudoyer	1		
12	1836—1856	20	Jäy	1		
13	1836—1871	34	Constant-Dufeux			
14	1842—1856	14	Nicolle			
15	1844—1856	12	Victor Baltard	1		
16	1856—1857	1	Viollet-le-Duc			
17	1856—1857	1	Juies André	2		
18	1860—1932	72	Douillard, Thierry, Deglane, Mathon			
19	1860—1968	108	Vaudremer, Raulin, Héraud, Chappey	2		
20	1862—1968	106	Daumet, Esquié, Jaussely, Expert, Dengler	10	1955	
21	1863—1968	105	Constant-Dufeux, Guadet, Paulin, Pierre André, Patouillard, Expert, Beaudouin	2	1863	
22	1863—1968	105	Laisné, Ginain, Scellier de Gisors, Bernier, Pontremoli, Debat-Ponsan, Leconte, Marot	17	1863	
23	1863—1968	105	Paccard, Jules André, Moyaux, Lambert, Biyot, Nicod, Arretche	12	1863	
24	1867—1942	75	Coquart, Gerhadt, Redon, Tournaire, Debat-Ponsan	4		

（续　表）

序	时　　间	年限	导　师（下加线者为罗马大奖获得者——G. P.）	G P	转官办	备　　注
25	1875—1908	33	Wable，Lambert	2		
26	1881—1968	87	<u>Paul Bondel</u>，Scellier de Gisors，<u>Defrasse</u>，<u>Hilt</u>，Zavaroni，La Mache	4		
27	1890—1968	78	<u>Laloux</u>，Charles Lemaresquier	26	1953	
28	1891—1919	28	<u>Pierre André</u>			
29	1904—1917	13	<u>Duquesne</u>，<u>Recoura</u>			
30	1909—1968	59	Umbdenstock，Madelain			
31	1919—1939	20	Godefroy，<u>Lefevre</u>，<u>Ferran</u>			后二者同时
32	1919—1968	49	Gromort，Arretche	1		
33	1924—1968	29	Perret，<u>Remondet</u>	1		1925—1944 间断
34	1933—1940	7	Tournon，Nicod			
35	1936—1966	30	Labro，Faugeron	1		
36	1947—1965	18	Lods，			
37	1949—1968	19	Vivien	1		
38	1949—1965	16	Pingusson		1949	
39	1957—1968	11	Zavaroni		1957	
40	1958—1968	10	<u>Gillet</u>			
小　　计			共 98 人次（其中 49 人次为 G. P. ——罗马大奖得主）	162		

（根据 Richard Chafee. The Teaching of Architecture at the Ecole des Beaux-Arts//Arthur Drexler. The Architecture Of The Ecole Des Beaux-Arts，1977. 500-501 注释中所列的各画室简况整理——笔者）

插图索引

图页	图号	图名	引自
22	1-1	巴黎美术学院总平面	A. Drexler. The Architecture Of The Ecole Des Beaux-Arts，P. 78
23	1-2	巴黎美术学院入口庭院	A. Drexler. The Architecture Of The Ecole Des Beaux-Arts，P. 81
	1-3	巴黎美术学院“研修馆”平面	A. Drexler. The Architecture Of The Ecole Des Beaux-Arts，P. 79
24	1-4	巴黎美术学院“研修馆”中庭	A. Drexler. The Architecture Of The Ecole Des Beaux-Arts，P. 84
41	2-1	巴黎美术学院快图专用“单人试室”	A. Drexler. The Architecture Of The Ecole Des Beaux-Arts，P. 60
	2-2	某画室内景	A. Drexler. The Architecture Of The Ecole Des Beaux-Arts，P. 91
	2-3	V. Laloux 画室的师生们	A. Drexler. The Architecture Of The Ecole Des Beaux-Arts，P. 78
42	2-4	巴黎美术学院学生交图的途中	A. Drexler. The Architecture Of The Ecole Des Beaux-Arts，P. 92
	2-5	学生在 Melpomène 大厅交图登记	A. Drexler. The Architecture Of The Ecole Des Beaux-Arts，P. 93
43	2-6	两次世界大战之间 Melpomène 大厅中的方案图展览	A. Drexler. The Architecture Of The Ecole Des Beaux-Arts，P. 78
	2-7	J. 加代的罗马大赛图——阿尔匹斯济贫院平面	A. Drexler. The Architecture Of The Ecole Des Beaux-Arts，P. 255
44	2-8	J. 加代的罗马大赛图——阿尔匹斯济贫院立面	A. Drexler. The Architecture Of The Ecole Des Beaux-Arts，P. 256
	2-9	J. 加代的罗马大赛图——阿尔匹斯济贫院剖面局部	A. Drexler. The Architecture Of The Ecole Des Beaux-Arts，P. 257
45	2-10	J. L. 帕斯卡的罗马大赛图——巴黎某银行家住宅平面	A. Drexler. The Architecture Of The Ecole Des Beaux-Arts，P. 236
	2-11	J. L. 帕斯卡的罗马大赛图——巴黎某银行家住宅立面、剖面	A. Drexler. The Architecture Of The Ecole Des Beaux-Arts，P. 237
46	2-12	E. 贝纳尔的罗马大赛图——美术展览馆平面	A. Drexler. The Architecture Of The Ecole Des Beaux-Arts，P. 240
	2-13	E. 贝纳尔的罗马大赛图——美术展览馆立面、剖面	A. Drexler. The Architecture Of The Ecole Des Beaux-Arts，P. 241
47	2-14	P. H. 内诺特的罗马大赛图——首都图书馆平面	A. Drexler. The Architecture Of The Ecole Des Beaux-Arts，P. 258
	2-15	P. H. 内诺特的罗马大赛图——首都图书馆立面、剖面	A. Drexler. The Architecture Of The Ecole Des Beaux-Arts，P. 259
	2-16	巴黎美术学院学生的罗马大赛评图	A. Drexler. The Architecture Of The Ecole Des Beaux-Arts，P. 93
71	3-1	卢浮宫东立面——C. 佩罗等设计	R. Middleton& D. Watkin. Neoclassical and 19th Century Architecture，P. 13
	3-2	J. D. 勒努瓦《希腊最美的纪念建筑遗迹》中所绘的帕特农神庙景色	R. Middleton& D. Watkin. Neoclassical and 19th Century Architecture，P. 68
72	3-3	J. B. 龙德莱《论建筑艺术的理论与实践》中的插图	R. Middleton& D. Watkin. Neoclassical and 19th Century Architecture，P. 31

（续　表）

图 页	图号	图　名	引　自
	3-4	J. N. L. 迪朗《建筑课程概要》中的插图：建筑元素与设计方法	R. Middleton& D. Watkin. Neoclassical and 19th Century Architecture, P. 32
73	3-5	J. N. L. 迪朗《建筑课程概要》中的插图：水平组合	K. Frampton. Studies in Tectonic Culture, P. 45
	3-6	J. N. L. 迪朗《建筑课程概要》中的插图：用网格体系设计拱廊	H. W. Kruft. A History Of Architectural Theory, fig. 154
74	3-7	E. L. 部雷：巴黎卡鲁塞尔广场剧院方案	R. Middleton& D. Watkin. Neoclassical and 19th Century Architecture, P. 32
	3-8	E. L. 部雷：某天主教堂的内部效果	R. Middleton& D. Watkin. Neoclassical and 19th Century Architecture, P. 180
	3-9	E. L. 部雷：牛顿纪念堂方案	R. Middleton& D. Watkin. Neoclassical and 19th Century Architecture, P. 181
75	3-10	C. N. 勒杜：巴黎城关方案	R. Middleton& D. Watkin. Neoclassical and 19th Century Architecture, P. 191
	3-11	C. N. 勒杜：巴黎丹非尔城关	R. Middleton& D. Watkin. Neoclassical and 19th Century Architecture, P. 32
	3-12	C. N. 勒杜：绍村理想城的陵园剖面	R. Middleton& D. Watkin. Neoclassical and 19th Century Architecture, P. 195
76	3-13	C. 佩西耶和 P. F. L. 方丹：旧皇宫内景	R. Middleton& D. Watkin. Neoclassical and 19th Century Architecture, P. 212
	3-14	C. 佩西耶和 P. F. L. 方丹："罗马王宫"方案	R. Middleton& D. Watkin. Neoclassical and 19th Century Architecture, P. 214
	3-15	C. 佩西耶和 P. F. L. 方丹：巴黎里沃利和金字塔广场	R. Middleton& D. Watkin. Neoclassical and 19th Century Architecture, P. 32
77	3-16	L. 沃杜瓦耶：马赛大教堂外观	R. Middleton& D. Watkin. Neoclassical and 19th Century Architecture, P. 237
	3-17	L. 沃杜瓦耶：马赛大教堂内景	R. Middleton& D. Watkin. Neoclassical and 19th Century Architecture, P. 32
78	3-18	P. F. H. 拉布鲁斯特：圣热讷维耶沃图书馆平面、剖面	R. Middleton& D. Watkin. Neoclassical and 19th Century Architecture, P. 226
	3-19	P. F. H. 拉布鲁斯特：圣热讷维耶沃图书馆外观	R. Middleton& D. Watkin. Neoclassical and 19th Century Architecture, P. 32
79	3-20	P. F. H. 拉布鲁斯特：圣热讷维耶沃图书馆细部	R. Middleton& D. Watkin. Neoclassical and 19th Century Architecture, P. 227
	3-21	P. F. H. 拉布鲁斯特：圣热讷维耶沃图书馆内景	R. Middleton& D. Watkin. Neoclassical and 19th Century Architecture, P. 228
	3-22	P. F. H. 拉布鲁斯特：巴黎国立图书馆阅览大厅	A. Drexler. The Architecture Of The Ecole Des Beaux-Arts, P. 430
80	3-23	C. 加尼耶：巴黎歌剧院平面	R. Middleton& D. Watkin. Neoclassical and 19th Century Architecture, P. 245
	3-24	C. 加尼耶：巴黎歌剧院剖面	R. Middleton& D. Watkin. Neoclassical and 19th Century Architecture, P. 245
81	3-25	C. 加尼耶：巴黎歌剧院正立面外观	A. Drexler. The Architecture Of The Ecole Des Beaux-Arts, P. 437
	3-26	C. 加尼耶：巴黎歌剧院大厅	A. Drexler. The Architecture Of The Ecole Des Beaux-Arts, P. 438

(续　表)

图页	图号	图　名	引　自
82	3-27	C. 加尼耶:蒙特卡洛音乐厅正立面外观	A. Drexler. The Architecture Of The Ecole Des Beaux-Arts, P. 443
	3-28	C. 加尼耶:蒙特卡洛音乐厅观众厅内景	A. Drexler. The Architecture Of The Ecole Des Beaux-Arts, P. 437
83	3-29	J. B. A. 拉叙斯:穆兰市圣心教堂正立面外观	R. Middleton& D. Watkin. Neoclassical and 19th Century Architecture, P. 344
	3-30	J. B. A. 拉叙斯:穆兰市圣心教堂内景	R. Middleton& D. Watkin. Neoclassical and 19th Century Architecture, P. 344
84	3-31	J. B. A. 拉叙斯与 E. E. V. 勒迪克:巴黎圣母院牧师会堂外景	R. Middleton& D. Watkin. Neoclassical and 19th Century Architecture, P. 342
	3-32	J. B. A. 拉叙斯与 E. E. V. 勒迪克:巴黎圣母院牧师会堂内景	R. Middleton& D. Watkin. Neoclassical and 19th Century Architecture, P. 344
85	3-33	E. E. V. 勒迪克《法国建筑》一书中的哥特教堂剖面	R. Middleton& D. Watkin. Neoclassical and 19th Century Architecture, P. 370
	3-34	E. E. V. 勒迪克《谈话录》中的铁和砖拱顶音乐厅	R. Middleton& D. Watkin. Neoclassical and 19th Century Architecture, P. 371
99	4-1	S. C. C. Dufeux:法国下议院	R. Middleton. The Beaux-Arts and Nineteenth Century French Architecture, P. 202
	4-2	C. G. Huillard:火车站桥	R. Middleton. The Beaux-Arts and Nineteenth Century French Architecture, P. 58
	4-3	E. Brune:公园咖啡馆	R. Middleton. The Beaux-Arts and Nineteenth Century French Architecture, P. 63
100	4-4	R. R. 米列特:木构住宅	A. Drexler. The Architecture Of The Ecole Des Beaux-Arts, P. 215
	4-5	L. C. Bruyère:铁构住宅	A. Drexler. The Architecture Of The Ecole Des Beaux-Arts, P. 216
101	4-6	C. A. 舒瓦西:独具创意的 Ste. Geneviève 教堂轴测图	K. Frampton. Studies in Tectonic Culture, P. 32
	4-7	C. A. 舒瓦西:巨石式印度塔	H. W. Kruft. A History Of Architectural Theory, fig. 158
102	4-8	A. 佩雷:巴黎 Franklin 大街 25 号住宅一	David Watkin. A History of Western Architecture, P. 527
	4-9	A. 佩雷:巴黎 Franklin 大街 25 号住宅二	Leonardo Benevolo. History of Modern Architecture, P. 324
	4-10	A. 佩雷:Riancy 圣母院内景	David Watkin. A History of Western Architecture, P. 527
	4-11	A. 佩雷:Esders 制衣厂	Leonardo Benevolo. History of Modern Architecture, P. 321
103	4-12	T. 加尼耶:工业城居住区	Leonardo Benevolo. History of Modern Architecture, P. 334-335
	4-13	T. 加尼耶:工业城火车站	Leonardo Benevolo. History of Modern Architecture, P. 334-335
	4-14	T. 加尼耶:里昂 Mouche 屠宰场交易大厅	Leonardo Benevolo. History of Modern Architecture, P. 336
	4-15	T. 加尼耶:里昂奥林匹克运动场	Leonardo Benevolo. History of Modern Architecture, P. 337

（续　表）

图 页	图号	图　名	引　自
	4-16	T. 加尼耶：里昂 Edouard Herriot 医院	Leonardo Benevolo. History of Modern Architecture，P. 339
	4-17	P. 克瑞	A. L. Strong &G. E. Thomas. The Book of the School—100 Years，P. 35
104	4-18	里昂美术学院	E. G. Grossman. The Civic Architecture of Paul Cret，P. 3
	4-19	P. 克瑞：喷泉设计作业	E. G. Grossman. The Civic Architecture of Paul Cret，P. 5
105	4-20	E. 于盖：市府展览与会议宫	E. G. Grossman. The Civic Architecture of Paul Cret，P. 7
	4-21	J. L. 帕斯卡：波尔多医药系馆外观	E. G. Grossman. The Civic Architecture of Paul Cret，P. 14
	4-22	J. L. 帕斯卡：波尔多医药系馆内景	E. G. Grossman. The Civic Architecture of Paul Cret，P. 3
106	4-23	P. 克瑞：竞赛作业“教皇宝座”	E. G. Grossman. The Civic Architecture of Paul Cret，P. 15
107	4-24	P. 克瑞：长作业“区首府博物馆”平面	E. G. Grossman. The Civic Architecture of Paul Cret，P. 17
	4-25	P. 克瑞：长作业“区首府博物馆”立面	E. G. Grossman. The Civic Architecture of Paul Cret，P. 3
129	5-1	麦金、米德和怀特：哥伦比亚大学图书馆	R. Middleton& D. Watkin. Neoclassical and 19th Century Architecture，P. 315
	5-2	麦金：波士顿公共图书馆外观	A. Drexler. The Architecture Of The Ecole Des Beaux-Arts，P. 468
	5-3	麦金：波士顿公共图书馆内景	A. Drexler. The Architecture Of The Ecole Des Beaux-Arts，P. 468
130	5-4	宾夕法尼亚大学建筑系所在的“学院大厦”一	P. C. Stuart. School of Architecture of the University of Pennsylvania，P. 314
	5-5	宾夕法尼亚大学建筑系设计教室——“大图房”一	童寯先生百年诞辰资料
150	6-1	芝加哥哥伦比亚世界博览会主展区一	A. Drexler. The Architecture Of The Ecole Des Beaux-Arts，P. 471
	6-2	芝加哥哥伦比亚世界博览会主展区二	A. Drexler. The Architecture Of The Ecole Des Beaux-Arts，P. 473
151	6-3	C. B. 阿特伍德：芝加哥哥伦比亚世界博览会美术馆	A. Drexler. The Architecture Of The Ecole Des Beaux-Arts，P. 474
	6-4	E. Bènard：美术展览馆（1867 年“罗马大奖赛”一等奖）	A. Drexler. The Architecture Of The Ecole Des Beaux-Arts，P. 241
152	6-5	L. 沙利文：芝加哥哥伦比亚世界博览会客运大厦一	A. Drexler. The Architecture Of The Ecole Des Beaux-Arts，P. 475
	6-6	L. 沙利文：芝加哥哥伦比亚世界博览会客运大厦二	A. Drexler. The Architecture Of The Ecole Des Beaux-Arts，P. 134
153	6-7	美国建筑院系分布图	自制
186	7-1	宾夕法尼亚大学建筑系所在的“学院大厦”二	A. L. Strong &G. E. Thomas. The Book of the School—100 Years，P. 2

（续　表）

图页	图号	图名	引自
	7-2	宾夕法尼亚大学建筑系设计教室——“大图房”二	A. L. Strong &G. E. Thomas. The Book of the School—100 Years，P. 24
	7-3	宾夕法尼亚大学建筑系“图书室”	P. C. Stuart. School of Architecture of the University of Pennsylvania，P. 326
	7-4	宾夕法尼亚大学建筑系“素描室”	P. C. Stuart. School of Architecture of the University of Pennsylvania，P. 318
	7-5	宾夕法尼亚大学建筑系“一年级打样间”	P. C. Stuart. School of Architecture of the University of Pennsylvania，P. 332
187	7-6	宾夕法尼亚大学校景	童寯先生百年诞辰资料
	7-7	宾夕法尼亚大学“美术学院”	童寯先生百年诞辰资料
188	7-8	宾夕法尼亚大学建筑系学生素描作业一	P. C. Stuart. School of Architecture of the University of Pennsylvania，P. 322
	7-9	宾夕法尼亚大学建筑系学生素描作业二	P. C. Stuart. School of Architecture of the University of Pennsylvania，P. 321
	7-10	宾夕法尼亚大学建筑系学生素描作业三	P. C. Stuart. School of Architecture of the University of Pennsylvania，P. 323
	7-11	宾夕法尼亚大学建筑系学生水彩作业一	P. C. Stuart. School of Architecture of the University of Pennsylvania，P. 322
	7-12	宾夕法尼亚大学建筑系学生水彩作业二	P. C. Stuart. School of Architecture of the University of Pennsylvania，P. 320
189	7-13	宾夕法尼亚大学建筑系学生设计作业一——“门廊设计”	A Biennial Review Iunstiating the Work in the Desigh and Drawing
	7-14	宾夕法尼亚大学建筑系学生设计作业四——“纪念碑设计”	A Biennial Review Iunstiating the Work in the Desigh and Drawing
190	7-15	宾夕法尼亚大学建筑系学生设计作业二——“博物馆设计”	A Biennial Review Iunstiating the Work in the Desigh and Drawing
191	7-16	宾夕法尼亚大学建筑系学生设计作业三——“鸟屋设计”	A Biennial Review Iunstiating the Work in the Desigh and Drawing
192	7-17	宾夕法尼亚大学建筑系学生设计作业五——“工艺学校设计”	A Biennial Review Iunstiating the Work in the Desigh and Drawing
193	7-18	宾夕法尼亚大学建筑系学生设计作业六——“市场设计”	J. F. Harbeson. The Study of Architectural Design，P. 180
194	7-19	P. 克瑞	E. G. Grossman. The Civic Architecture of Paul Cret，P. 1
	7-20	P. 克瑞：“泛美大厦”平面图	E. G. Grossman. The Civic Architecture of Paul Cret，P. 51
	7-21	P. 克瑞：“泛美大厦”剖面图	E. G. Grossman. The Civic Architecture of Paul Cret，P. 1
	7-22	P. 克瑞：“泛美大厦”立面图	E. G. Grossman. The Civic Architecture of Paul Cret，P. 49
195	7-23	P. 克瑞：“泛美大厦”外观	E. G. Grossman. The Civic Architecture of Paul Cret，P. 56
	7-24	P. 克瑞：“泛美大厦”庭院	E. G. Grossman. The Civic Architecture of Paul Cret，P. 61

（续 表）

图页	图号	图名	引自
	7-25	P. 克瑞:“泛美大厦”内景	E. G. Grossman. The Civic Architecture of Paul Cret，P. 60
196	7-26	P. 克瑞:“底特律艺术学院”平面	E. G. Grossman. The Civic Architecture of Paul Cret，P. 123
	7-27	P. 克瑞:“底特律艺术学院”剖面	E. G. Grossman. The Civic Architecture of Paul Cret，P. 121
197	7-28	P. 克瑞:“底特律艺术学院”大厅一	E. G. Grossman. The Civic Architecture of Paul Cret，P. 1
	7-29	P. 克瑞:“底特律艺术学院”大厅二	E. G. Grossman. The Civic Architecture of Paul Cret，P. 104
	7-30	P. 克瑞:“底特律艺术学院”外观	E. G. Grossman. The Civic Architecture of Paul Cret，P. 1
	7-31	P. 克瑞:“底特律艺术学院”庭院一	E. G. Grossman. The Civic Architecture of Paul Cret，P. 127
	7-32	P. 克瑞:“底特律艺术学院”庭院二	E. G. Grossman. The Civic Architecture of Paul Cret，P. 1
	7-33	P. 克瑞:“底特律艺术学院”细部设计	E. G. Grossman. The Civic Architecture of Paul Cret，P. 129
198	7-34	P. 克瑞:“莎士比亚图书馆”平面图	E. G. Grossman. The Civic Architecture of Paul Cret，P. 173
	7-35	P. 克瑞:“莎士比亚图书馆”细部	E. G. Grossman. The Civic Architecture of Paul Cret，P. 177
	7-36	P. 克瑞:“莎士比亚图书馆”立面图	E. G. Grossman. The Civic Architecture of Paul Cret，P. 175
	7-37	P. 克瑞:“莎士比亚图书馆”外观	E. G. Grossman. The Civic Architecture of Paul Cret，P. 180
199	7-38	P. 克瑞:“史密森艺术馆”设计竞赛平面图	E. G. Grossman. The Civic Architecture of Paul Cret，P. 209
	7-39	P. 克瑞:“史密森艺术馆”设计竞赛立面图	E. G. Grossman. The Civic Architecture of Paul Cret，P. 1
	7-40	P. 克瑞:“史密森艺术馆”设计竞赛立面细部	E. G. Grossman. The Civic Architecture of Paul Cret，P. 211

参考文献

英文

[1] Arthur Drexler. The Architecture of Beaux-Arts[M]. New York：The Museum of Modern Art，1977.

[2] Hanno-Walter Kruft. A History Of Architectural Theory From Vitruvius To The Present[M]. Ronald Taylor，Elsie Callander，Antony wood. New York：Zwemmer，1994.

[3] Hanno-Walter Kruft. A History Of Architectural Theory From Vitruvius To The Present[M]. Ronald Taylor，Elsie Callander，Antony wood. New York：Princeton Architectural Press，1996.

[4] Robin Middleton，David Watkin. Neoclassical and 19th Century Architecture：History of World Architecture[M]. New York：Harry N Abrams Inc，1977.

[5] Donald Drew Egbert. The Beaux-Arts Tradition in French Architecture Illustrated by the Grands Prix de Rome[M]. Princeton：Princeton University Press，1980.

[6] Kenneth Frampton. Modern Architecture：A Critical History[M]. London：Thames&Hudson，1980.

[7] Percy C Stuart. School of Architecture of the University of Pennsylvania[J]. The Architectural Record，1901，10(3).

[8] The School of Architecture of Pennsylvania University. A Biennial Review Illustrating the Work in Design and Drawing：With a Statement of the Courses of Instruction [J]. University Bulletins，1902(3).

[9] The University of Pennsylvania. Catalogue of the University of Pennsylvania：1918-19[C]. The University of Pennsylvania，1919.

[10] Daqing Gu. The Design Studio：Its Formation and Pedagogy[D]. Zurich：The Swiss Federal Institute of Technology-Zurich，1994.

[11] Arthur Clason Weatherhead. The History of Collegiate Education in Architecture in the United States[D]. Manhattan：Columbia University，1941.

[12] Elizabeth Greenwell Grossman. The Civic Architecture of Paul Cret[M]. Cambridge：Cambridge University Press，1996.

[13] Theo B White. Paul Philippe Cret，Architect and Teacher[M]. Philadelphia：The Art Alliance Press，1973.

[14] Ann L Strong and George E Thomas. The Book of the School—100 Years: The Graduate School of Fine Arts of the University of Pennsylvania[M]. Philadelphia:Graduate School of Fine Arts,1990.

[15] John F Harbeson. The Study of Architectural Design[M]. New York: The Pencil Point Press,1926.

[16] Annie Jacques, Anthony Vidler. Chronology: The Ecole des Beaux-Arts, 1671-1900[J]. Oppositions,1977(8).

译著

[1] 莱斯尼可夫斯基. 建筑的理性主义与浪漫主义[J]. 韩宝山,译. 建筑师,1989(32).

[2] 莱斯尼可夫斯基. 建筑的理性主义与浪漫主义(二)[J]. 韩宝山,译. 建筑师,1989(33).

[3] 莱斯尼可夫斯基. 建筑的理性主义与浪漫主义(三)[J]. 韩宝山,译. 建筑师,1989(34).

[4] 莱斯尼可夫斯基. 建筑的理性主义与浪漫主义(四)[J]. 韩宝山,译. 建筑师,1989(35).

[5] 莱斯尼可夫斯基. 建筑的理性主义与浪漫主义(五)[J]. 韩宝山,译. 建筑师,1989(36).

[6] 莱斯尼可夫斯基. 建筑的理性主义与浪漫主义(六)[J]. 韩宝山,译. 建筑师,1990(37).

[7] 莱斯尼可夫斯基. 建筑的理性主义与浪漫主义(七)[J]. 韩宝山,译. 建筑师,1990(38).

[8] 莱斯尼可夫斯基. 建筑的理性主义与浪漫主义(八)[J]. 韩宝山,译. 建筑师,1990(39).

[9] 莱斯尼可夫斯基. 建筑的理性主义与浪漫主义(九)[J]. 韩宝山,译. 建筑师,1991(40).

[10] 莱斯尼可夫斯基. 建筑的理性主义与浪漫主义(十)[J]. 韩宝山,译. 建筑师,1991(41).

[11] 莱斯尼可夫斯基. 建筑的理性主义与浪漫主义(十一)[J]. 韩宝山,译. 建筑师,1991(42).

[12] 罗宾·米德尔顿,戴维·沃特金. 新古典主义与19世纪建筑[M]. 邹晓玲,等,译. 北京:中国建筑工业出版社,2000.

[13] 肯尼斯·弗兰姆普敦. 现代建筑——一部批判的历史[M]. 原山,等,译. 北京:中国建筑工业出版社,1988.

中文

[1] 中国土木建筑百科辞典[M]. 北京:中国建筑工业出版社,1995.

[2] 童寯. 建筑教育//童寯文集:第一卷[M]. 北京:中国建筑工业出版社,2000.

[3] 童寯. 美国本雪文尼亚大学建筑系简述//童寯文集:第一卷[M]. 北京:中国建筑工业出版社,2000.

[4] 杨廷宝. 回忆我对建筑的认识//杨廷宝建筑论述与作品选集[M]. 北京:中国建筑工业出版社,1997.

[5] 杨廷宝. 学生时代//杨廷宝建筑论述与作品选集[M]. 北京:中国建筑工业出版社,1997.

[6] 童寯. 外国建筑教育//中国大百科全书:建筑、园林、城市规划卷[M]. 北京:中国百科全书出版社,1985.

[7] 陈志华. 外国建筑史(十九世纪末以前)[M]. 北京:中国建筑工业出版社,1979.

[8] 王俊雄. 中国早期留美学生建筑教育过程之研究——以宾州大学毕业生为例[R]. 台湾“国科会”专题研究,1999.

[9] 林亚杰,等. 美国 TOP80 所大学研究生院指南[M]. 北京:世界图书出版社,2000.

[10] 刘学婷. 美国 MIDDLE60 所大学研究生院指南[M]. 北京:世界图书出版社,1999.

[11] 李纯武,等. 简明世界通史(上册)[M]. 北京:人民教育出版社,1983.

[12] 李纯武,等. 简明世界通史(下册)[M]. 北京:人民教育出版社,1983.

后　记

本书是笔者博士阶段的学位论文研究成果，完稿于10年前的2002年4月。

回想起来，几乎从我入学南京工学院建筑系之日起，“学院派”一词便像影子般地在我的脑际挥之不去了：它在学术上到底意味着什么，又是如何产生、传播和演绎的？

接下来的数年求学，我并未得到完整的答案。但从杨（廷宝）、童（寯）二老和其后诸位先生的言行中，从弥漫在中大院图书室、绘图房的奇特氛围中，我又能间接却又确确实实地感觉到它的存在。探其究竟的想法就是由此引发的。

导师潘谷西先生对此论题首肯后接着就叮咛：国内的情况要对照国外才能弄清楚。于是，从源头理起就是我的研究之开端了。论文自始至终，得到潘先生的热情鼓励与悉心引导。在此，特致以深深的敬意和诚挚的感谢！

大学的同窗，现任教北京大学的方拥先生、留法学者成海航先生给予笔者的论文及整个学业以手足般的关心和无可取代的帮助；昔日的学友，现任教香港中文大学的顾大庆先生和南京大学的赵辰先生，为笔者的资料搜集和论文撰写提供了极为重要而持续的支持；本系的年轻学友李海清先生与笔者同师从导师潘先生，曾给了我极有益的激励与入微的帮助；台湾淡江大学的王俊雄先生为笔者提供了宝贵的宾大资料……在此，一并表示由衷的谢意！

单　踊

2012年5月1日

于东南大学建筑学院